普通高等教育"十四五"规划教材

时空基准

郑晓龙　陈正生　李邦杰　管冬冬　编著

国防工业出版社

·北京·

内 容 简 介

本书根据时空基准的发展现状，结合编者多年的教学经验，系统地阐述了时空基准的基本概念、基本理论和基本的测量保障技术。全书共分为九章，第一章简要介绍了人类对空间与时间的认知历程，第二、三、四章重点讨论了空间基准的概念、内容以及测量方法，第五章主要分析了与时间空间密切相关联的几种测量技术，第六、七、八、九章主要讨论了时间基准的产生、保持、发播以及具体应用。

本书突出实际与应用，可作为战场环境保障专业或其他相关专业的本科教材，也可供战场环境保障工程技术人员学习参考。

图书在版编目（CIP）数据

时空基准／郑晓龙等编著．—北京：国防工业出版社，2023.9
ISBN 978-7-118-13045-4

Ⅰ．①时… Ⅱ．①郑… Ⅲ．①时空-定位标记 Ⅳ．①P229

中国国家版本馆 CIP 数据核字（2023）第 173778 号

※

国防工业出版社出版发行
（北京市海淀区紫竹院南路23号 邮政编码100048）
三河市天利华印刷装订有限公司印刷
新华书店经售

*

开本 787×1092 1/16 印张 16 字数 370 千字
2023 年 9 月第 1 版第 1 次印刷 印数 1—2000 册 定价 98.00 元

（本书如有印装错误，我社负责调换）

国防书店：（010）88540777 书店传真：（010）88540776
发行业务：（010）88540717 发行传真：（010）88540762

前　言

当前，全球已步入大数据时代，"大数据"与"地理时空数据"融合构成基于统一时空基准的"时空大数据"，为时空基准的进一步发展和多样化应用创造了广阔的空间。因为人类的一切活动都是在一定时间和空间进行的，所有大数据都是于活动时空中产生的，与位置直接或间接相关联，具有反映地理世界的空间结构和空间关系及其随时间变化的特征。弄清楚什么是"时间"、什么是"空间"，并不是一件容易的事，生活在宇宙中的我们，还将一代一代地探索下去，直至得到终极答案。本书的目的并非探索时空的定义与概念，而是描述在生产、生活以及军事活动等方面关于时间与空间所起的基准参考作用，主要为实践与应用提供起算数据。时空基准是确定地理空间信息的几何形态和时空分布的基础，是在数据空间里表示地理要素在真实世界的空间位置及其时变的参考基准，可以笼统地说，是研究时间与空间测量的问题。具体一点说，时间基准主要包括守时、授时、用时以及时间计量等内容；空间基准主要描述地球表面及周边环境的基准参考问题，主要包含的内容为大地测量。

本书立足时空基准的基本概念与原理，从空间基准开始，以典型时空基准测量方法为纽带，过渡到时间基准，力图为读者建立空间基准与时间基准相辅相成、互为基础的概念。通过分析构建空间基准的面、线以及坐标系等要素，介绍获取空间基准信息的基础测量方法，从空间基准的物理意义出发讨论重力基准与高程基准；通过介绍无线电测距、GNSS测量以及天文测量方法，分析时间在空间测量中的重要作用；从获取精确时间基准的角度出发，介绍时间系统的产生与发展，时间标准与频率标准及其关系，基于分析时间发播技术，进一步论证时间与空间的统一性，最后对时间频率在不同领域的应用作介绍。

本书共分为九章，其中，第一、六、七、八、九章主要由郑晓龙编写，第二章主要由管冬冬编写，第三、四章主要由陈正生编写，第五章主要由李邦杰编写。第一章简要介绍了人类对空间与时间的认知历程，在基础上介绍空间与时间主要测量方式的发展过程，并说明本书重点关注空间与时间基准数据的获取与测量。第二章以大地基准为主要对象，介绍建立空间基准所需的基准面、线以及坐标系等基本要素，从为研究大地基准而对地球形状做的两次近似出发，引出大地水准面及地球椭球的概念，相应地建立天文坐标系与大地坐标系，并通过垂线偏差的概念讨论二者的差异与联系。第三章重点介绍以全站仪、水准仪等设备开展的大地三角测量、导线测量以及水准测量等大地测量基本方法，同时介绍国家大地控制网及国家高程控制网的基本组成、布设方式及作用特点。第四章对重力以及重力位的基本理论进行分析与推导，在此基础上讨论重力测量的基本方法与作业流程，并讨论正常重力的计算方法。通过重力位的概念，引出水准测量时遇到的水准面不平行问题，分析通过测量重力位解决问题的思路，进而介绍不同高程系统的建立方法及其相关概念。第五章主要讨论电磁波测距、天文测量、GNSS 测量等空间与时间联系密切的测量方法，探讨分析现代测量中空间基准与时间基准相辅相成、互为支撑的特点，建立空间基准与时空基准的纽带关系。第六章从时间系统的概念出发，以计时技术的发展为主线，介绍以地球自转、地球公转以及原子跃迁为参考的世界时系统、历书时系统以及原子时系统，其中着重对世界时与原子时的关系进行分析。第七章介绍时间及时间标准，包括时间频率的测量方法以及时间频率的主要技术指标，重点分析高稳石英晶体、原子频率标准的物理基础与基本工作原理，以及时间频率的产生与保持。第八章在时频标准产生的基础上介绍短波、长波、卫星等多种授时与校频技术，分析各类授时定频技术的特点优势，进一步阐述时间基准与空间基准的关联关系。第九章主要介绍时间频率在基础研究、导航定位、武器试验中的应用。

由于科学技术的不断发展和编者水平有限，本书难免存在缺点和不足，恳请读者批评指正。

编者
2023 年 2 月

目 录

第一章 时空认知历程简述 ... 1
第一节 空间基准测量的发展 ... 1
第二节 时间频率测量的发展 ... 6
思考与练习题 ... 9

第二章 基准面与坐标系 ... 10
第一节 地球的形状和大小 ... 10
第二节 大地水准面与大地体 ... 12
第三节 地球椭球 ... 13
第四节 常用坐标系 ... 16
第五节 垂线偏差和大地水准面差距 ... 17
思考与练习题 ... 19

第三章 大地测量基本方法 ... 20
第一节 大地测量仪器 ... 20
第二节 精密角度测量方法 ... 30
第三节 国家平面大地控制网 ... 38
第四节 水准测量的方法 ... 46
第五节 国家高程控制网 ... 57
思考与练习题 ... 63

第四章 重力基准与高程基准 ... 64
第一节 重力与重力位基本原理 ... 64
第二节 重力测量 ... 82
第三节 重力基准与重力系统 ... 85
第四节 高程系统 ... 86
第五节 建立高程基准的一般方法 ... 92
思考与练习题 ... 96

第五章 时空基准测量 ... 97
第一节 精密的电磁波测距方法 ... 97
第二节 天文测量方法 ... 108
第三节 GNSS测量方法 ... 122
思考与练习题 ... 132

第六章 时间系统 ... 133
第一节 时间的概念 ... 133

第二节　天文时间系统………………………………………………………141
　　第三节　原子时（AT）………………………………………………………155
　　思考与练习题…………………………………………………………………160
第七章　时间标准与频率标准………………………………………………………161
　　第一节　时间和时间标准……………………………………………………161
　　第二节　时间频率的测量……………………………………………………163
　　第三节　频率标准的主要技术指标…………………………………………166
　　第四节　高稳石英晶体频率标准……………………………………………182
　　第五节　原子频率标准的物理基础和基本工作原理………………………188
　　思考与练习题…………………………………………………………………195
第八章　授时技术……………………………………………………………………196
　　第一节　短波授时……………………………………………………………196
　　第二节　短波定时和校频……………………………………………………201
　　第三节　长波授时……………………………………………………………205
　　第四节　长波定时和校频……………………………………………………211
　　第五节　卫星定时和校频……………………………………………………223
　　第六节　其他授时方法………………………………………………………230
　　思考与练习题…………………………………………………………………236
第九章　时间频率的应用……………………………………………………………237
　　第一节　基础研究……………………………………………………………237
　　第二节　导航定位……………………………………………………………242
　　第三节　在航天和兵器试验中的应用………………………………………245
　　思考与练习题…………………………………………………………………247
参考文献………………………………………………………………………………248

第一章 时空认知历程简述

时间与空间表达的是世界的本质属性，两者是紧密相关的。宇宙是时间和空间的集合与统一，是万物的总称，同时也是一切物质及其存在形式的总体。尸子（尸佼，战国，公元前390—公元前330年）说："四方上下曰宇，往古来今为宙"。庄子（庄周，战国，约公元前369—约公元前275年）说："有实而无乎处者，宇也；有长而无本剽者，宙也"。也就是说，"宇"是空间，无边无际，"宙"是时间，无始无终。

哲学上，时间和空间的依存关系表达着事物的演化秩序，是指事物之间的一种次序。空间用以描述物体的位形；时间用以描述事件之间的顺序。时间和空间的物理性质主要通过它们与物体运动的各种联系而表现出来。时、空都是绝对概念，是存在的基本属性。但其测量数值却是相对于参照系而言的。"时间"内涵是无尽永前；外延是各时刻顺序或各限时段长短的测量数值。"空间"内涵是无界永在，外延是各有限部分空间相对位置或大小的测量数值。要弄清楚什么是"时间"什么是"空间"，并不是一件容易的事，生活在宇宙中的我们，还将继续探索下去，直至终极答案。但是，不管时间和空间的概念和本质如何，在科学和技术层面上人们总可以在一定的精度下对它们进行度量[1]。某种程度上可以这样说：并不是时间与空间本身让科学家感兴趣，而是如何去测量它。

测量是通过实验的方法对客观事物取得定量信息即数量概念的过程。人们通过对客观事物进行大量观测和测量，形成定性和定量的认识，并归纳、建立起各种定理和定律，而后又通过测量验证这些认识、定理和定律是否符合实际情况，经过反复实践，逐渐认识事物的客观规律，并用以解释和改造世界[2]。

本书的目的并非探索时空的定义与概念，而是描述在生产、生活以及军事活动等方面关于时间与空间所起的基准参考作用，主要为生产与应用提供起算数据。笼统地说，本书研究的是时间与空间测量问题。时间与空间测量问题是确定地理空间信息的几何形态和时空分布的基础，是在数据空间里表示地理要素在真实世界的空间位置及其时变的参考基准，也即时空基准。

第一节 空间基准测量的发展

本书所研究的空间基准主要是指地球表面及周围空间中的生产、生活以及军事活动等方面关于空间所起的基准参考作用，这一部分内容也称为大地基准。大地基准与大地测量学有密切的联系与对应性，而大地测量学则是伴随人类对地球认识的不断深化而逐渐形成和发展起来的[3]，在这里主要基于大地测量进行空间基准测量发展介绍。

一、萌芽阶段

17世纪以前，大地测量学处于萌芽状态。公元前3世纪，埃拉托色尼首先应用几何学中圆周上一段弧的长度、对应的中心角同圆半径的关系，计算地球的半径长度。公元724年，中国唐代的南宫说等人在张遂（僧一行）的指导下，首次在今河南省境内实测一条长约300km的子午弧。其他国家也进行过类似的工作，但当时测量工具简陋，技术粗糙，所得结果精度并不高，只是测量地球大小的尝试。

二、大地测量学科的形成

人类对于地球形状的认识在17世纪有了较大的突破。继牛顿（L. Newton）于1687年发表万有引力定律之后，荷兰的惠更斯（C. Huygens）于1690年在其著作《论重力起因》中，根据地球表面重力值从赤道向两极增加的规律，得出地球的外形为两极略扁的扁球体的论断。1743年，法国的克莱洛（A. C. Clairaut）发表了《地球形状理论》，提出了用重力测量的方法求出地球形状的克莱洛定律。惠更斯和克莱洛的研究为用理论学观点研究地球形状奠定了理论基础。此外，17世纪初，荷兰的斯涅耳（W. Snell）首创了三角测量。这种方法可以测算地面上相距几百千米甚至更远的两点间的距离，克服了在地面上直接测量弧长的困难。之后随着望远镜、测微器、水准器等的发明，测量仪器精度大幅度地提高，为大地测量的发展奠定了技术基础。因此，可以说大地测量学是在17世纪末形成的。

（一）弧度测量

1683—1718年，法国卡西尼父子（G. D. Cassini 和 J. Cassini）在通过巴黎的子午圈上用三角测量法测量弧幅达8°20′的弧长，推算出地球椭球的长半轴和扁率。由于天文纬度观测没有达到必要的精度，加之两个弧段相近，以致得出了负的扁率值，即地球形状是两极伸长的椭球，与惠更斯根据力学定律作出的推断正好相反。为了解决这一疑问，法国科学院于1735年派遣两个测量队分别赴高纬度地区拉普兰（位于瑞典和芬兰的边界上）和近赤道地区秘鲁进行子午弧度测量，全部工作于1744年结束。两处的测量结果证实，纬度愈高，每度子午弧愈长，即地球形状是两极略扁的椭球。至此，关于地球形状的物理学论断得到了弧度测量结果的有力支持。

另一个著名的弧度测量是 J. B. J. 德朗布尔于1792—1798年间进行的弧幅达9°40′的法国子午弧的测量。由这个新子午弧和1735—1744年间测量的秘鲁子午弧的数据，推算了子午圈一象限的弧长，取其千万分之一作为长度单位，命名为1米。这是米制的起源。

从18世纪起，继法国之后，一些欧洲国家先后开展了弧度测量工作，并把布设方式由沿子午线方向发展为纵横交叉的三角锁或三角网。这种工作不再称为弧度测量，而称为天文大地测量。中国清代康熙年间（1708—1718年）为编制《皇舆全览图》，曾实施大规模的天文大地测量。在这次测量中，也证实了高纬度的每度子午弧比低纬度的每度子午弧长。另外，清代康熙皇帝还决定以每度子午弧长为200里来确定里的长度。

（二）几何大地测量学的发展

自19世纪起，许多国家都开展了天文大地测量工作，其目的不仅是为求定地球椭球的大小，更主要的是为测制全国地形图提供大量地面点的精确几何位置。为此，需要解决一系列理论和技术问题，这就推动了几何大地测量学的发展。首先，为了检校天文大地测量的大量观测数据，消除其间的矛盾，并由此求出最可靠的结果和评定观测精度，法国的勒让德于1806年首次发表了最小二乘法的理论。事实上，德国数学家和大地测量学家高斯（Gauss）早在1794年已经应用了这一理论推算小行星的轨道。此后，他又用最小二乘法处理天文大地测量成果，把它发展到了相当完善的程度，产生了测量平差法，至今仍广泛应用于大地测量。其次，三角形的解算和大地坐标的推算都要在椭球面上进行。1828年，高斯在其著作《曲面通论》中提出了椭球面三角形的解法。关于大地坐标的推算，许多学者提出了多种公式。高斯还于1822年发表了椭球面投影到平面上的正形投影法，这是大地坐标换算成平面坐标的最佳方法，至今仍在广泛应用。另外，为了利用天文大地测量成果推算地球椭球长半轴和扁率，德国的赫尔墨特（F. R. Helmert）提出了在天文大地网中所有天文点的垂线偏差平方和为最小的条件下，解算与测取大地水准面最佳拟合的椭球参数及其地球体中的定位方法。以后这一方法称为面积法。

（三）物理大地测量学的发展

自1743年克莱洛发表了《地球形状理论》之后，物理大地测量学的最重要发展是1849年英国的斯托克斯（C. C. Stokes）提出的斯托克斯定理。根据这一定理，可以利用地面重力测量结果研究大地水准面形状。但它要求首先将地面重力的测量结果归算到大地水准面上，这是难以严格办到的。尽管如此，斯托克斯定理还是推动了大地水准面形状的研究工作。大约100年后，苏联的莫洛坚斯基（M. C. Molodensky）于1945年提出莫洛坚斯基定理，它不需任何归算，便可以直接利用地面重力测量数据严格求定地面点到参考椭球面的距离（即大地高程）。这个定理的重要意义在于它避开了理论上无法严格求定的大地水准面，而直接严格地求定地面点的大地高程。利用这种高程，可把大地测量的地面观测值准确地归算到椭球面上，使天文大地测量的成果处理不致蒙受由于归算不正确而带来的误差。伴随莫洛坚斯基定理产生的天文重力水准测量方法和正常高系统已被许多国家采用。

（四）卫星大地测量

1966年，美国的W. M.考拉出版《卫星大地测量理论》一书，为卫星大地测量的发展奠定了基础。同时，卫星跟踪观测定轨技术得到迅速发展，从照相观测发展到卫星激光测距和卫星多普勒观测。20世纪70年代，美国首先建立卫星多普勒导航定位系统，根据精密测定的卫星轨道根数，能够以±1m或更高的精度测定任一地面点在全球大地坐标系中的地心坐标；20世纪90年代美国又发展了新一代导航定位系统，即全球定位系统（GPS），以其廉价、方便、全天候的优势迅速在全球普及，成为大地测量定位的常规技术。俄罗斯发展了全球导航卫星系统（GLONASS），欧洲启动了伽利略（Galileo）全球卫星导航定位系统，我国则建立了北斗全球卫星导航系统（BDS）。卫星大地测量不仅广泛用于高精度测定地面点的位置，还用于确定全球重力场，并形成一门新的大地测量分支，即卫星重力学。

（五）动力大地测量学的发展

地壳不是固定不动的，由于日、月引力和构造运动等原因，它经历着微小而缓慢的运动。如果没有精密的测量手段，这样的运动是无法准确测出的。1967年，甚长基线干涉测量技术问世，在长达几千千米的基线两端建立的射电接收天线，同步接收来自河外类星体射电源的信号，利用干涉测量技术，能够以厘米级的精度求得这条基线向量在惯性坐标系中的3个分量。类星体射电源距离地球极为遥远，它们相对于地球可以看作没有角运动。因此，由已知的一些类星体射电源的位置，可以建立一个极为稳定的，从而可以认为是惯性的空间参考坐标系。由长时间所作的许多短间隔的重复观测，可以求出基线向量3个分量的变化，并由此分解出极移、地球自转速度变化、板块运动和地壳垂直运动。因此，甚长基线干涉测量技术是研究地球动态的有效手段。结合卫星激光测距技术和固体潮观测，便形成了动力大地测量学，给予地球动力学以有力的支持。20世纪90年代以后，随着GPS技术的成熟，GPS测量已成为动力大地测量的主要手段。

三、大地测量学的发展趋势

大地测量学从形成到现在已有300多年的历史，在研究地球形状、地球重力场和测定地面点位置等方面已取得可观的成就，当前大地测量学主要在以下方面呈现出新的发展趋势。

（一）以空间大地测量为主要标志的现代大地测量学已经形成

现代科学技术的成就特别是激光技术、微电子技术、人造卫星技术、河外射电源干涉测量技术、量子计算机和高精度原子计时频标技术的飞跃发展，导致大地测量出现了重大突破，产生了人造卫星（信号）或河外射电源（信号）为观测对象的空间大地测量。这一突破，使距离和点位测定能在全球任意空间尺度上达到$10^{-6}\sim10^{-9}$的相对精度，并能以数分钟或数小时的高效率确定一个地面点的三维位置，从根本上突破了经典大地测量的时空局限性。地面重力测量仪也发展到微伽级甚至更高的精密度，特别是空间大地测量所包括的卫星重力技术，可以获取海洋在内的全球覆盖的重力场信息。技术的突破导致学科经历了一次跨时代的革命性转变，已进入了以空间大地测量为主要标志的现代大地测量学科发展的新阶段[4]。这一转变的主要表现是：

（1）从分离式一维（高程）和二维（水平）大地测量，发展到三维和包括时间变量的四维大地测量。

（2）从测定静态刚性地球假设下的地球表面几何和重力场元素发展到监测研究非刚性（弹性、流变性）地球的动态变化。

（3）从局部参考坐标系中的地区性（相对）大地测量发展到统一地心坐标系中的全球性（绝对）大地测量。

（4）测量精度提高了2~3个量级。

这些转变大大扩展了大地测量学科的研究领域，形成了区别于经典大地测量的现代测量学。

（二）向地球科学基础性研究领域深入发展

现代大地测量技术业已显示的发展潜力，表明可以在任意时空尺度上以足够的准确度更完善地监测地球运动状态及其形体和位场的变化。地球几何和物理状态的变化是其内力源和外力源作用下经历动力学过程的结果，大地测量学的任务不仅是监测和描述各种地球动力学现象的精细图像，更重要的是解释其发生的机制和预算其演变过程，这就是大地测量反演问题，包括地壳运动、地球自转变化、重力场变化的地球物理反演，即由大地测量时变观测数据反推到地球内部构造形态、力源和动力学过程参数，这一大地测量与相关地学学科交叉的研究领域已形成了动力大地测量学这个新的学科分支，这是大地测量学的一个最具活力的边缘性学科分支，其发展既依赖于空间大地测量和物理大地测量学的发展，又与相关地球科学的发展密切相关，有相对的独立性，其完整的理论体系和方法仍在建立之中。

现代大地测量的发展方向将主要面向和深入地球科学，其基本任务是：

(1) 建立和维持高精度的惯性和地球参考系，建立、维持地区性和全球的三维大地网（包括海底大地网），以一定的时间尺度长期监测这些问题随时间的变化，为大地测量定位和研究地球动力学现象提供一个高精度的地球参考框架和地面基准点网。

(2) 监测和解释各种地球动力学现象，包括地壳运动、地球自转运动的变化、地球潮汐、海面地形和海平面变化等。

(3) 测定地球形状和地球外部重力场精细结构及其随时间的变化，对观测结果进行地球物理学解释。

这些任务将在现代科学技术的支持下，在与相关地球学科的交叉发展中得到实现，大地测量将成为推动地球科学发展的前沿学科之一。

(三) 空间大地测量主导着学科未来的发展

空间大地测量在大地测量学科未来发展中的主导地位已为它本身所显示的广泛应用前景和巨大潜力所确定。就常规测图和一般工程控制目的来说，GPS 定位技术已经基本取代了以经纬仪和测距仪为工具的地面测量技术，这是因为这一卫星定位技术的精度、作业效率、劳力和财力的投入都优于地面测量技术；就大地测量学的科学目的来说，监测和研发各种地球动力学和地球物理学现象及过程将成为主要任务，这就要求大地测量技术在空间和时间尺度两方面都有实现这一科学目的的能力，即要求能达到足够高的时空采样率。在空间尺度上，要求有进行地区和全球尺度高精度定位和确定高精度高分辨率全球重力场的能力；在时间尺度上，要求能够监测从地震突发地壳形变到板块长期缓慢运动，在构造活动强烈，人口密集的地震带还要求能自动连续监测，位移监测精度要求达到 $10^{-8} \sim 10^{-9}$（相当于±1mm），重力异常的测量要求能以小于 30km 的分辨率达到 $1 \sim 3$mGal（1mGal = 10^{-3}m/s）的精度。这些要求从现今科学技术水平来看，只有大力发展以卫星大地测量为主的空间大地测量才是可行的。

目前，正在应用或发展的空间大地测量技术主要包括以下几类：GPS 等卫星定位系统、卫星激光测距（SLR）、卫星测高、射电源甚长基线干涉测量（VLBI）、卫星重力梯度测量、卫星跟踪测量。

(四) 卫星导航定位技术扩展了大地测量学科的应用面

GPS 技术能为静态或动态目标提供廉价、高效、连续而精密的定位及运动状态的描述，除了在大地测量学科本身及在相关地学研究中的应用外，作为大众化的应用技术，GPS 大大扩展了大地测量学科的应用面，GPS 定位设备将是信息时代人们社会经济活动和日常生活的必需品。

(五) 地球重力场研究将致力于发展卫星和航空重力探测技术

在以基础地学研究为主的现代大地测量的整体框架中，物理大地测量和空间大地测量紧密结合组成了学科的支柱，共同处于支配学科发展的地位，确定重力场结构的精细程度将是未来大地测量学科发展的主要标志之一。30年来地球重力场研究取得了重要进展，主要有：开创了卫星重力技术时代，出现了微伽级精度的绝对重力仪和相对重力仪。

重力测量技术的发展将致力于重力场段波频谱和监测重力场时变量。卫星重力技术的发展将实现准确度为 $1\sim2$ mGal，分辨率为 50km 的全球重力场。最新的第五代绝对重力仪准确度可达 $\pm(1\sim2)\times10^{-3}$ mGal，超导（相对）重力仪精度已达 0.1×10^{-3} mCal，航空重力测量和惯性重力测量精度大致为 $\pm(1\sim6)$ mGal，是分辨小于 50km 短波重力场的有效技术。由于重力测量技术的发展，已有可能监测重力场时变量，为研究地球动力学提供新的重要信息。

第二节 时间频率测量的发展

从上古人类为生存需要本能地观察某些自然现象，到自觉地制造测量器具去测量时间，经历了漫长的粗犷时代。近代科学的兴起，特别是某些自然科学理论的确立，为精密时间测量开辟了广阔前景。人类在漫长的时间长河中发明了各式各样巧夺天工的时间测量器具。时间频率测量是重要的测量活动之一，同其他一些物理量的测量一样，是为了满足科学发展和技术进步的需要发展起来的。在一定意义上，它的发展是以当时的科学技术水平为基础的。随着科技的不断发展，时间有着不同的定义，时间频率测量经历了三个主要阶段，即原始测量阶段、天文学测量阶段和电子学测量阶段[5]。前两个阶段主要是对时间进行测量，而到了电子学测量阶段，时间测量和频率测量变得同等重要。

一、原始测量阶段

原始测量阶段是时间概念形成和计时方法形成阶段。时间概念的产生经历了一个漫长的阶段。人类认识的第一个时间单位是天。在原始群居的渔猎时代，没有任何东西能够像日出日落一样影响人们的生活。太阳东升西落，周而复始，循环出现，这一次日出到下一次日出，或者这一次日落到下一次日落，这种天然的时间变化周期，使人们逐渐有了天的概念。

天的积累是年，人类最初根据物候和天象有了年的概念，也根据月亮的出没及其圆缺变化有了月的概念，从而创造了历法。

日向下细分产生时、分、秒，将日再细分是时间测量史上的一大进步。最先将1天分为24小时的是古埃及人，中国古代有12个时辰的划分和百刻制。这样，时间测量的概念基本形成，因而需要设计各种计时仪器进行计时。从燃绳计时到水钟计时都是人类最初设计的时间测量手段，这是时间的原始测量阶段。

在该阶段，人们自觉或不自觉地选用了各种类型的周期变化过程进行时间测量，并创造了各种各样巧妙的时间测量器具。但是，为了更精确地测量时间，必须采用一种公认的有权威性的时间测量仪器（或方法）作为时间测量的基准。这种基准一般应按以下两方面来选择。

（1）周期运动的稳定性：在不同的时期，该基准所给出的运动周期必须是相同的，不能因为外界条件的变化而有过大的变化（绝对没有变化是不可能的）。

（2）周期运动的复现性：周期过程在地球上任何地方、任何时候都应该能够在实际中通过一定的实验（或观测）予以复现，并付诸应用。

当然，稳定性和复现性同其他任何物理参数一样，不可能是绝对的，总是针对一定的精度指标而言的。也就是说，在某一历史阶段，它只是人类科学技术水平所能达到的最佳值，并以此作为当时选择的依据。随着科学技术的发展，新仪器、新方法不断涌现，人类又可以寻找新的时间测量基准。

二、天文学测量阶段

天文学测量阶段是指人们根据认识和掌握的天体运动规律，将天体的运动现象作为时间测量的标准，根据天文观测对时间进行测量的阶段。

从广义上说，最早人类根据太阳的东升西落进行时间测量就属于天文学时间测量，这并不是说那个时代的人已经学会观察天象并掌握其运动规律，而是说当时测量的手段是天体的运动规律。

严格意义上的天文学时间测量是从太阳时开始，通过观测太阳视运动测得的时间称为真太阳时。在天文学上，将真太阳连续两次通过观测地点子午线（一天中太阳视运动最高位置）的时间间隔称为一个真太阳日，它的 1/86400 为 1s。真太阳时是以地球自转为基础的时间测量，通过天文观测获得地球的自转周期，以此作为天的概念，然后向上获得月和年，向下获得时、分、秒。

在 18 世纪初，时间测量精度已经达到秒级，当时发现真太阳时是不均匀的，所以就采用平太阳时的概念，将全年中所有的真太阳日加起来然后除以 365，得到一个平均日长，称为平太阳日。由平太阳时组成的世界时（UT）在 1960 年以前就投入了使用。世界时中秒的定义是平太阳时秒，世界时的准确度能达到 10^{-7} 量级。

世界时中采用平太阳时秒。考虑地球的极移并对此加以修正后形成 UT1，再考虑地球自转四季的不均匀性，并对这种不均匀性变化加以修正形成 UT2，即使这样也未能考虑地球自转的全部影响，修正后的时间制仍然不能满足科技发展的需要，进而促使人们寻找周期更加均匀的计时基准。

1960—1966 年，人们采用地球公转运动周期代替地球自转周期作为计时基准，出现了历书时（ET）的概念。历书时中秒定义为 1900 年 1 月 1 日零时回归年长度的 1/31556925.9747。

历书时比世界时均匀，准确度能达到 10^{-9}，但历书时的根本缺陷是观测误差太大，难以达到较高的精度。所以，在经过一番激烈的学术争论后，从 1967 年开始便启用了另外一种新的时间测量系统——以原子时作为时间测量基准，时间测量进入电子学测量阶段。

三、电子学测量阶段

一直以来，人类测量时间的标准是天体的视运动。随着生产的发展和科技的进步，人们对时间准确度的要求越来越高。例如，导弹和火箭的发射、导航定位、大地测量等领域，不但要求时间标准具有很高的准确度，而且要求它具有优良的稳定度和均匀性，世界时和历书时已经很难满足这些应用的需要[6]。因此，一直以来，人们都在探索新的时间测量标准。

实验表明，物质的量子跃迁所辐射或吸收的电磁波频率具有很高的稳定性和复现性，具备成为时间测量标准的条件。于是，利用量子跃迁获得新的时间测量标准便成为人们追求的目标。

原子内部结构是一个复杂的系统，它由一个原子核和若干绕核运动的电子组成。原子核与电子，以及电子与电子之间的相互作用状态决定了原子能量的大小。相互作用的状态不同，原子的能量也不同。量子力学表明，原子的能量只能取某些特定的间断数值，它们对应于某些特定的相互作用或运动状态。将这些可能的能量特定值按照高低次序排列起来，就构成了原子的能级图，其中电子运动能量最低的状态叫作原子基态，相应的能级叫作基态能级，其余能级称为激发态能级。当原子因某种原因改变其内部相互作用时，它就从一个能级跳到另一个能级上去，同时释放或吸收一定的能量，这个过程称为原子跃迁。跃迁时原子辐射或吸收的能量以一定频率的电磁波形式表现出来，该频率与原子跃迁前后两个能级差是常数关系，这个常数称为普朗克常数，它对于所有原子都相同。由于原子的能量状态十分稳定，而且所有跃迁发生时辐射的频率是固定不变的，这就为研制原子频率标准提供了一个精确的自然现象。

原子频率标准的发展历史最早可以追溯到1920年，当时达尔文（Darwin）第一个将磁场中晶体的旋转与谐振现象联系起来。1927年，他又从理论上讨论了原子的非绝热跃迁。接着，菲普斯（Phipps）和弗里系（Frish）等进行了原子非绝热跃迁实验。1936年，拉比（Rabi）提出了原子和分子束谐振技术理论，并进行了相应实验，得到了原子跃迁频率只取决于其内部固有特征而与外界电磁场无关的重要结论，从而揭示了利用量子跃迁实现频率控制的可能性。不过，这方面的实验和研究工作在第二次世界大战中中断了。大战结束后，有关的研究工作才得到了恢复和发展。1948年，斯密斯（Smith）利用Rabi的方法作成了由氨同位素吸收谱线控制的振荡器，由于谱线太宽，这种振荡器的应用受到了限制。为此，拉姆齐（Ramsey）于1949年提出了分离振荡场方法，利用这种方法大大降低了跃迁谱线的线宽，使研制原子频率标准的进程迈进了一大步。1955年，英国皇家物理实验室研制成功了世界上第一台铯束原子频率标准，开创了使用原子频率标准的新纪元。

铯束频率标准投入实际应用之后，无论是设备的原理、结构等物理特性，还是频率准确度、稳定度等技术指标，都在不断改善和提高。从20世纪80年代开始，各国相继研制出光选态铯原子频率标准。目前，这类铯标准的准确度约为1×10^{-14}。20世纪末，人们根据激光冷却和离子囚禁理论研制出铯原子喷泉钟，准确度达3×10^{-15}，极大地提高了时间测量的精度。目前，光钟的研究也有突破性进展。可以预见，随着原子钟制造水平的提高，时间测量的精度也会大幅度提高。

实验室频率标准的发展，使得定义一个新的时间测量标准不但是必要的，而且是可能的。人们经过充分的酝酿和讨论，在1967年10月第十三届国际度量衡大会上，通过了新的国际单位制的时间单位——原子时秒长定义。该定义如下：位于海平面上的铯133（^{133}Cs）原子基态的两个超精细能级在零磁场中跃迁振荡 9192631770 周所持续的时间为一个原子时秒。

值得注意的是，在新的定义中，被测量的物理量不是时间而是频率。在天文学测量阶段，秒的定义是以一个长周期的分数形式给出的，现在是由大量快速振荡周期的累加给出的。电子测量阶段的新特征是频率测量的重要性显著提高，该阶段不止是时间测量，而是时间测量和频率测量。

时间标准具有可复制性。无论是天文学时间标准，还是物理学时间基准，它们所定义的量值都是一纸面上的理想值。不同的实验室可以做出接近理想值的标准装置，复制这个理想值，保持时间测量标准。在天文学时间标准的情况下，人们通过联合观测，测定地球运动状况，保持时间标准，在物理学时间标准的情况下，人们在实验室研制能产生所定义的原子能级跃电磁辐射的装置，复制出原子时间标准。在这两种情况下，都有一个复制精度问题，即复制值相对于理想值的偏离问题。研究发生偏离的原因，改善偏离的程度，是时间测量追求的重要目标。事实上，复制精度从概念上说，就是复现时间单位定义值的装置保持时间准确度。目前，激光冷却铯喷泉原子钟的准确度可以达到 1.4×10^{-15}，将来或许有可能达到 $10^{-16} \sim 10^{-17}$，这是其他物理量所难以达到的[7]。

时间测量的范围十分宽广：从人们所能想象的最小时间间隔——普朗克（Planck）时间 10^{-43}s，到基本粒子中某些质子的寿命 10^{28}a（年）。理论上说，时间测量的范围应该在 10^{-43}s~10^{28}a 这个广阔区间。目前我们能比较精确测量的只是这个区间中的一小部分，即从与原子跃迁相联系的 10^{-15}s 到地球年龄 10^{16}s，而本书中的时间测量更是这一小部分中的一小部分。

时间标准的量值可以通过电磁波发射进行传递，不需要像其他标准量值那样逐级传递，而且有可溯源性。时间服务部门建立并保持高精度时间标准，通过无线电信号把标准量值传递出去，为广大用户所利用。时间服务部门将它的实验室标准与其他地区或国家的标准进行比对。国际计量局（BIPM）定期公布每个实验室的时间技术标准相对于国际平均值的时间偏离或差值。这样，每个时间服务部门就有可能去调整他们的标准，以便使他们的标准尽可能与世界标准近于一致。目前，提供时间服务的手段大多为无线电发射系统。尽管各种发射系统在发射和信号传输过程中都不可避免会引进不确定性，量值的准确度会有损失，但这种损失比逐级传递引起的损失要小。目前，高精度授时技术的进展对于用户要求的多样性是能够适应的。

思考与练习题

1. 简述空间与时间的测量问题。
2. 大地测量学形成于什么年代？它包含哪些主要内容？
3. 论述大地测量学的发展趋势。
4. 简述时间频率测量历经的各个阶段。
5. 简述时间测量的范围。

第二章 基准面与坐标系

地球形状是确定大地测量基准的依据。通常将地球的自然表面理解为地球的真实形状，即大陆表面、海洋和湖泊无干扰的表面。大地测量学中的地球形状是指对真实地球形状进行数学或物理上抽象描述后的形体，包括大地水准面、参考椭球面和正常椭球。外业测量和内业计算均在这些基准面上进行工作。大地水准面是地球的物理化形状，是外业测量的基准面，是地面高程点的起算面，是地球重力场中的等位面；参考椭球或正常椭球是对大地水准面的近似描述，是内业计算的基准面[8]。

第一节 地球的形状和大小

对地球形状的研究经历了漫长的过程，最后人们认识到地球并不是一个正球体，而是一个两极稍扁、赤道略鼓的不规则球体。地球的平均半径为6371km，最大周长约4万千米，表面积约5.1亿平方千米。

地球的形状在地球物理学中是指地球整体的几何形状，即大地水准面的形状。对地球形状的研究是大地测量学和固体地球物理学的一个共同课题，其目的是运用几何方法、重力方法和空间技术，确定地球的形状、大小、地面点的位置和重力场的精细结构。

地球的形状主要是由地球的引力和自转产生的离心力所决定的。严格来说，地球形状应该指地球表面的几何形状，但是地球自然表面极其复杂，所以从科学上，人们都把平均海水面及其延伸到大陆内部所构成的大地水准面作为地球形状的研究对象，因为大地水准面与地球表面形状十分接近，又具有明显的物理意义。但是大地水准面不是一个简单的数学曲面，无法在该面上直接进行测量和数据处理工作。而从力学角度看，如果地球是一个旋转的均质流体，则其平衡形状应该是一个旋转椭球体。于是人们进一步设想用一个合适的旋转椭球面来逼近大地水准面。与大地水准面最为接近的椭球面称为平均地球椭球面。

一、确定地球形状的地面测量方法

利用地面观测来研究地球形状的经典方法是弧度测量，即根据地面上丈量的子午线弧长，推算出地球椭球的扁率。以后，人们广泛地用建立天文大地网的方法确定与局部大地水准面最相吻合的参考椭球。但是，这些纯几何测量的方法都由于不能遍及整个地球而有很大的局限性。

大地水准面是一个重力等位面，而重力又是重力等位面的法向导数，这样便可以通过重力位把二者联系起来。事实上，地球重力场的不规则分布和大地水准面的起伏都与地球内部质量分布不均匀有关。地球形状研究和地球重力场研究是同一个问题的两个侧面。基于这一思想，斯托克斯提出了通过地面上的重力观测来确定大地水准面形状的问题（称为斯托克斯问题）。但是，实际应用斯托克斯方法求解地球形状时，有很大的困难。由于大地水准面外部存在质量，因此去掉外部质量或将外部质量移入内部都会引起大地水准面的变形；此外，由于实际观测是在地球自然表面上进行的，因此为了构成大地水准面上的边值条件，就必须把地面观测值归算到大地水准面上。然而只有了解地面和大地水准面间的物质密度分布，才能进行调整和归算，但这正是我们至今还不能精确知道的。为此，苏联学者莫洛坚斯基提出了一种新的理论，他避开了大地水准面的概念和地壳密度分布问题，而是直接取一个非常接近地球表面的似地球表面（即地形表面）为边界面，用地面上的大地测量和重力测量数据直接确定出地球表面的真实形状。

在研究地球表面形状的现代理论中，继莫洛坚斯基之后，瑞典的布耶哈默尔（A. Bjerhammar）提出了等效地球的概念和解法。等效地球是包围在实际地球表面之内的圆球，它具有同地球一样的角速度，绕共同的旋转轴旋转，并假定球内有某种物质分布，以致它在地表上和地表外所产生的引力位同实际地球的引力位完全相同。根据位论第三边值问题的唯一性，要满足上述条件，等效球面上的虚拟重力异常与真实地球表面上的重力异常之间应满足泊松积分关系式。只要按地表面重力异常解泊松积分方程，求出等效面上的虚拟重力异常，就可以由斯托克斯公式严密地求出地球表面上的高程异常和垂线偏差，同样无须知道地壳密度。

二、确定地球形状的近代空间技术

用地面测量资料研究地球形状，需要全球均匀分布的测量资料，这是很难实现的。近代空间技术的发展为研究地球形状提供了新手段。

利用空间技术来研究地球形状的方法分为两大类。

第一类：几何方法。例如，用干涉测量、激光测距和多普勒测量等方法，被观测的对象包括射电源、月球或卫星等。它们在天球惯性参考系中的位置是能较准确地知道的，而天球惯性参考系和以地球质心为原点的地球参考系，可把岁差、章动和地球自转参数联系起来，从而得到地面点在地球参考系的位置。如果在地面所有点上都进行了这类测量，就可以描绘出地球表面的真实形状。至于卫星测高方法，就是更直接地测定海洋面上大地水准面形状的方法。测高仪得出的是卫星到瞬时海洋面的距离，经过海潮、海流、风、气压和海水盐度等改正后，可归算为卫星至大地水准面的距离，再根据卫星的精密轨道参数，就可求得大地水准面差距。

第二类：动力方法。因为地球形状及其引力场的不规则，所以必然造成卫星轨道偏离其正常的椭圆轨道，也可使卫星轨道产生摄动。观测卫星摄动可以得出地球形状及其引力场的有用信息。然而要获得较高的精度，必须结合全球分布的卫星观测站，并且对具有不同轨道倾角的卫星进行观测。

到目前为止，已推导出多种为表征大地水准面形状的数学模型，大多数情况下采用的模型为球谐函数表示方法。确定大地水准面形状，好的方法是综合利用空间和地面的资料。空间技术中应包括卫星跟踪技术、测高仪测量、卫星-卫星跟踪技术、卫星激光测距；地面测量技术有重力测量、天文大地测量[9]。

第二节 大地水准面与大地体

一、大地水准面

地球表面是一个凹凸不平的表面，而对于地球测量而言，地表是一个无法用数学公式表达的曲面，这样的曲面不能作为测量和制图的基准面。假想自由静止的水面将延伸穿过岛屿，和陆地形成的连续闭合的曲面称为水准面，水准面也是重力等位面。水准面有高有低，而且水准面有无数个，在众多的水准面当中，常用的是大地水准面。大地水准面是指与平均海水面重合并延伸到大陆内部的水准面。

如图2.1所示，在测量工作中，均以大地水准面为依据。因此，大地水准面是测量外业工作的基准面；与之相对应，铅垂线是测量外业工作的基准线。由于地球表面起伏不定和地球内部质量分布不均匀，故大地水准面是一个略有起伏的不规则曲面。大地水准面同时也是一个重力等位面，即物体在该面上运动时，重力不做功（如水在这个面上是不会流动的）。

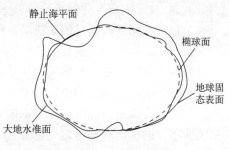

图2.1 大地水准面

大地测量学所研究的大地水准面在整体上非常接近地球自然表面。由于海洋占全球面积的71%，故以与平均海水面相重合，不受潮汐、风浪及大气压变化影响，并延伸到大陆下面，处处与铅垂线相垂直的水准面为大地水准面，它是一个没有褶皱、无棱角的连续封闭曲面。由它包围的形体称为大地体，可近似地把它看成地球的形状。

由于地球具有很复杂的形状，质量分布特别是外壳的质量分布不均匀，因此大地水准面的形状（几何性质）及重力场（物理性质）都是不规则的，不能用一个简单的形状和数学公式表述。在尚不能唯一地确定它的时候，各个国家和地区往往选择一个平均海水面代替它。我国曾规定采用青岛验潮站求得的1956年黄海平均海水面作为我国统一高程基准面，1988年改用"1985国家高程基准"作为高程起算的统一基准。

大地水准面是一个接近南北稍扁的旋转椭球面，大地水准面同适当的椭球面相比较，北极处约凸出10m，南极处约凹进30m，这点差异同地球赤道半径与极半径之差21.4km相比是微不足道的，因此，人们称地球为"扁梨"形的。

由于大地水准面的形状和大地体的大小均接近地球自然表面的形状和大小，并且它的位置是比较稳定的，因此，我们选取大地水准面作为测量外业的基准面，而与其相垂直的铅垂线则是外业的基准线。

二、大地体

大地测量学所研究的大地水准面是在整体上最接近地球自然表面的形体,由大地水准面所包围的整个形体称为大地体。"大地体"是大地水准面的最佳拟合,常用来表示地球的物理形状。

根据不同轨道倾角卫星的长期观测成果,按地球重力场位函数求得的大地体,整体而言,它更接近梨形,子午圈也并非一个规则椭圆,它在北极凸出南极凹陷,在北纬45°地区凹陷,在南纬45°地区隆起,其偏差约5m。北半球半径比南半球半径大约长44.7m。

第三节 地球椭球

一、参考椭球

地球内部质量分布不均匀,使大地水准面成为一个极其复杂的曲面,无法用数学公式表达。为了更好地研究地球形体,需要寻找一个在形体上与大地水准面非常接近,并可用数学公式表达的几何形体——地球椭球体来代替地球的形状。在大地测量中,用来代表地球形状和大小的旋转椭球称为地球椭球,简称椭球,其球面称为参考椭球面(图2.2)。参考椭球是根据个别国家和局部地区的大地测量资料推求出的椭球体的元素(长轴半径、扁率等)。这些根据地方数据推算得出的椭球有局限性,只能作为地球形状和大小的参考,故称为参考椭球。参考椭球是地球具有区域性质的数学模型,仅具有数学性质而不具物理特性。参考椭球面是一个规则的数学表面,在测量和制图中可用它替代地球的自然表面。对地球椭球体而言,围绕旋转的轴叫地轴。地轴的北端称为地球的北极,南端称为南极;过地心与地轴垂直的平面与椭球面的交线为地球赤道;过英国格林尼治天文台和地轴的平面与椭球面的交线称为本初子午线。

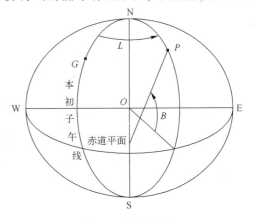

图2.2 参考椭球

二、正常椭球

在几何大地测量中,一般采用定位和定向的旋转椭球作为参考椭球面,而在物理大地测量中,研究地球重力场时一般采用正常椭球所产生的正常重力场作为实际地球重力场的近似值。正常椭球表示质量与地球相等,自转速度与地球自转速度相同的规则形体。正常椭球满足以下几个要求。

(1)正常椭球的旋转轴与实际地球的自转轴重合,且两者的旋转角速度相等。

(2) 正常椭球的中心重合于地球质心，坐标轴重合于地球的主惯性轴。
(3) 正常椭球的总质量与实际地球的质量相等。

引入正常椭球后，地球重力位被分成正常重力位和扰动位两部分，重力也被分为正常重力和重力异常两部分。经典大地测量技术建立的参考椭球其定位最接近本国或本地区的大地水准面，是非地心定位，因而在那时参考椭球与正常椭球是两个不同的概念。而现代大地测量实现了参考椭球的地心定位，使参考椭球与正常椭球一致。

三、总地球椭球

为研究全球性大地测量问题，需要一个与整个大地体最为密合的参考椭球，称为总地球椭球。总地球椭球的中心与地球质心重合，只有一个。如果从几何和物理两个方面研究全球性大地测量问题，则可以把总地球椭球定义为与大地体最为密合的正常椭球。

参考椭球是为进行局部地区大地测量工作而建立的椭球，是与局部地区大地水准面最为密合的形体。参考椭球一直为各国经典大地测量所采用，而空间大地测量技术则将大地测量研究范围扩展到了全球，这就需要建立一个与大地体整体最为密合的总地球椭球。

总地球椭球对于研究地球形状及全球性科学问题是必要的。天文大地测量及大地点坐标推算使用的参考椭球，其大小及定位定向一般不与总地球椭球重合，如图2.3所示。由于地球表面的不规则性，因此适用于不同地区参考椭球的大小、定位和定向都有所不同，每个参考椭球都有独立的参数和参考系。总地球椭球按几何大地测量需满足以下条件。

图2.3 局部椭球与总地球椭球

(1) 总地球椭球的中心与地球的质心重合。
(2) 总地球椭球的短轴和地球自转轴重合。
(3) 起始大地子午面和起始天文子午面重合。
(4) 总地球椭球与大地体最为密合，即确定其参数 f、a 时，要在全球范围内满足大地水准面差距 N 的平方和最小，即

$$\iint_\Omega N^2 \mathrm{d}\sigma = \min \tag{2.1}$$

对总地球椭球来说，椭球面上的重力位等于大地水准面上的重力位，其质量等于地

球的质量，椭球的自转角速度等于地球自转角速度。它的体积与地球大地体的体积相等。总地球椭球具有唯一性。如果从几何和物理两个方面来研究全球性大地测量问题，则可以把总地球椭球定义为与大地体最为密合的正常椭球。

四、椭球参数

地球椭球常用6个参数来表示其形状和大小：长半径 a、短半径 b、扁率 α、极曲率半径 c、第一偏心率 e、第二偏心率 e'。长半径即赤道半径，短半径即极轴半径，扁率 $\alpha=(a-b)/a$ 表示椭球体的扁平程度，极曲率半径 $c=a^2/b$，第一偏心率 $e=\sqrt{a^2-b^2}/a$，第二偏心率 $e'=\sqrt{a^2-b^2}/b$。要确定椭球的形状和大小，只要在6个参数中确定一个长度参数和其他任意一个参数即可。大地测量中常用 a 和 α 表示地球椭球的几何形状。

20世纪50年代以前，地球椭球的几何参数 a、α 是利用大陆上局部地区的天文、大地、重力测量资料推算得到的，精度相对较低，只能代表地球上局部地区的几何形状。20世纪60年代以来，利用全球的地面大地测量和卫星大地测量资料，推求地球椭球的几何和物理参数，精度比50年代前提高了2个数量级。如 GRS80（Geodetic Reference System 1980）椭球，a 的误差小于2m。表2.1是我国采用的椭球参数表。我国1954北京坐标系采用克拉索夫斯基椭球，1980西安坐标系采用国际大地测量和地球物理联合会（IUGG）1975年推荐的 GRS75 椭球（简称 IUGG1975 椭球），2000国家大地坐标系（CGCS2000）基本采用 GRS80 椭球（对 GRS80 椭球的 GM 值作了精化）。我国应用的 WGS-84 采用的椭球是 WGS-84 椭球，具体见表2.1。

表2.1 我国应用的地球椭球参数

椭球名称	年代	a/m	b	c	α	e^2	e'^2
克拉索夫斯基	1940	6378245	6356863	6399698.901	1:298.30	0.006693421622966	0.006738525414683
GRS75	1975	6378140	6356755	6399596.651	1:298.257	0.006694384999588	0.006739501819473
WGS-84	1996	6378137	6356752	6399593.6258	1:298.257	0.00669437999013	0.006739496774227
CGCS 2000	2007	6378137	6356752	6399593.6259	1:298.257	0.00669438002290	0.006739496775548

选定一组椭球参数，确定了某一地球椭球，即完成了椭球的定位，这样才能建立地面和椭球面的对应关系。不同的参考椭球确定了不同的大地坐标系，如果两个国家或几个国家不同时期采用了不同的参考椭球，也就是采用了不同的大地坐标系，则如果需要相互利用成果，就必须进行坐标系的转换。参考椭球面是真实地球的数学化形状，参考椭球面是测量内业计算的基准面，椭球法线是测量内业计算的基准线，在测绘工作中具有以下重要作用。

（1）参考椭球面是地面点大地坐标的基准面（大地经纬度、大地高）。

（2）参考椭球面是描述大地水准面形状的参考面。大地水准面上某点的铅垂线偏离其参考椭球面上法线的夹角称为垂线偏差，垂线偏差很好地反映了两个面间的距离和倾斜情况，是对大地水准面形状的描述。

（3）参考椭球面是地图投影的参考面，是内业计算的基准面。在地图投影和内业计算中均用参考椭球面代表地球表面。

第四节 常用坐标系

一、天文坐标的定义

天文地理坐标又称天文坐标，表示地面点在大地水准面上的位置，它的基准是铅垂线和大地水准面，它用天文经度 λ 和天文纬度 φ 两个参数表示地面点在球面上的位置。

过地面上任一点 P 的铅垂线与地球旋转轴 NS 所组成的平面称为该点的天文子午面，天文子午面与大地水准面的交线称为天文子午线，也称经线。称过英国格林尼治天文台 G 的天文子午面为首子午面。过 P 点的天文子午面与首子午面的二面角称为 P 点的天文经度。在首子午面以东为东经，以西为西经，取值范围为同一子午线上各点的经度相同。

过 P 点垂直于地球旋转轴的平面与地球表面的交线称为 P 点的纬线，过球心 O 的纬线称为赤道。过 P 点的铅垂线与赤道平面的夹角称为 P 点的天文纬度。在赤道以北为北纬，在赤道以南为南纬。

在经典的大地测量中地面点的位置标定常使用地理坐标的概念。以后发现了大地水准面和地球椭球面之间的差异，对地理坐标的理解出现了二义性。目前，把地理坐标理解为两类坐标，即天文坐标和大地坐标。前者是以对大地水准面垂线为依据的，后者是以对椭球的法线为依据。一点的天文坐标可以这样说明和定义。如图 2.4 所示，O 为地球质量中心（地心），OZ_0 是地球平自转轴，Z_0OX_0 是天文首子午面，以格林尼治平均天文台定义。OY_0 轴与 OX_0、OZ_0 轴组成右手坐标系，X_0OY_0 为地球平均赤道面。地面垂线方向是不规则的，它们不一定指向地心，也不一定同地轴相交。包括测站垂线并与地球平自转轴平行的平面叫天文子午面。

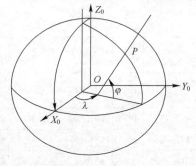

图 2.4 天文坐标

天文纬度为测站垂线方向与地球平均赤道面的交角，常以 φ 表示，赤道面以北为正，以南为负。天文经度为首天文子午面与测站天文子午面的夹角，常以 λ 表示，首子午面以东为正，以西为负。需要说明，由于地表面并不是大地水准面，因此在大地测量学中也将高程列入天文坐标中。

二、大地坐标的定义

所谓大地坐标系是依托地球椭球，用定义原点和轴系以及相应基本参考面，标示较大地域地理空间位置的参照系。在研究基本概念时，对各轴与基本参考面，不作严格定义。一点在大地坐标系中的位置以大地纬度与大地经度表示，如图 2.5 所示。

如图 2.5 所示，WAE 为椭球赤道面，NAS 为大地首子午面，P_d 为地面任意点，P 为 P_d 在椭球上的投影，则地面点 P_d 对椭球的法线 P_dPK 与赤道面的交角为大地纬度，常以 B 表示。从赤道面起算，向北为正，向南为负。大地首子午面与 P 点的大地子午面间的二面角为大地经度，常以 L 表示。以大地首子午面起算，向东为正，向西为负。P_d 点至椭球面 P 点间的距离为大地高，也称椭球高，常以 H 表示。从椭球面量起，向外为正，向内为负。

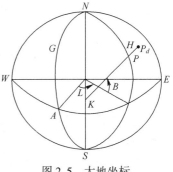

图 2.5　大地坐标

大地高 H 又可分解为正高 H^g 与大地水准面高 N 之和，写为

$$H = H^g + N \tag{2.2}$$

如果以似大地水准面代替大地水准面，则

$$H = H^r + \xi \tag{2.3}$$

式中：H^r 为正常高；ξ 为高程异常，为似大地水准面至椭球面的距离。

有关正高、正常高与似大地水准面的概念将在后面内容中详述。

第五节　垂线偏差和大地水准面差距

一、垂线偏差

地面点的铅垂线与其在椭球面上对应点的法线之间的夹角 θ（图 2.6）表示大地水准面的倾斜，即垂线偏差。垂线偏差通常用两个分量来表示，即子午圈分量 ξ 和卯酉圈分量 η，也可分别称为垂线偏差南北分量和东西分量。

垂线偏差可以用于计算高程异常、大地水准面差距，推求平均地球椭球或参考椭球的大小、形状和定位，并用于天文大地测量观测数据的归算，也用于空间技术和精密工程测量。根据选取的椭球不同，垂线偏差可分为绝对垂线偏差和相对垂线偏差。

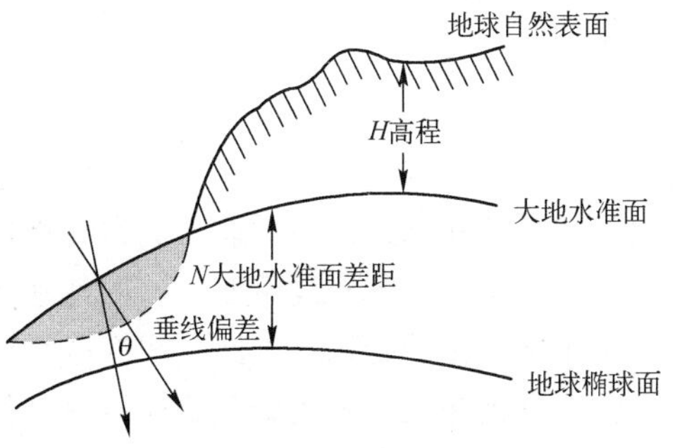

图 2.6　垂线偏差与大地水准面差

（一）绝对垂线偏差

绝对垂线偏差又称重力垂线偏差，是垂线同平均地球椭球面法线之间的夹角。因为平均地球椭球是唯一的，所以过地面点的法线或正常重力线也是唯一的，因而垂线偏差具有绝对意义，它可以利用重力异常，按韦宁·迈内兹公式计算。在经典的地球形状理论中，需要知道大地水准面上的垂线偏差，因而需将地面点的垂线归算到大地水准面上，组成大地水准面上相应的垂线偏差。由于这种归算同大地水准面和地面间的质量分布有关，而且目前尚不能准确地知道这种分布，因此，理论上计算大地水准面上的垂线偏差分量不严密。为了避免这种不严密

性，可采用莫洛坚斯基理论计算地面点的垂线偏差。用零次趋近的莫洛坚斯基公式计算的地面垂线偏差和用韦宁·迈内兹公式算出的数值是一样的。在重力资料稀少的情况下，垂线偏差还可以根据地壳均衡假说来计算，这样的垂线偏差称为地形均衡垂线偏差。

（二）相对垂线偏差

相对垂线偏差又称天文大地垂线偏差，是垂线和参考椭球面的法线之间的夹角。因为不同的参考椭球过地面点的法线不同，垂线偏差也各不相同，所以它具有相对意义。相对垂线偏差可以利用天文和大地经纬度来计算：

$$\begin{cases} \xi = \phi - B \\ \eta = (\lambda - L)\cos\phi \end{cases} \tag{2.4}$$

式中：B，L 分别为大地纬度和大地经度；λ，ϕ 分别为天文经度和天文纬度。

式（2.4）即为相对垂线偏差公式。已知某点的天文经纬度和大地经纬度，就可算得该点的相对垂线偏差 ξ、η，因为这种垂线偏差是通过天文坐标和大地坐标求得的，所以也叫天文大地垂线偏差。

由式（2.4）进一步可以导出天文经纬度与大地经纬度的关系：

$$\begin{cases} B = \phi - \xi \\ L = \lambda - \eta\sec\phi \end{cases} \tag{2.5}$$

已知一点的垂线偏差，就可以将天文经纬度换算成大地经纬度。通过以上公式可将天文经纬度和大地经纬度联系起来，实现两种坐标系的转换。

我国一等三角锁（导线）布成的天文大地网中，每隔一定距离都要测定天文经度和纬度，目的就在于计算垂线偏差，以满足观测方向的归算以及其他应用的需要。垂线偏差也可以用重力测量资料求得，叫重力垂线偏差（也叫绝对垂线偏差），它是相对于正常椭球的，而天文大地垂线偏差（也叫相对垂线偏差）是相对于参考椭球的。现代大地测量中的参考椭球采用地心定位，已与正常椭球一致，故不再有绝对垂线偏差和相对垂线偏差之分。

我们知道，进行观测方向归算时，需要每个大地点的垂线偏差值，实际上又不可能在每个大地点都进行天文测量，为此可采取下述方法解决：当没有重力测量资料时，就根据一部分已知垂线偏差的点，进行线性内插。当然这不符合客观实际，山区、大山区垂线偏差会有较大的非线性变化，即使在平原地区也会由于地球内部物质分布不均匀而存在非线性变化的情况。因此，线性内插得到的数值是不精确的，甚至可能有较大的差异。要提高天文大地垂线偏差的精度，必须应用重力数据。应用重力测量数据可以求得重力垂线偏差，重力垂线偏差可以转换为天文大地垂线偏差。因此，确定地面点的垂线偏差要综合天文、大地和重力测量资料共同解决。

在这里，我们给出天文方位角和大地方位角的关系：

$$A = \alpha - (\lambda - L)\sin\phi - (\xi\sin A - \eta\cos A)\cot Z \tag{2.6}$$

式中：Z 为天顶距。

在通常情况下，垂线偏差一般小于 $10''$，当 $Z = 90°$ 时，$(\xi\sin A - \eta\cos A)\cot Z$ 数值只有百分之几秒甚至更小，而在一等天文测量中，天文方位角的观测中误差为 $\pm 0.5''$，因此，垂线偏差的影响远远小于天文方位角的观测误差，完全可以忽略不计，故

式（2.6）可进一步简化为

$$A = \alpha - (\lambda - L)\sin\phi \tag{2.7}$$

或

$$A = \alpha - \eta\tan\phi \tag{2.8}$$

以上 3 个公式是天文方位角归算公式，也叫拉普拉斯方程。

二、大地水准面差距

大地水准面同平均地球椭球面或参考椭球面之间的距离 N（沿着椭球面的法线）都称为大地水准面差距（图 2.6）。前者称为绝对大地水准面差距，也是唯一的；后者称为相对大地水准面差距，随所采用的参考椭球面不同而不同。

（1）绝对大地水准面差距表示大地水准面到平均地球椭球面间的距离。它的数值最大在 $\pm 100\mathrm{m}$ 左右。它可以利用全球重力异常按斯托克斯积分公式进行数值积分得到，也可以利用地球重力场模型的位系数按计算点坐标进行求和算得。原则上可以选取其中任一公式。前者虽然精度较高，但运算复杂；后者由于不能按无穷级数计算，精度受到限制，但运算方便。因此，在实践中根据不同的要求，采用其中的一种或综合两者优点进行混合计算。绝对大地水准面差距除了用上述方法确定之外，还可以利用卫星测高方法确定。

（2）相对大地水准面差距表示的是大地水准面到某一参考椭球的距离。因为参考椭球的大小、形状及在地球内部的位置不是唯一的，所以相对大地水准面差距具有相对意义。每一点的相对大地水准面差距，可以由大地原点开始，按天文水准或天文重力水准的方法计算出各点之间相对大地水准面差距之差，然后逐段递推出来。

思考与练习题

1. 简述大地水准面与地球椭球在大地测量中的作用与意义。
2. 试述大地体的定义与作用。
3. 正常椭球面与水准面一致吗？为什么？
4. 简述天文坐标系与大地坐标系的定义。
5. 简述垂线偏差与大地水准面差距的定义。

第三章 大地测量基本方法

由于本书所研究的空间基准主要是指地球表面及周围空间中的生产、生活以及军事活动等方面关于时间与空间所起的基准参考作用，因此我们将这一部分内容称为大地基准。大地基准与大地测量学有密切的联系与对应性，本章基于大地测量的角度进行空间基准的介绍，主要介绍大地测量的基本方法。

第一节 大地测量仪器

确定控制网中的点位，需要进行大量的角度测量，其中包括水平角和垂直角的测量。测量水平角和垂直角的仪器称为经纬仪。经纬仪分为光学经纬仪和电子经纬仪两大类，两类仪器除了度盘、读数系统和读数方法不同外，其基本结构和操作方法基本是一致的[10]。因此，本章首先阐述光学经纬仪的基本结构，分析仪器可能产生的误差和检验误差的方法，其次叙述电子经纬仪的读数原理和特点。

一、经纬仪

（一）经纬仪的基本结构

经纬仪是测量角度的工具，它的结构必须根据水平角和垂直角的要求来设计。因此，应当明确水平角和垂直角的定义，从而确定经纬仪的基本结构及其相互关系。

1. 水平角

如图 3.1 所示，A、P_1、P_2 为地面上三个控制点，设 A 为测站点，P_1、P_2 为目标点。AV 为过 A 点的铅垂线，作垂直于 AV 的平面 M，称为水平面。铅垂线 AV 与视准线 AP_1、AP_2 分别构成两垂直照准面 Q_1、Q_2，两垂直照准面与水平面 M 的交线 Aq_1、Aq_2，叫作视准线 AP_1、AP_2 的水平视线。两水平视线的夹角 β 称为测站点 A 观测目标 P_1、P_2 的水平角，也即两垂直面的二面角。

水平角不是两条视准线直接构成的空间角，而是其水平视线间的夹角。水平角在 $0°\sim360°$，按顺时针方向量取。

2. 垂直角

视准线 AP_1 与其水平视线 Aq_1 的夹角，称为 A 点照准 P_1 点的垂直角，以 α_1 表示。垂直角是用来推算三角点高差的，故又称为高度角或竖直角。垂直角在垂直照准面上量取，水平视线以上的为正，以下的为负。

视准线 AP_1、AP_2 与铅垂线 AV（天顶方向）的夹角 Z_1、Z_2 分别称为 AP_1、AP_2 的天顶距。由图 3.1 可见，某一照准目标的垂直角和天顶距有如下关系：

$$\alpha = 90° - Z \tag{3.1}$$

以上是关于水平角、垂直角以及天顶距的定义。

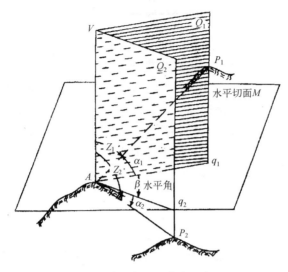

图 3.1 水平角和垂直角示意图

(二) 经纬仪的基本结构及其相互关系

要获得水平角和垂直角,必须正确地建立水平面、铅垂线和垂直照准面。因此,经纬仪的基本结构必须能构成这些基本面、线,并使这些面、线保持正确关系。

1. 经纬仪的基本结构

如图 3.2 所示,经纬仪的基本结构包括以下内容:

(1) 望远镜:构成视准轴的部件,并使目标影像放大,以便精确照准。望远镜围绕水平轴作俯仰旋转。

(2) 水平轴:望远镜俯仰旋转的转轴,使视准轴能照准高度不同的目标。

(3) 水平度盘:度量水平角的基准。

(4) 垂直度盘:度量垂直角的基准。

(5) 照准部水准器:测站水平面和铅垂线的指示器,用来调整垂直轴,使其与测站铅垂线一致。

(6) 照准部:包括望远镜、水平轴、垂直度盘、照准部水准器和支架等仪器上面部分的合称。

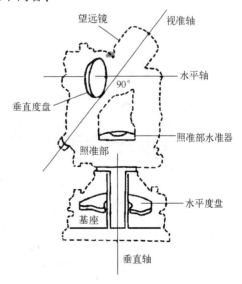

(7) 垂直轴:仪器照准部水平旋转的转轴,使望远镜能照准不同方位的目标。

图 3.2 经纬仪主要部件及其关系图

(8) 基座:经纬仪下面的基础部分,包括垂直轴套、调平仪器的脚螺旋等。

2. 主要部件的相互关系

（1）垂直轴与照准部水准器轴垂直。当水准气泡居中时，垂直轴与铅垂线一致。

（2）垂直轴与水平度盘正交，且通过其中心。当垂直轴垂直时，水平度盘和过测站的水平面平行，在上面量取的角度才是正确的水平角。

（3）水平轴应与垂直轴正交，视准轴应与水平轴垂直。这样，当垂直轴垂直而望远镜俯仰时，视准轴所形成的面才是垂直照准面。

（4）水平轴应与垂直度盘正交，并通过其中心。当垂直轴垂直、水平轴水平时，垂直度盘就平行于过测站的垂直照准面，在它上面量取的角度才是正确的垂直角。

（5）垂直度盘的指标水准器气泡居中时，垂直度盘的读数指标必须水平或垂直。这样，读数指标与望远镜倾角之间的夹角就是垂直角。

经纬仪的各主要部件就是按上述关系构成的。总的说，就是要求三轴（垂直轴、水平轴、视准轴）相互关系正确，两盘（水平度盘、垂直度盘）与三轴间的关系正确，这是非常重要的。

经纬仪的类型很多，但其主要部件及其相互关系基本上是一致的。按精度分，我国经纬仪分为 J_{07}、J_1、J_2、J_6 等。J 是汉语拼音经纬仪的第一个字母，07、1 为一测回方向中误差小于 $0.7''$、$1''$。J_{07}、J_1 为高精度经纬仪，适用于国家一、二等控制测量；J_2 为中等精度经纬仪，适用于国家三、四等测量；J_6 为低精度经纬仪，用于国家等级以外的测量。按读数方法分主要有光学经纬仪和电子经纬仪。

（三）望远镜和水准器

1. 望远镜

经纬仪望远镜的作用是观察远处目标并进行精确照准，其主要光学部件有物镜、目镜、调焦透镜和十字丝板，如图 3.3 所示。来自目标 AB 的光线经物镜后所成的像为 A_1B_1，是缩小、倒立的实像。由于 A_1B_1 位于目镜前焦点以内，因此，经目镜后得到放大的虚像 A_2B_2，这个像是倒立的。

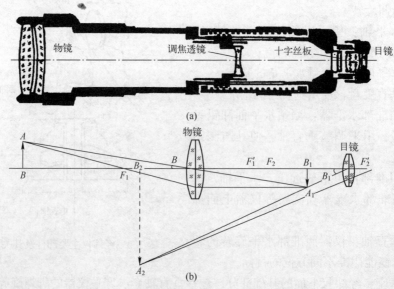

图 3.3 望远镜结构示意图及目标成像原理

若在十字丝板前加一个倒像系统,则通常采用阿贝屋棱镜,可以得到正像望远镜。十字丝板的中心与望远镜的物镜光心构成的轴线称为视准轴。当视准轴指向目标,从目镜中看到十字丝中心与目标影像一致时,视准轴就照准了目标。常见的十字丝板如图3.4所示,十字丝板被装在十字丝环上,十字丝的位置可用四个调节螺丝进行调整。

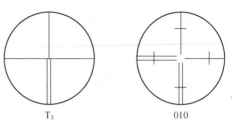

图 3.4 十字丝板

为了能精确地照准不同距离处的目标,使各处的目标像都落在十字丝面上,必须使焦距作相应的变化。在物镜和目镜之间安装一调焦透镜就能达此目的。物镜与调焦透镜组成复合透镜,其等效焦距 f 为

$$f = \frac{f_1 f_2}{f_1 + f_2 - d} \tag{3.2}$$

式中:f_1 为物镜焦距;f_2 为调焦透镜焦距;d 为物镜与调焦透镜间的距离。

改变调焦透镜位置,即改变 d,也就改变了 f,以使物体像总是落在十字丝面上。由图3.5可以看出,不同距离处的两目标 A、B,分别通过物镜及在 O、O' 处的调焦透镜后,都可成像在十字丝面上。

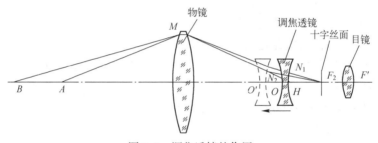

图 3.5 调焦透镜的作用

2. 水准器

(1) 水准器的作用。水准器在经纬仪中的作用是将仪器的某一部件处于水平或垂直位置以及量测微小的倾角。使仪器垂直轴置于铅垂位置的称为照准部水准器;使垂直度盘指标处于零位的称为垂直度盘指标水准器;用来测量水平轴倾斜大小的称为跨水准器,它是安放在水平轴上的;安放在望远镜上使视准轴处于水平位置的叫作望远镜水准器;使仪器粗略水平的为圆水准器。

(2) 水准器的种类及构造。测量仪器的水准器分为管状水准器和圆水准器。

管状水准器用质量好的玻璃管制成,玻璃管的内壁打磨成枣核状曲面。管内注入冰点低、流动性强、附着力小、对玻璃腐蚀小的液体,如甲醇、乙醇、硫酸醚等,留一定空隙进行封闭,如图3.6所示。为了观察水准器的倾斜量,在管壁上刻有间隔为2mm的若干分划线。水准管用石膏固定在金属框架内,外有透明护罩,框架一端装有校正螺丝。

当管内液体静止时,由于重力作用,过气泡的中点 O' 所作汽泡表面的切线永远居于水平位置,称为水准轴,如图3.7所示。在水准管的刻画中心 O 所作圆弧的切线称为水准器轴,它与水准管的关系是固定不变的,是水准器安装的标准线。例如,在安

和调整照准部水准器时,就是要水准器的水准器轴与垂直轴垂直。作业中当调节脚螺旋使气泡居中时,O' 与 O 重合,水准轴与水器轴重合,如果照准部在各个方向上气泡都能居中,则表明垂直轴已与测站铅垂线一致,这个过程称为经纬仪整平。

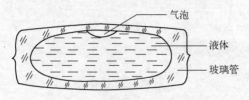

图 3.6　管状水准器纵剖面示意图

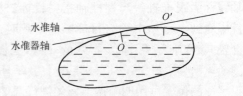

图 3.7　水准轴与水准器轴

图 3.8 为圆水准器,它是由将玻璃顶端磨成一定曲率的球面所构成的。球内通常充以氯化锂。为了判断气泡位置,在玻璃表面刻有以球面顶点为圆心而半径差 2mm 的两个同心圆。球面顶点与球心连线为水准器轴,气泡顶点的切面为水平面。当圆水准器中气泡与同心圆吻合时,水准器轴便垂直了。圆水准器的精度较低,一般用于粗略整平。

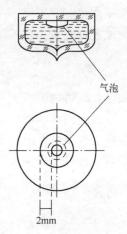

图 3.8　圆水准器

（四）度盘及光学系统

1. 度盘

经纬仪上的度盘是量度角度的尺子,度盘的质量直接影响测角的精度。光学经纬仪的度盘是用光学玻璃制成的,在靠近圆周边缘处,精细地刻有等间隔分划线。威特 T_3 的水平度盘直径为 135mm,垂直度盘直径为 90mm。蔡司 Theo 010 的水平度盘直径为 84mm,垂直度盘直径为 60mm。水平度盘全周刻为 360°,每度一注记,顺时针增值。T_3 仪器每一度间分 15 格,格值 $4'$。T_2、Theo 010 仪器每度间分为 3 格,格值为 $20'$。水平度盘以一定的摩擦力附着在基座的垂直轴轴套上,照准部转动时,要求度盘不得移动。垂直度盘一般与望远镜固联,随着望远镜转动而转动。

由于度盘的周长有限,所以度盘的格值很小。T_3 仪器的格值宽度约为 0.078mm,用肉眼难以分辨,只有借助显微镜才能看清楚;且看清后也只能估读 1/10 分格,相当于 T_3 仪器的 $0.4'$、T_2、Theo 010 仪器的 $2'$,这远不能满足测量精度要求,因此,仪器上安装了显微镜测微器,以量取不足一格的零数。

2. 光学系统

光学经纬仪的度盘分划像,通过一系列光学零件与测微器的分划像,一起呈现在测微器读数目镜窗内,这些光学零件组成了度盘成像和显微测微的光学系统。各类仪器的光学系统略有差异,下面按仪器的光路图进行介绍。

威特 T_3 经纬仪度盘成像光路图如图 3.9 所示,光线由反射镜 1 反射到照明棱镜 2,经透镜 3 会聚后射入长棱镜 4 的下部,分为左、右两束光线射入水平度盘 5 对径 180° 的两端,照明度盘两端分划线,然后被度盘镀银面反射。反射回来的光线中带有两端镀银面上的度盘分划像,又返回长棱镜的上部,经两次反射,同时进入装在空心垂直轴中的显微物镜组 6。通过菱形棱镜 7 将光线移至支架一侧,两光束分划通过两组平行玻璃板

8 射入双菱形棱镜 9，该棱镜将度盘两端的分划像联系在一起，成像在它的上斜面上，在此斜面上刻有指标线和读数窗框。右侧菱形棱镜的右上角被加工成小平面，提供光线照明测微盘 13，该光线带着测微盘的分划像返回测微器转向棱镜 10，与度盘分划像一起进入读数目镜 14。经目镜放大后，使我们在目镜管中看到既有相差 180°的度盘对径分划像（一正一倒），又能看到测微器的分划像。垂直度盘成像原理与水平度盘相同，在菱形棱镜 7 与平行玻璃板 8 之间有度盘像变换棱镜 15，图中位置正是反射垂直度盘分划像时的位置，当要读定水平度盘时，利用度盘变换钮将其转至图中虚线位置，此直角棱镜又叫作换像棱镜。

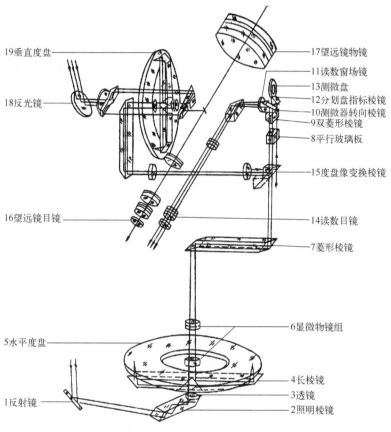

图 3.9　威特 T_3 经纬仪度盘成像光路图

（五）精密电子经纬仪及其特点

装有电子扫描度盘在微处理机控制下实现自动化数字测角的经纬仪称为电子经纬仪。

1968 年，联邦德国首次推出了电子速测仪 Reg Elta14，从此工程测量仪器向着自动化方向发展翻开了新的一页。如今，世界各主要测量仪器生产厂家都已生产了门类齐全、式样各异的电子速测仪。电子经纬仪在电子速测系统中占有十分重要的地位，它是集光学、机械、电子、计算技术及半导体集成技术等方面新成就于一体，在光学经纬仪的基础上发展起来的新一代的经纬仪。

电子经纬仪和电子测距仪是全站仪的核心组成部分，依国家计量检定规程的规定，它们的等级划分体现在全站仪的等级划分中，也就是说，全站仪的等级与电子经纬仪和电子测距仪的等级是一致的。具体情况见表3.1。

表 3.1　全站仪等级划分

准确度等级	测角标准偏差（″）	测距标准偏差/mm
I	$\|m_\beta\| \leqslant 1$	$\|m_D\| \leqslant 5$
II	$1 < \|m_\beta\| \leqslant 2$	$\|m_D\| \leqslant 5$
III	$2 < \|m_\beta\| \leqslant 6$	$5 < \|m_D\| \leqslant 10$
IV	$6 < \|m_\beta\| \leqslant 10$	$\|m_D\| \leqslant 10$

注：测角标准偏差实为一测回水平方向标准偏差；m_D 为每千米测距标准偏差

比起光学经纬仪，电子经纬仪具有如下特点。

1. 角度标准设备

度盘及其读数系统与光学经纬仪有本质区别。为了进行自动化数字电子测角，必须采用角（模）-码（数）光电转换系统。这个转换系统应含有电子扫描度盘及相应的电子测微读数系统。这就是说，首先由电子度盘给出相应于其最小格值整数倍的粗读数，再利用电子细分技术对度盘格值进行测微，取得分辨率达几秒到零点几秒的精读数。这两个读数之和即为最后读数并以数字方式输出，或者显示在显示器上，或者记录在电子手簿上，或者直接输入计算机内。其中包含的关键技术有辨码、识向和角度细分等。

2. 微处理机

微处理机是电子速测仪的中心部件。它的主要功能是：

(1) 控制和检核各种测量程序。

(2) 实现电子测角，将粗读数和精读数合并为角度最终读数，并计算竖轴倾斜引起的水平角及竖直角的改正。

(3) 实现电子测距和计算，对所测距离进行地球曲率和气象改正，并进行相应的数据处理，如水平距离、高差及坐标增量的计算等。

(4) 将观测值及计算结果显示在显示器上或自动记录在电子手簿上或存储器内。

为实现上述功能，作为中央处理单元（Central Processing Unit，CPU）的微处理机主要由控制器（指令代码器和程序计数器等）、计算器（算术-逻辑运算和管理单元）、数据寄存器及中间存储器等组成。此外还配有操作存储器（随机存储器）（Random Access Memory，RAM）和程序存储器（只读存储器）（Read Only Memory，ROM），并通过输入和输出单元与外围设备相连。一般来说，控制器和运算器都在集成硅片上。控制器监控着单指令的运行和执行，并产生数据总线上的数据交换的控制信号，其程序计数器给出执行的指令。在运算器中进行逻辑运算和管理。经常变化的数据存储在操作存储器里，此数据可以修改和读出。固定数据（包括微处理机管理监控程序、汇编程序及不需变动的数据等）固定在只读存储器中，它只能读出而不能重写。通过输入和输出组件，微处理机可从外围设备得到或向外围设备输出数据。微处理机的所有组件都通过数据总线连在一起，这个数据总线是地址、指令及数据互相交换的通道。现代的微处理机平均以 1μs（100 万字/秒）的脉冲时序进行数据和指令的接收和加工。由以上各组件就可构成一台微型数字计算机。

以微处理机和微型数字计算机为核心将电子测角系统（包括水平角和垂直角）、电子测距系统（包括测量和计算）以及竖直轴倾斜测量系统（水平角和垂直角改正）等外围设备通过输入/输出（I/O）寄存器和数据总线连在一起，从而组成电子全站仪的主体。以上各组件的关系方框图见图 3.10。

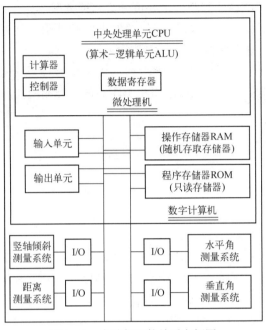

图 3.10　全站仪组件关系方框图

3. 竖轴倾斜自动测量和改正系统

它们是供仪器自动整平及整平剩余误差对水平盘读数和竖盘读数的自动改正，以便使仪器只需用一个 2 精度的圆水准器概略置平或者只需一个度盘位置观测，从而提高了工作效率。这样的竖轴倾斜自动补偿系统有许多种。

4. 具备测距功能

有些电子全站仪的望远镜既是目标水平方向及垂直角观测的瞄准装置，也是测距信号的发射和接收装置。为得到正像，现代电子全站仪大多采用阿贝屋脊棱镜或别汉全反射和全透射棱镜。为使可见光同测距信号分开，常采用分光棱镜，如图 3.11 所示。这是由两块 90°棱镜结合在一起的正立方体。在两块棱镜胶合之前，棱镜的一个斜面上涂一层对测距波长能全反射而对可见光部分可透射的涂层。

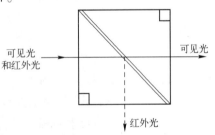

图 3.11　电子经纬仪分光棱镜示意图

二、电磁波测距仪

电磁波测距仪（Electronic Distance Measuring，EDM）就是利用电磁波作为载波和调制波进行长度测量的一门技术。其计算公式是

$$D = \frac{1}{2}vt \tag{3.3}$$

式中：v 为电磁波在大气中的传播速度，其值约为 3×10^8 m/s；t 为电磁波在被测距离上一次往返传播的时间；D 为被测距离。

显然，只要测定了时间 t，就可按上式算出被测距离 D。

按测定 t 的方法，电磁波测距仪主要可分为两种类型：

（1）脉冲式测距仪。它是直接测定仪器发出的脉冲信号往返于被测距离的传播时间，进而按式（3.3）求得距离值的一类测距仪。

（2）相位式测距仪。它是测定仪器发射的测距信号往返于被测距离的滞后相位 φ 来间接推算信号的传播时间 t，从而求得所测距离的一类测距仪。

因为

$$t=\frac{\varphi}{\omega}=\frac{\varphi}{2\pi f}$$

所以

$$D=\frac{1}{2}v\cdot\frac{\varphi}{2\pi f}=\frac{v\varphi}{4\pi f} \tag{3.4}$$

式中：f 为调制信号的频率。

根据式（3.3）和式（3.4），如取 $v=3\times10^8$ m/s，$f=15$MHz，则当要求测距误差小于 1cm 时，通过计算可知：用脉冲法测距时，计时精度须达到 0.666×10^{-10}；而用相位法测距时测定相位角的精度达到 $0.36°$ 即可。目前，欲达到 10^{-10} s 的计时精度，困难较大，而达到 $0.36°$ 的测相精度则易于实现。所以当前电磁波测距仪中相位式测距仪居多。

由于电磁波测距仪型号甚多，因此为了研究和使用仪器的方便，除了采用上述分类法外，还有许多其他分类方法，例如：

按测程分 $\begin{cases}\text{长程——几十千米} \\ \text{中程——数千米至十余千米} \\ \text{短程——3km 以下}\end{cases}$

按载波源分 $\begin{cases}\text{光波——激光测距仪，红外测距仪} \\ \text{微波——微波测距仪}\end{cases}$

按载波数分 $\begin{cases}\text{单载波——可见光；红外光；微波} \\ \text{双载波——可见光，可见光；可见光，红外光等} \\ \text{三载波——可见光，可见光，微波；可见光，红外光，微波等}\end{cases}$

按反射目标分 $\begin{cases}\text{漫反射目标（非合作目标）} \\ \text{合作目标——平面反射镜，角反射镜等} \\ \text{有源反射器——同频载波应答机，非同频载波应答机等}\end{cases}$

随着 GPS 技术的迅速发展，作为长距离测量的微波测距仪和激光测距仪，正在逐步退出历史舞台。特别是微波测距仪，目前市场上已不多见。而以激光和红外作光源的全站仪，几乎全部为中、短程测距仪。

另外，还可按精度指标分级。电磁波测距仪的精度公式为

$$m_D=A+BD \tag{3.5}$$

式中：A 为固定误差，mm。它主要由仪器加常数的测定误差、对中误差、测相误差等引起。固定误差与测量的距离无关，即不管实际测量距离多长，全站仪将存在不大于该

值的固定误差。全站仪的这部分误差一般在 1~5mm。

BD 代表比例误差。它主要由仪器频率误差、大气折射率误差引起。其中 B 的单位为 ppm（parts per million），是百万分之（几）的意思。全站仪 B 的值由生产厂家在用户手册里给定，用来表征比例误差中比例的大小，是一个固定值，一般在 1~5ppm；D 的单位为 km，即 $1×10^6$mm，它是一个变化值，根据用户实际测量的距离确定；它同时又是一个通用值，对任何全站仪都一样。由于 D 是通用值，因此比例误差中真正重要的是 ppm，通常看比例部分的精度就是看它的大小。

B 和 D 的乘积形成比例误差。一旦距离确定，则比例误差部分就会确定。显然，当 B 为 1ppm，被测距离 D 为 1km 时，比例误差 BD 就是 1mm。随着被测距离的变化，全站仪的这部分误差将随之按比例进行变化，例如当 B 仍为 1ppm，被测距离等于 2km 时，则比例误差为 2mm。

固定误差与比例误差绝对值之和，再冠以偶然误差±号，即构成全站仪测距精度。如徕卡 TPS1100 系列全站仪测距精度为 2mm+2ppm×D。当被测距离为 1km 时，仪器测距精度为 4mm，换句话说，全站仪最大测距误差不大于 4mm；当被测距离为 2km 时，仪器测距精度则为 6mm，最大测距误差不大于 6mm。

按此指标，我国现行城市测量规范将测距仪划分为Ⅰ、Ⅱ、Ⅲ级，即Ⅰ级为 $m_D ≤$ 5mm，Ⅱ级为 5mm<m_D≤10mm，Ⅲ级为 10mm<m_D≤20mm。

三、GPS 接收机

我们知道，GPS 系统由空间卫星星座、地面监控站和用户接收设备三大部分组成。在用户接收设备中，接收机是关键设备。接收机是指用户用来接收 GPS 卫星信号并对其进行处理而取得定位和导航信息的仪器。为此，它应包括接收天线（带前置放大器），信号处理器（用于信号识别和处理），微处理机（用于接收机的控制、数据采集和定位及导航计算），用户信息显示、储存、传输及操作等终端设备，精密振荡器（用以产生标准频率）以及电源等。

按组成构件的性质和功能，可将它们分为硬件部分和软件部分。硬件部分系指上述接收机、天线及电源等硬件设备。软件部分系指支持接收硬件实现其功能并完成各种导航与测量任务的必备条件。一般说来，GPS 接收机软件包括内置软件和外用软件。内置软件是指控制接收机信号通道、按时序对每颗卫星信号进行量测以及内存或固化在中央处理器中的自动操作程序等。这类软件已和接收机融为一体。而外用软件系指处理观测数据的软件，比如，基线处理软件、网平差软件等，通常所说的接收机软件系指这类软件系统。软件部分已构成现代 GPS 接收机测量系统的重要组成部分。一个品质优良、功能齐全的软件不但能方便用户使用，改善定位精度，提高作业效率，而且对开发新的应用领域也有重要意义，因此软件的质量与功能已是反映现代 GPS 测量系统先进水平的重要标志。

GPS 接收机可有多种不同的分类方法。

（1）按接收机的工作原理，可分为码相关型接收机、平方型接收机、混合型接收机。

（2）按接收机信号通道的类型，可分为多通道接收机、序贯通道接收机、多路复用通道接收机。

(3) 按接收的卫星信号频率，可分为单频接收机（L_1）、双频接收机（L_1、L_2）。
(4) 按接收机的用途，可分为导航型接收机、测量型接收机、授时型接收机。

第二节　精密角度测量方法

一、精密测角的误差来源及影响

（一）外界条件的影响

1. 大气层密度的变化对目标成像稳定性的影响

目标成像是否稳定主要取决于视线通过近地大气层（简称大气层）密度的变化情况。如果大气密度是均匀、不变的，则大气层就保持平衡，目标成像就很稳定；如果大气密度剧烈变化，则目标成像就会产生上下左右跳动。实际上大气密度始终存在着不同程度的变化，它的变化程度主要取决于太阳造成地面热辐射的强烈程度以及地形、地物和地类等的分布特征。下面以晴天的平原地区为例，对成像情况进行具体分析。

早晨太阳升起时，阳光斜射通过大气层使气体分子缓慢而均匀地升温，使夜间的平衡状态开始变化，但各部分大气密度仅有微小的差异，因此没有明显的对流，目标成像也仅有轻微的波动。

日出以后，有一段时间，大约 1~3h，地面处于吸热过程，此时大气层密度较均匀，大气层基本上保持平衡，成像较稳定。但随着地面吸热达到饱和后，不断将热量再散发出去，使靠近地面的大气升温膨胀，形成上升气流，并到达一定高度后消失。然而，由于地类的不同，其吸热和散热的性能也不尽相同，如岩石、砂砾、干土等吸热较快，很快达到饱和，并开始向外散热；而另一些地类，如湿土、水域、植被等则吸热慢，开始向外散热也要晚一点，这样不同地类的地面上方的大气层之间，就存在着温度的差别，而形成大气的水平对流。也就是说，在整条视线上不仅存在着上下不同密度的大气对流，而且还存在着左右的大气对流，因此目标成像也必然出现上下和左右的动荡现象。随着太阳的不断升高，地面上的热量也不断增加，上述现象就愈加强烈。这是上午大气层密度结构变化情况，也就是目标成像由轻微波动到稳定，再逐渐向激烈动荡的过程。

一般在下午当大气温度达到最高点以后，太阳逐渐下降，地面辐射热量减少，大气逐渐降温并趋向平衡，目标成像越来越稳定。因此，在日落前又有一段成像稳定而有利于观测的时间。夜间大气层一般是平衡的，但仍有一部分地类，如水域、稻田等，入夜以后仍徐缓放热，靠近这些地类上方的视线也有一段时间的微小波动。

2. 大气透明度对目标成像清晰的影响

目标成像是否清晰主要取决于大气的透明程度，也就是取决于大气中对光线散射作用的物质（如尘埃、水蒸气等）的多少。尘埃上升到一定高度后，除部分浮悬在大气中，经雨后才消失外，一般均逐渐返回地面。水蒸气升到高空后可能形成云层，也可能逐渐稀释在大气中，因此尘埃和水蒸气对近地大气的透明度起着决定性作用。

地面的尘埃之所以上升，主要是由于风的作用，即强烈的空气水平气流和上升对流的结果，大量水蒸气也是水域和植被地段强烈升温产生的，所以大气透明度从本质上说也主要决定于太阳辐射的强烈程度。因此一般来说，上午接近中午时大气透明度较差，午后随着辐射减弱，水蒸气越来越少，尘埃也不断陆续返回地面，所以一般在下午 3 点以后又有一段大气透明度良好的有利观测时间。

从上面讨论可以看出：为了获得清晰稳定的目标成像，应当在有利于观测的时间段进行观测，一般晴天在日出后的 2~3h 内和下午 3~4 点到日落前 1h 最为适宜。夏季的观测时间要适当缩短，冬季可稍加延长，阴天由于太阳的热辐射较小，所以大气的温度和密度变化也较小，几乎全天都能获得清晰稳定的目标成像，所以全天的任何时间都有利于观测。

3. 水平折光的影响

光线通过密度不均匀的空气介质时，经过连续折射后形成一条曲线，并向密度大的一方弯曲，如图 3.12 所示。当来自目标 B 的光线进入望远镜时，望远镜所照准的方向为这条曲线在望远镜 A 处的切线方向，如图中的 AC 方向，这个方向显然不与这条曲线的弦线 AB 相一致（AB 一般称为理想的照准方向），而是有一微小的交角 δ，称为微分折光。微分折光可以分解为纵向和水平两个分量，由于大气温度的梯度主要发生在垂直面内，所以微分折光的纵向分量是比较大的，是微分折光的主要部分。微分折光的水平分量（又称旁折光）影响着视线的水平方向，对精密测角的观测成果产生系统性质的误差影响。

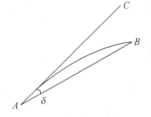

图 3.12 水平微分折光

水平折光的影响是极为复杂的，为了在一定程度上削减其对精密测角的影响，一般应采取必要的措施。在选点时，应避免使视线靠近山坡、大河或与湖泊的岸线平行，并应尽量避免视线通过高大建筑物、烟囱和电线杆等实体的侧方。在造标时应使橹柱旁离视线至少 10cm，一般在有微风的时候或在阴天进行观测，可以减弱部分水平折光的影响。

在精密工程测量中水平角观测还受到工程场地的一些局部因素的影响。工业能源设施向大气排放大量热气、烟尘，沥青或水泥路面、混凝土及金属构筑物等热量传导性能的改变，水蒸气的蒸发与冷却的瞬变等，使测区处于瞬变的微气候条件。为了削减微气候条件构成的水平折光影响，应根据测区微气候条件的实际情况，选择最有利于观测的时间，将整个观测工作分配在几个不同的时间段内进行。

4. 照准目标的相位差

照准目标如果是圆柱形实体，如木杆、标心柱，则在阳光照射下会有阴影，圆柱上分为明亮和阴暗的两部分，如图 3.13 所示。当视线较长时，往往不易确切地看清圆柱的轮廓线，若背景较阴暗，则往往十字丝照准明亮部分的中线；若背景比较明亮，则十字丝照准阴暗部分的中线，也就是说照准实体目标时，往往不能正确地照准目标的真正中心轴线，从而给观测结果带来误差，这种误差叫相位差。可知，相位差的影响随太阳的

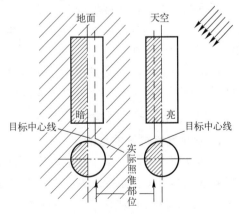

图 3.13 阳光照射下圆柱

方位变化而不同，在上午和下午，当太阳在对称位置时，实体目标的明亮与阴暗部分恰恰相反，所以相位差影响的正负号也相反，因此，最好半数测回在上午观测，半数测回在下午观测。

为了减弱这种误差的影响，在三角测量中一般采用微相位照准圆筒，微相位照准圆筒的结构形式可参阅国家规范中的有关章节。

5. 温度变化对视准轴的影响

如果观测时仪器受太阳光的直接照射，则由于仪器的各部分受热不均匀，膨胀也不相同，致使仪器产生变形，各轴线间的正确关系不能保证，从而影响观测的精度，所以在观测时必须撑伞或用测橹覆挡住太阳光对仪器的直接照射。但是，尽管仪器不直接受太阳光的照射，周围空气温度的变化也会影响仪器各部分发生微小的相对变形，使仪器视准轴位置发生微小的变动。

视准轴位置的变动可以由同一测回中照准同一目标的盘左、盘右读数的差数中看出，这个差数就是两倍视准轴误差，以 $2c$ 表示。如果没有因仪器变形而引起的误差，则由每个观测方向所求得的 $2c$ 值与其真值之间只能有偶然性质的差异。但是经验证明，倘若在连续观测几个测回的过程中温度不断变化，则由每个测回所得的 $2c$ 值会有系统性的差异，而且这个系统性的差异与观测过程中温度的变化有密切的关系。

假定在一个测回的短时间观测过程中，空气温度的变化与时间成比例，那么可以采用按时间对称排列的观测程序来削弱这种误差对观测结果的影响。所谓按时间对称排列的观测程序，是假定在一测回的较短时间内，气温对仪器的影响是均匀变化的，上半测回依顺时针次序观测各目标，下半测回依逆时针次序观测各目标，并尽量做到观测每一目标的时间间隔相近，这样做，上下半测回观测每一目标时刻的平均数相近，可以认为各目标是在同一平均时刻观测的，这样可以认为同一方向上下半测回观测值的平均值中将受到同样的误差影响，从而由方向求角度时可以大大削弱仪器受气温变化影响而引起的误差。

6. 外界条件对觇标内架稳定性的影响

在高标上观测时，仪器安放在觇标内架的观测台（仪器台）上，在地面上观测时，通常把仪器安放在三脚架上，当觇标内架或三脚架发生扭转时，仪器基座和固定在基座上的水平度盘就会随之发生变动，给观测结果带来影响。

温度的变化会使木标架或三脚架的木构件产生不均匀的胀缩而引起扭转，钢标在阳光的照射下，向阳处温度高，背阴处温度低，温度的差异使标架的不同部分产生不均匀的膨胀，从而引起扭转。

假定在一测回的观测过程中，觇标内架或三脚架的扭转是匀速发生的，因此采用按时间对称排列的观测程序也可以减弱这种误差对水平角的影响。

（二）仪器误差的影响

1. 水平度盘位移的影响

当转动照准部时，由于轴面的摩擦力使仪器的基座部分产生弹性的扭曲，因此，与基座固连的水平度盘也随之发生微小的方位变动，这种扭曲主要发生在照准部旋转的开始瞬间，因为这时必须克服垂直轴与轴套表面之间互相密接的惯力。当照准部开始转动之后，在转动照准部的过程中只需克服较小的轴面摩擦力，而在转动停止之后，没有任何力再作用于仪器的基座部分，它在弹性作用下就逐渐反向扭曲，企图恢复原来的平衡状态。因此，在观测时当照准部顺时针方向转动时，度盘也随着基座顺转一个微小的角度，使度盘上的读数偏小；反之，逆转照准部时，使度盘读数偏大，这将给测得的方向值带来系统误差。

根据这种误差的性质，如果在半测回中照准目标时保持照准部向一个方向转动，则可以认为各方向所带误差的正负号相同，由方向组成角度时就可以削减这种误差影响，即使各方向所受误差的大小不同，在组成角度中也只含有残余误差的影响，且其符号可能为正，也可能为负，而没有系统的性质。

如果在一测回中，上半测回顺转照准部，依次照准各方向，下半测回逆转照准部，依相反的次序照准各方向，则在同一角度的上下半测回的平均值中就可以很好地消除这种误差影响。

2. 照准部旋转不正确的影响

当照准部垂直轴与轴套之间的间隙过小，则照准部转动时会过紧，如果间隙过大，则照准部转动时垂直轴在轴套中会发生歪斜或平移，这种现象称为照准部旋转不正确。照准部旋转不正确会引起照准部的偏心和测微器行差的变化，为了消除这些误差的影响，采用重合法读数，可在读数中消除照准部偏心影响。在测定测微器行差时应转动照准部位置而不应转动水平度盘位置，这样测定的行差数值将受到照准部旋转不正确的影响，根据这个行差值来改正测微器读数较为合理。

3. 照准部水平微动螺旋作用不正确的影响

旋进照准部水平微动螺旋时，靠螺杆的压力推动照准部；旋出照准部微动螺旋时，靠反作用弹簧的弹力推动照准部。若因油污阻碍或弹簧老化等原因使弹力减弱，则微动螺旋旋出后，照准部不能及时转动，微动螺杆顶部就出现微小的空隙，在读数过程中，弹簧才逐渐伸张而消除空隙，这时读数，视准轴已偏离了照准方向，从而引起观测误差。为了避免这种误差的影响，规定观测时应旋进微动螺旋（与弹力作用相反的方向）去进行每个观测方向的最后照准，同时要使用水平微动螺旋的中间部分。

4. 垂直微动螺旋作用不正确的影响

在仪器整平的情况下转动垂直微动螺旋，望远镜应在垂直面内俯仰。但是，由于水平轴与其轴套之间有空隙，垂直微动螺旋的运动方向与其反作用弹簧弹力的作用方向不在一直线上，从而产生附加的力矩引起水平轴一端位移，致使视准轴变动，给水平方向的方向观测值带来误差，这就是垂直微动螺旋作用不正确的影响。若垂直微动螺旋作用不正确，则在水平角观测时，不得使用垂直微动螺旋，直接用手转动望远镜到所需的位置。

需要指出，影响水平角观测精度的因素是错综复杂的，为了讨论问题的方便，我们把误差来源进行了分类。实际上有些误差是交织在一起的，并不能截然分开，如观测时的照准误差，它既受望远镜的放大倍率和物镜有效孔径等仪器光学性能的影响，又受目标成像质量和旁折光等外界因素的影响。

二、精密测角的一般原则

根据前面所讨论的各种因素对测角精度的影响规律，为了最大限度地减弱或消除各种误差的影响，在精密测角时应遵循下列原则。

（1）观测应在目标成像清晰、稳定的有利于观测的时间进行，以提高照准精度和减小旁折光的影响。

（2）观测前应认真调好焦距，消除视差。在一测回的观测过程中不得重新调焦，以免引起视准轴的变动。

（3）各测回的起始方向应均匀地分配在水平度盘和测微分划尺的不同位置上，以消除或减弱度盘分划线和测微分划尺的分划误差的影响。

（4）在上、下半测回之间倒转望远镜，以消除和减弱视准轴误差、水平轴倾斜误差等影响，同时可以由盘左、盘右读数之差求得两倍视准误差 $2c$，借以检核观测质量。

（5）上、下半测回照准目标的次序应相反，并使观测每一目标的操作时间大致相同，即在一测回的观测过程中，应按与时间对称排列的观测程序，其目的在于消除或减弱与时间成比例均匀变化的误差影响，如觇标内架或三脚架的扭转等。

（6）为了克服或减弱在操作仪器过程中带动水平度盘位移的误差，要求每半测回开始观测前，照准部按规定的转动方向先预转 1~2 周。

（7）使用照准部微动螺旋和测微螺旋时，其最后旋转方向均应为旋进。

（8）为了减弱垂直轴倾斜误差的影响，观测过程中应保持照准部水准器气泡居中。当使用 J_1 型和 J_2 型经纬仪时，若气泡偏离水准器中央一格，则应在测回间重新整平仪器，这样做可以使观测过程中垂直轴的倾斜方向和倾斜角的大小具有偶然性，可望在各测回观测结果的平均值中减弱其影响。

三、水平角观测方法

根据具体观测条件与要求，水平角观测分为不同的方法。这里以方向观测法为例介绍水平角的观测方法。方向观测法的特征是在一个测回中将测站上所有要观测的方向逐一照准进行观测，在水平度盘上读数，得出各方向的方向观测值。由两个方向观测值可以得到相应的水平角度值。如图 3.14 所示，设在测站上有 $1,2,\cdots,n$ 个方向要观测，首先应选定边长适中、通视良好、成像清晰稳定的方向（如选定方向 1）作为观测的起始方向（又称零方向）。上半测回用盘左位置先照准零方向，然后按顺时针方向转动照准部依次照准方向 $2,3,\cdots,n$ 再闭合到方向 1，并分别在水平度盘上读数。下半测回用盘右位置，仍然先照准零方向 1，然后按逆时针方向转动照准部依相反的次序照准方向 $n,\cdots,2,1$，并分别在水平度盘上读数。

除了观测方向数较少（国家规范规定不大于 3）的测站外，一般都要求每半测回观测闭合到起始方向以检查观测过程中水平度盘有无方位的变动，此时上、下半测回观测均构成一个闭合圆，所以这种观测方法又称为全圆方向观测法。

为了削减偶然误差对水平角观测的影响，

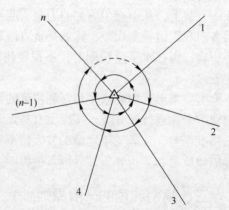

图 3.14　水平角方向观测法

从而提高测角精度，观测时应有足够的测回数。方向观测法的观测测回数是根据测角网的等级和所用仪器的类型确定的，如表3.2所示。

表3.2 水平角观测测回数

仪 器	二等	三等	四等
	测回数		
J_1	15	9	6
J_2		12	9

在每半测回观测结束时，应立即计算归零差，即对零方向闭合照准和起始照准时的测微器读数差，以检查其是否超过限差规定。

当下半测回观测结束时，除应计算下半测回的归零差外，还应计算各方向盘左、盘右的读数差，即计算各方向的 $2c$ 值，以检核测回中各方向的 $2c$ 互差是否超过限差规定。如各方向的 $2c$ 值互差符合限差规定，则取各方向盘左、盘右读数的平均值，作为这一测回中的方向观测值。

对于零方向有闭合照准和起始照准两个方向值，一般取其平均值作为零方向在这一测回中的最后方向观测值。将其他方向的方向观测值减去零方向的方向观测值，就得到归零后各方向的方向观测值，此时零方向归零后的方向观测值为 $0°00'00.0''$。

将不同度盘位置的各测回方向观测值都进行归零，然后比较同一方向在不同测回中的方向观测值，它们的互差应小于规定的限差，一般称这种限差为"测回差"。

在某些工程控制网中，同一测站上各水平方向的边长悬殊，若严格执行一测回中不得重新调焦的规定，则会产生过大的视差而影响照准精度，此时若使用的仪器经检验证实调焦透镜运行正确，则一测回中可以允许重新调焦，若调焦透镜运行不正确，这时可以考虑改变观测程序：对一个目标调焦后接连进行正倒镜观测，然后对准下个目标，重新调焦后立即进行正倒镜观测，如此继续观测测站上的所有方向而完成全测回的观测工作。为了减弱随时间均匀变化的误差影响，相邻测回照准目标的次序应相反，如第一测回的观测程序按顺时针依次照准方向 $1,2,\cdots,n,1$，第二测回的观测程序应按逆时针依次照准方向 $1,n,\cdots,2,1$，全部测回观测完毕后，应检查各方向在各测回的方向观测值互差是否超过限差的规定。

最后必须强调指出：野外观测手簿记载着测量的原始数据，是长期保存的重要测量资料，因此，必须做到记录认真，字迹清楚，书写端正，各项注记明确，整饰清洁美观，格式统一，手簿中记录的数据不得有任何涂改现象。

为了保证观测成果的质量，观测中应认真检核各项限差是否符合规定，如果观测成果超过限差规定，则必须重新观测。决定哪个测回或哪个方向应该重测是一个关系最后平均值是否接近客观真值的重要问题，要慎重对待。对重测对象的判断，有些较明显，有些则要求观测员从当时当地的实际情况出发，结合误差传播的规律和实践经验进行具体分析，才能正确判断。

重测和取舍观测成果应遵循的原则是：

（1）重测一般应在基本测回（即规定的全部测回）完成以后，对全部成果进行综合分析，作出正确的取舍，并尽可能分析出影响质量的原因，切忌不加分析就片面、盲目地追求观测成果的表面合格，以免最后得不到良好的结果。

(2) 因对错度盘、测错方向、读错记错、碰动仪器、气泡偏离过大、上半测回归零差超限以及其他原因未测完的测回都可以立即重测，并不计重测数。

(3) 一测回中 $2c$ 互差超限或化归同一起始方向后，同一方向值各测回互差超限时，应重测超限方向并联测零方向（起始方向的度盘位置与原测回相同）。因测回互差超限重测时，除明显值外，原则上应重测观测结果中最大值和最小值的测回。

(4) 一测回中超限的方向数大于测站上方向总数的 1/3 时（包括观测 3 个方向时，有一个方向重测），应重测整个测回。

(5) 若零方向的 $2c$ 互差超限或下半测回的归零差超限，应重测整个测回。

(6) 在一个测站上重测的方向测回数超过测站上方向测回总数的 1/3 时，需要重测全部测回。

测站上方向测回总数 $=(n-1)m$，式中 m 为基本测回数，n 为测站上的观测方向总数。

重测方向测回数的计算方法是：在基本测回观测结果中，重测一方向，算作一个重测方向测回；一个测回中有 2 个方向重测，算作 2 个重测方向测回；因零方向超限而全测回重测，算作 $(n-1)$ 个重测方向测回。

设测站上的方向数 $n=6$，基本测回数 $m=9$，则测站上的方向测回总数 $=(n-1)m=45$，该测站重测方向测回数应小于 15。

四、归心改正

（一）问题的产生

控制点的位置是以标石顶部的标志中心来表示的，一切观测和成果的计算都必须以该标石中心为准。因此，在进行水平角观测时，仪器架设的中心必须和测站点的标石中心在一条铅垂线上；照准目标的中心也必须和该照准点的标石中心在同一铅垂线上。观测时要求标石中心、仪器中心和目标中心在同一铅垂线上，这就是所谓的"三心一致"。

而实际情况常常是不得不偏心观测。在造标埋石时，虽然尽量使照准圆筒中心和标石中心在同一铅垂线上，但观测和造埋要相隔一段时间，觇标会受到风吹日晒雨淋，以及觇标的橹柱脚会不均匀下沉等因素影响，使照准圆筒中心偏离标石中心；在观测时，由于觇标的橹柱挡住了视线，不得不偏心观测；在有觇标的内架上架设仪器时，应先把标石中心沿垂线投影到观测台上，再将仪器安置在标石中心的投影点上进行观测，但如果投影点落在观测台的边缘或落在观测台的外面，这时为了仪器的安全和稳定，需将仪器安置在观测台的中央观测，也产生了偏心的问题。

由于偏心观测的存在，把偏心的方向观测值归算到以标石中心为准的方向观测值需加的改正称为归心改正。由仪器偏心引起的归心改正称为测站点归心改正，由照准点觇标偏心引起的归心改正称为照准点归心改正。

（二）归心元素

我们引入下列符号，并结合图 3.15 加以说明。

B——三角点标石中心（通常以 B_1 表示测站点标石中心，B_2 表示照准点标石中心）。

Y——仪器中心。

T——觇标中心（T_1 表示测站点觇标中心，T_2 表示照准点觇标中心）。

e_Y——T 至 B 的距离，通常称为"测站偏心距"。

e_T——T 至 B 的距离，通常称为"照准点偏心距"。

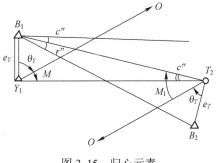

图 3.15 归心元素

e_Y、e_T 又称为归心长度元素。

θ_Y——表示以 Y 为角顶，由 YB_1 起顺时针方向量至测站点起始方向的角度，通常称为"测站偏心角"。

θ_T——表示以 T_2 为角顶，由 T_2B_2 起顺时针方向量至照准点起始方向的角度，通常称为"照准点偏心角"。

θ_Y、θ_T 又称为归心角度元素。

我们把 e_Y、θ_Y 称为测站点归心元素，e_T、θ_T 称为照准点归心元素。不难看出，对于三角锁（网）中每一个三角点，都可能有测站归心元素和照准点归心元素。

（三）归心改正数的计算

从图 3.15 中可以看出，从测站点 B_1 向照准点 B_2 观测时，正确的方向是 B_1B_2，而实际观测的是 Y_1T_2，分两步进行改正：第一步是把 Y_1T_2 改正到 B_1T_2 的测站归心改正，用 c'' 表示；第二步是把 B_1T_2 改正到 B_1B_2 的照准点归心改正，用 r'' 表示。

测站归心改正数的计算公式为

$$c''=e_Y\sin(\theta_Y+M)\rho''/S \tag{3.6}$$

式中：e_Y 为测站点偏心距；θ_Y 为测站点偏心角；S 为两点之间的距离；M 为测站点观测照准点的方向观测值；ρ'' 为弧度到秒的换算单位。

照准点归心改正数的计算公式为

$$r''=e_T\sin(\theta_T+M_1)\rho''/S \tag{3.7}$$

式中：e_T 为照准点偏心距；θ_T 为照准点偏心角；S 为两点之间的距离；M_1 为照准点上安置仪器对 B_1 的方向观测值；ρ'' 为弧度到秒的换算单位。

由式（3.6）和式（3.7）可以看出，c'' 和 r'' 的计算公式形式相同，但须注意以下几点：

（1）c'' 和 r'' 的符号分别由 (θ_Y+M) 和 (θ_T+M_1) 决定，当 (θ_Y+M) 和 (θ_T+M_1) 小于 180°时，c'' 和 r'' 为正；当 (θ_Y+M) 和 (θ_T+M_1) 大于 180°时，c'' 和 r'' 为负。

（2）同一测站上不同方向其测站归心改正数 c'' 的大小不同；同一照准点上对周围各测站的照准点归心改正数 r'' 的大小也不同。

（3）计算 c'' 时，是根据本测站归心元素 e_Y、θ_Y 和测站上的观测方向值 M 及距离 S 计算的，用来改正本测站的各个方向；而计算 r'' 时，是取用欲改正方向上的对方照准点上的照准点归心元素 e_T、θ_T 和观测方向值 M_1 及距离 S 计算的，不是本测站上的 e_T、θ_T

和 M。

(4) 当观测的零方向和归心投影时的零方向不一致时,应注意偏心角的化算。

把按以上公式计算的归心改正数加到欲改正的方向即可。

在计算归心改正数时需知归心元素 e_Y、θ_Y 和 e_T、θ_T 的大小,归心元素测定的实质是把同一三角点的标石中心、仪器中心、照准点觇标中心依铅垂线投影至同一水平面上,然后在此水平面上直接量取各 e 和 θ 值。所以归心元素的测定有时也称为归心投影。归心投影的方法有图解法、直接法和解析法。关于各类方法的具体作业步骤,本书不作更多叙述。

第三节　国家平面大地控制网

大地测量学的基本任务之一,是在全国范围内建立高精度的大地测量控制网,以精密确定地面点的位置。确定地面点的位置,实质上是确定点位在某特定坐标系中的三维坐标,通常称其为三维大地测量。在掌握了大地测量的基本方法技术之后,就可以根据需要开展控制网的建立[11]。例如,全球卫星定位系统(GPS)就是直接求定地面点在地心坐标系中的三维坐标。传统的大地测量是把建立平面控制网和高程控制网分开进行的,分别以地球椭球面和大地水准面为参考面确定地面点的坐标和高程。这里先对大地平面控制网进行介绍。

一、建立国家平面大地控制网的方法

(一) 三角测量法

如图 3.16 所示,在地面上选定一系列点位 1,2,3,…,使其构成三角形网状,观测的方向须通视,三角网的观测量是网中的全部(或大部分)方向值,由这些方向值可计算出三角形的各内角。

如果已知点 1 的坐标 (x_1, y_1),又精密地测量了点 1 至点 2 的边长 S_{12} 和坐标方位角 α_{12},就可用三角形正弦定理依次推算出三角网中其他所有边长、各边的坐标方位角及各点的坐标。

这些三角形的顶点称为三角点,又称大地点。这种测量和计算工作称为三角测量。

网中的方向(或角度)、边长、方位和坐标称为三角网的元素。根据其来源的不同,可以分为三类。

(1) 起算元素:已知的坐标、边长和已知的方位角,也称起算数据。

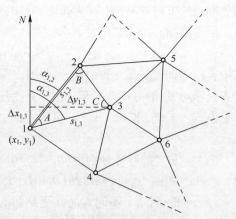

图 3.16　三角测量法

(2) 观测元素:三角网中观测的所有方向(或角度)。

(3) 推算元素:由起算元素和观测元素的平差值推算的三角网中其他边长、坐标

方位角和各点的坐标。

(二) 导线测量法

在地面上选定相邻点间互相通视的一系列控制点 $A,B,C,\cdots$，连接成一条折线形状，如图 3.17 所示，直接测定各边的边长和相互之间的角度。若已知 A 点的坐标(x_A, y_A)和一条边的方位角（例如 AM 边的方位角 α_{AM}），就可以推算出所有其他控制点的坐标。这些控制点称为导线点，把这种测量和计算工作称为导线测量。

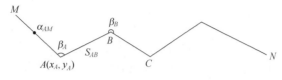

图 3.17　导线测量法

(三) 三边测量及边角同测法

三边测量法的网形结构同三角测量法一样，只是观测量不是角度而是所有三角形的边长，各内角是通过三角形余弦定理计算而得到的。如果在测角基础上加测部分或全部边长，则称为边角同测法，后者又称为边角全测法。

在上述三种布设形式中，三角网早在 17 世纪初就已被采用。三角测量的优点：图形简单结构强，几何条件多，便于检核，网的精度较高。其不足之处：在平原地区或隐蔽地区易受障碍物的影响，布设困难，增加了建设费用；推算而得的边长精度不均匀，距起始边越远边长精度越低。因三角测量主要是用经纬仪完成大量的外业观测工作，故在电磁波测距仪问世以前，世界上许多国家都是采用三角测量法布设国家平面大地控制网。我国的天文大地网基本上也是采用三角测量法布设的。

随着电磁波测距技术的发展和电磁波测距仪的普及，导线网和边角网逐渐被采用。和三角测量相比，导线测量的优点是：网中各点的方向数较少，除节点外只有两个方向，故布设灵活，在隐蔽地区容易克服地形障碍；导线测量只要求相邻两点通视，故可降低觇标高度，造标费用少，且便于组织观测，工作量也少，受天气条件影响小；网内边长直接测量，边长精度均匀。

当然，导线测量也有其缺点：导线结构简单，没有三角网那样多的检核条件，有时不易发现观测中的粗差，可靠性不高；其基本结构是单线推进，故控制面积不如三角网大。

由此可见，在地形复杂、交通不便的地区，用导线测量代替三角测量不失为一种好的办法。

由于完成一个测站的边长测量比完成方向观测容易和快捷得多，故有时在仪器设备和通视条件都允许的情况下，也可布设测边网。

边角全测网的精度最高，相应工作量也较大。故在建立高精度的专用控制网（如精密的形变监测网）或不能选择良好布设图形的地区可采用此法而获得较高的精度。

(四) 天文测量法

天文测量法是在地面点上架设仪器，通过观测天体（主要是恒星）并记录观测瞬间的时刻，来确定地面点的地理位置，即天文经度、天文纬度和该点至另一点的天文方位角。这种方法各点彼此独立观测，无须点间通视，组织工作简单、测量误差不会积累。但因为定位精度不高，所以，它不是建立国家平面大地控制网的基本方法。然而，在大地控制网中，天文测量却是不可缺少的，因为为了控制水平角观测误差积累对推算方位角的影响，需要在每隔一定距离的三角点上进行天文观测，以推求大地方位角，这也是通常称国家大地控制网为天文大地网的原因。

（五）GPS测量

全球定位系统（Global Positioning System，GPS）可为各位用户提供精密的三维坐标、三维速度和时间信息。该系统的出现，对大地测量的发展产生了深远的影响，因为利用GPS技术可以在较短的时间内以极高的精度进行大地测量的定位，所以，它使常规大地测量的布网方法作业手段和内业计算等工作都发生了根本性的变革。

GPS的应用领域相当广泛，可以进行海、空和陆地的导航，导弹的制导，大地测量和工程测量的精密定位，时间的传递和速度的测量等。仅就测绘领域而言，GPS定位技术已经用于建立高精度的全国性的大地测量控制网，测定全球性的地球动态参数，也可用于改造和加强原有的国家大地控制网；可用于建立陆地海洋大地测量的基准，进行海洋测绘和高精度的海岛陆地联测；用于监测地球板块运动和地壳形变；在建立城市测量和工程测量的平面控制网时GPS已成为主要方法；GPS还可用于测定航空航天摄影的瞬间位置，实现仅有少量的地面控制或无地面控制的航测快速成图。可以预言，随着GPS技术的不断发展和研究的不断深入，GPS技术的应用领域将更加广泛，并逐渐进入我们的日常生活。

二、建立国家平面大地控制网的基本原则

国家平面大地控制网是一项浩大的基本测绘建设工程。在我国大部分领域上布设国家大地网，事先需进行全面规划，统筹安排，兼顾数量、质量、经费和时间的关系，拟定出具体的实施细则，作为布网的依据。这些原则主要有以下几方面。

（一）大地控制网应分级布设、逐级控制

这是根据我国具体国情所决定的。我国领土辽阔，地形复杂，不可能一次性用较高的精度和较大的密度布设全国网。为了适时地保障国家经济建设和国防建设用图的需要，根据主次缓急而采用分级布网、逐级控制的原则是十分必要的，即先以精度高而稀疏的一等三角锁，尽可能沿经纬线纵横交叉地迅速地布满全国，形成统一的骨干控制网，然后在一等锁环内逐级布设二、三、四等三角网。

每一等级三角测量的边长逐渐缩短，三角点逐级加密。先完成的高等级三角测量成果作为低一等级三角测量的起算数据并起控制作用。

在用GPS技术布设控制网时，也是采用从高到低，分级布设的方法。《全球定位系统（GPS）测量规范》规定，GPS测量控制网按其精度划分为A、B、C、D、E五级，其中A级网建立我国最高精度的坐标框架，B、C、D、E级分别相当于常规大地测量的一、二、三、四等。

（二）大地控制网应有足够的精度

国家三角网的精度，应能满足大比例尺测图的要求。在测图中，要求首级图根点相对于起算三角点的点位误差，在图上应不超过±0.1mm，相对于地面点的点位误差则不超过±0.1N毫米（N为测图比例尺分母）。而图根点对于国家三角点的相对误差，又受图根点误差和国家三角点误差的共同影响，为使国家三角点的误差影响可以忽略不计，应使相邻国家三角点的点位误差小于1/3×0.1N毫米。据此可得出不同比例尺测图对相邻三角点点位的精度要求，如表3.3所列。

表3.3 测图对相邻三角点点位的精度要求

测图比例尺	1:50000	1:250000	1:10000	1:5000	1:2000
图根点对于三角点的点位误差/m	±5	±2.5	±1.0	±0.5	±0.2
相邻三角点的点位误差/m	±1.7	±0.83	±0.33	±0.17	±0.07

为满足现代科学技术的需要，国家一、二等网的精度除满足测图的要求外，精度要求还应更高一些，以保留一定的精度储备。

GPS测量中，各级GPS网相邻点间弦长精度用式（3.8）表示，并按表3.4规定执行。

$$\sigma = \sqrt{a^2 + (bd)^2} \tag{3.8}$$

式中：σ 为标准差，mm；a 为固定误差，mm；b 为比例误差的系数，ppm；d 为相邻点间距离，km。

表3.4 GPS网相邻点间弦长精度要求

级 别	固定误差 a/mm	比例误差系数 b/ppm
A	≤5	≤0.1
B	≤8	≤1
C	≤10	≤5
D	≤10	≤10
E	≤10	≤20

（三）大地控制网应有一定的密度

国家三角网是测图的基本控制，故其密度应满足测图的要求。三角点的密度，是指每幅图中包含有多少个控制点，而测图的比例尺不同，每幅图的面积也不同。所以，三角点的密度也用平均若干平方千米有一个三角点来表示。

根据长期测图实践，不同比例尺地图对大地点的数量要求见表3.5。

表3.5 测图对大地点数量要求

测图比例尺	平均每幅图面积/km²	平均每幅图要求的三角点数	每点控制的面积/km²	三角网的平均边长/km	相应的三角网等级
1:50000	350~500	3	150	13	二等
1:25000	100~125	2~3	50	8	三等
1:10000	15~20	1	20	2~6	四等

大地点的密度不仅取决于测图比例尺，还与采用的测图的方法有关。以上的密度要求，是按照20世纪50年代的航测成图方法确定的，如采用新的航测成图方法，大地点的密度还可适当稀疏一些。

GPS测量中两相邻点间的距离可视需要而定，一般遵照表3.6的要求。

表3.6 GPS测量相邻点间距离要求

项目	级别				
	A	B	C	D	E
相邻点最小距离/km	100	15	5	2	1
相邻点最大距离/km	2000	250	40	15	10
相邻点平均距离/km	300	70	15~10	10~5	5~2

按以上的精度和密度要求所布设的国家控制网，在地形图测量时再加密图根控制点即可。

（四）大地控制网应有统一的技术规格和要求

由于我国领土广大，建立国家三角网是一个浩大的工程，需要相当长的时期，花费大量的人力、物力和财力才能完成。这就需要很多单位共同完成。为此，为了避免重复和浪费，且便于成果资料的相互利用和管理，必须有统一的布设方案和作业规范，作为建立全国大地控制网的依据。

1958年和1959年国家测绘总局先后颁布了《大地测量法式（草案）》和《一、二、三、四等三角测量细则》，1974年又颁布了《国家三角测量和精密导线测量规范》。为规范GPS测量工作，1992年国家测绘局发布了《全球定位系统（GPS）测量规范》。

《大地测量法式》是国家为开展大地测量工作而制定的基本测量法规。根据《大地测量法式》，国家又制定出相应的测量规范，它是国家为测绘作业制定的统一规定。主要有具体的布网方案、作业方法、使用仪器、各种精度指标等内容。全国各测绘部门，在进行测量作业时都必须以此为技术依据而遵照执行。

三、国家平面大地控制网的布设方案

根据国家平面控制网当时施测时的测绘技术水平和条件，确定采用常规的三角网作为平面控制网的基本形式，在困难地区兼用精密导线测量方法。现将国家三角网的布设方案和精度要求简述如下。

（一）一等三角锁系布设方案

一等三角锁系是国家平面控制网的骨干，其作用是在全国范围内迅速建立一个统一坐标系的框架，为控制二等及以下各级三角网的建立并为研究地球的形状和大小提供资料。

一等三角锁一般沿经纬线方向构成纵横交叉的网状，如图3.18所示，两相邻交叉点之间的三角锁称为锁段，锁段长度一般为200km，纵横锁段构成锁环。一等三角锁段根据地形条件，一般采用单三角锁，也可组成大地四边形和中点多边形。三角形平均边长：山区一般为25km左右，平原地区一般为20km左右，按三角形闭合差计算的测角

中误差应小于±0.7″，三角形的任一内角不得小于40°，大地四边形或中点多边形的传距角应大于30°。

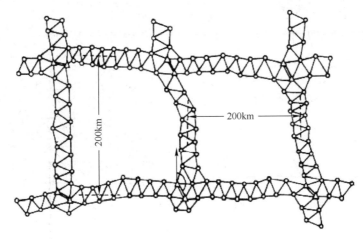

图 3.18　一等三角锁系

为控制锁段中边长推算误差的积累，在一等锁的交叉处测定起始边长，要求起始边测定的相对中误差优于1:350000，当时多数起始边是采用基线丈量法测定的，即先丈量一条短边，再由基线网扩大推算求得起始边长。随着电磁波测距技术的发展，少量边采用了电磁波测距的方法。

一等锁在起始边的两端点上还精密测定了天文经纬度和天文方位角，在锁段中央处测定了天文经纬度。测定天文方位角之目的是控制锁段中方位角的传递误差，测定天文经纬度之目的是为计算垂线偏差提供资料。

(二)　二等三角锁、网布设方案

二等三角网既是地形测图的基本控制，又是加密三、四等三角网（点）的基础，它和一等三角锁网同属国家高级控制点。

我国二等三角网的布设有两种形式。

1958年以前，采用两级布设二等三角网的方法。如图 3.19 所示，即在一等锁环内首先布设纵横交叉的二等基本锁，将一等锁分为四个部分，然后在每个部分中布设二等补充网。在二等锁系交叉处加测起始边长和起始方位角，二等基本锁的平均边长为15～20km，按三角形闭合差计算的测角中误差应小于±1.2″，二等补充网的平均边长为13km，测角中误差应小于±2.5″。

1958年以后改用二等全面网，即在一等锁环内直接布满二等，见图 3.20。

为保证二等全面网的精度，控制边长和方位角传递的误差积累，在全面网的中间部分，测定了起始边，在起始边的两端测定了天文经纬度和天文方位角，其测定精度要求同一等点。当一等锁环过大时，应在全面网的适当位置，加测起始边长和起始方位角。二等网的平均边长为13km 左右，测角中误差应小于±1.0″。

习惯上把1958年以前分两级布设的二等网叫旧二网，把1958年以后布设的叫新二网。

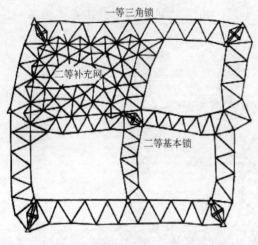
图 3.19 两级布设二等三角网

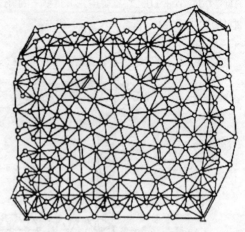
图 3.20 全面布设二等三角网

(三) 三、四等三角网

为了控制大比例尺测图和工程建设需要，在一、二等锁网的基础上，还需布设三、四等三角网，使其大地点的密度与测图比例尺相适应，以便作为图根测量的基础。三、四等三角点的布设尽可能采用插网的方法，也可采用插点法布设。

1. 插网法

所谓插网法就是在高等级三角网内，以高级点为基础，布设次一等级的连续三角网，连续三角网的边长根据测图比例尺对密度的要求而定，可按两种形式布设，一种是在高等级网中（双线表示）插入三、四等点，相邻三、四等点与高级点间联结起来构成连续的三角网，如图 3.21（a）所示。这适用于测图比例尺小、要求控制点密度不大的情况；另一种是在高等级点间插入很多低等点，用短边三角网附合在高等级点上，不要求高等级点与低等级点构成三角形，如图 3.21（b）所示。此种方法适用于大比例尺测图、要求控制点密度较大的情况。

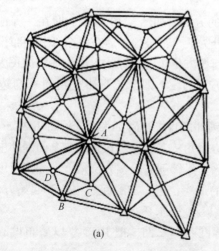
(a)

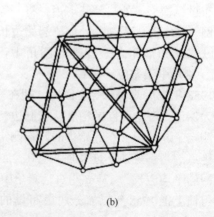
(b)

图 3.21 三四等三角网

三等网的平均边长为8km，四等网边长在2~6km变动，测角中误差三等为±1.8″，四等为±2.5″。

2. 插点法

插点法是在高等级三角网的一个或两个三角形内插入一个或两个低等级的新点。插点法的图形种类较多，如图3.22（a）所示，插入A点的图形是三角形内插一点的典型图形。而插入B、C两点的图形是三角形内外各插一点的典型图形。

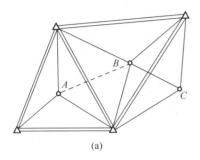 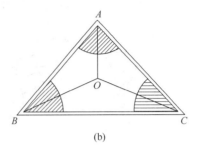

图 3.22 三角网插点法

在用插点法加密三角点时，要求每一插点须由三个方向测定，且各方向均双向观测，并应注意新点的点位，当新点位于三角形内切圆中心附近时，插点精度高；新点离内切圆中心越远则精度越低。规范规定，新点不得位于以三角形各顶点为圆心，角顶至内切圆心距离半为半径所作的圆弧范围之内（图3.22（b）的斜线部分，也称为危险区域）。

采用插网法（或插点法）布设三、四等网时，因故未联测的相邻点间的距离（例如图3.22（b）的AB边）有限制，三等应大于5km，四等应大于2km，否则必须联测，因为不联测的边，边长较短时，其相对中误差较大，不能满足进一步加密的需要。

（四）我国天文大地网基本情况简介

我国疆域辽阔，地形复杂。除按上述方法布设大地网外，在特殊困难地区采用了相应的方法，如在青藏高原地区，采用相应精度的一等精密导线代替一等三角锁，一般布设成1000~2000km的环状，沿线每隔100~150km的一条边的两端点测定天文经、纬度和方位角，以控制方位的误差传播；连接辽东半岛和山东半岛的一等三角锁，布设了横跨渤海湾的大地四边形，其最长边长达13km的；用卫星大地测量方法联测了南海诸岛，使这些岛屿也纳入统一的国家大地坐标系中。

我国天文大地网布测示意图见图3.23。我国统一的国家大地控制网的布设工作开始于20世纪50年代初，60年代末基本完成，历时二十余年。先后共布设一等三角锁401条，一等三角点6182个，构成121个一等锁环，锁系长达7.3万km。一等导线点312个，构成10个导线环，总长约1万km。1982年完成了全国天文大地网的整体平差工作。网中包括一等三角锁系、二等三角网、部分三等网，总共约有5万个大地控制点、500条起始边和近1000个正反起始方位角的约30万个观测量的天文大地网。平差结果表明：网中离大地点最远点的点位中误差为±0.9m，一等观测方向中误差为±0.46″。为检验和研究大规模大地网计算的精度，采用了两种方案独立进行，第一种方案为条件联系数法,第二种方案为附有条件的间接观测平差法。两种方案平差后所得结果基本一致,坐标最大差值为4.8cm。这充分说明,我国天文大地网的精度较高,结果可靠[12]。

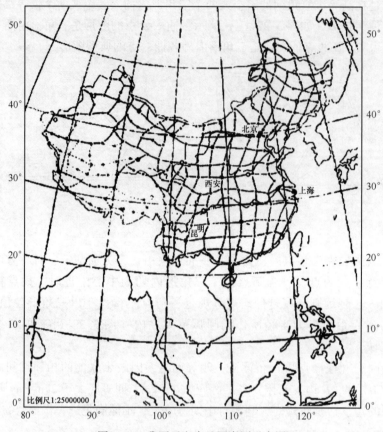

图3.23 我国天文大地网布测示意图

第四节 水准测量的方法

一、水准仪与水准标尺

(一) 水准测量原理

水准测量的基本原理是:用水准仪的水平视线对垂直竖立在两点上的标尺读数,则两点标尺上读数之差就是此两点的高差。如图3.24所示,A、B为待测定高差的两地面点,在A、B两点上垂直竖立标尺R_1、R_2,在A、B中间S_1点上设置水准仪,借助于仪器的水平视线对R_1标尺读数a(称后视读数),再对R_2标尺读数b(称前视读数),则A、B两点的高差

$$h_{AB}=a-b \tag{3.9}$$

h_{AB}叫作B对A的高差。当$a>b$时,高差为正;当$a<b$时,高差为负。

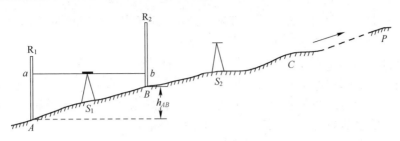

图 3.24 水准测量原理示意图

已知 A 点的高程为 H_A，就可以算出 B 点的高程 $H_B = h_A + h_{AB}$。若要测定任意点 P 的高程 H_P，则在测完 A、B 高差后，将水准仪迁到 S_2 处，同时将标尺 R_1 移至 C 点，测定 B、C 的高差 h_{BC}，依此类推，AP 之间的高差即为

$$h_{AP} = h_{AB} + h_{BC} + \cdots$$

P 点的高程为

$$H_P = H_A + h_{AP} \tag{3.10}$$

这种传递高程的方法称为几何水准法。

（二）水准仪的基本结构和应满足的条件

从水准测量的基本原理可知，水准测量的仪器——水准仪必须能建立水平视线。为此水准仪应具备一个构成视准轴的望远镜；必须有一个能够引导视准轴居于水平位置的元件（水准器就是这种元件中最简单的一种）；为了将视准轴整置于水平位置，并使其能水平旋转，还要有脚螺旋和垂直轴。这些部件结合起来就可以构成一台最简单的水准仪，如图 3.25 所示。

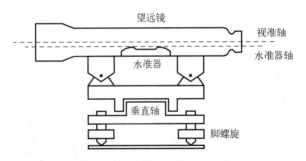

图 3.25 水准仪结构示意图

这些基本部件之间应满足以下条件。

（1）视准轴与水准器轴应该平行。

（2）水准器轴与垂直轴应该垂直。

这样，当仪器按水准器整平以后，视准轴在各个方向上就都水平了。

（三）对水准标尺的要求及其类型

水准标尺是测量高差的尺子，是水准测量的重要工具，如果尺长有误差，必然影响测量结果的精度，因此，水准标尺应当满足以下要求。

（1）水准标尺本身长度必须稳定，当空气的温度和湿度变化时，尺长变化应该很小。

(2) 水准标尺的分划间隔必须很准确，分划的系统误差和偶然误差都应该很小。

(3) 水准标尺的尺面应该全长笔直，并要求不易变形、弯曲。

(4) 为了将标尺垂直竖立，在标尺上应安装有足够精度的圆水准器。

(5) 为了使标尺底部不易受到磨损而改变尺长，在底部安装有坚固的金属板。

水准标尺分为精密水准标尺（因瓦标尺）和普通水准标尺（木质标尺）两种。前者用于一、二等水准测量，后者用于三、四等水准测量。

精密水准标尺如图3.26（a）、图3.26（b）所示，它有一条宽26mm、厚1mm的因瓦合金带，安装在木质尺身的沟槽内，一端固定在尺身的底板上，另一端由弹簧引张在尺身顶端的金属构架上，见图3.26（c）。标尺的分划是线条式的，漆在因瓦合金带上，分划的注记漆在两侧的木质尺身上，尺长约3.1m。

标尺的分划间隔有10mm和5mm两种，随所用水准仪的测微尺的测微范围而定。

10mm分格的标尺如图3.26（a）所示，右边一排分划的注记由0～300cm，称为基本分划；左边一排分划注记从300～600cm，称为辅助分划。同一水平位置，基本分划与辅助分划读数相差一个常数3.01550m，称为基辅差。通过常数的比较可以发现和防止读数粗差。

5mm分格的标尺又有两种形式。一种与图3.26（a）类似，亦分基、辅两排分划，但基辅差为6.06500m，其注记数均放大一倍。另一种如图3.26（b）所示，不分基、辅分划，两排分划依次注记，左边一排为单数分划，右边一排为双数分划，尺身右边注记为m，左边注记为dm。由于5mm分划标尺的注记都比实际值增大一倍，因此使用这种标尺测得的高差也增大一倍，将其除以2才是实际高差值。

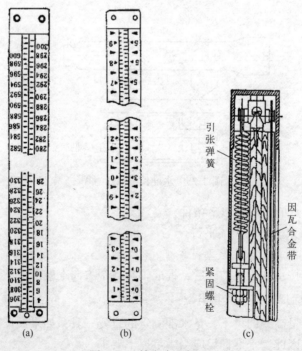

图3.26 精密水准标尺

不论哪种水准标尺，在尺身两侧后面都装有扶尺环，供扶尺用。为了将标尺竖立在稳固的基础上，还配有尺台。尺台形式如图 3.27 所示，是三角形或圆形的铁座。其下面有三个支点，上面中心有球面顶柱，用以支承水准标尺。

图 3.27 水准标尺尺台

（四）精密水准器水准仪

用于一、二等水准测量的水准仪称为精密水准仪。前面讲过，水准仪在结构方面应满足的最根本条件是保证精密整平视准轴和精确读数。为此，在精密水准仪上还有倾斜螺旋和光学测微器。

1. 倾斜螺旋装置

为了能够精确而迅速地整平仪器，精密水准仪都有倾斜螺旋装置，它是一种杠杆结构，如图 3.28 所示。转动倾斜螺旋时，通过着力点 D 可以带动支臂绕支点 A 转动，使其对望远镜的作用点 B 可略为升降，带动望远镜绕转轴 C 作微小的倾斜。

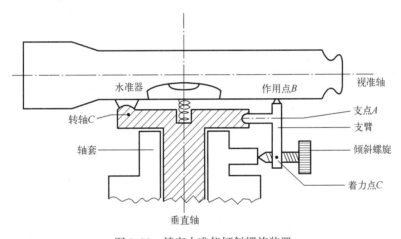

图 3.28 精密水准仪倾斜螺旋装置

由于水准器与望远镜紧密相连，因此旋转倾斜螺旋就可以使望远镜和水准器一同缓慢地在垂直面内微倾，借以迅速而精密地整平视准轴。但必须指出，由于转轴 C 不在垂直轴中央，而是在物镜的一端，因此，使用倾斜螺旋整平视准轴将引起视准轴高度产生变化。整平时倾斜螺旋转动量越大，视线高度变化也就越大。如果前、后视照准时倾斜螺旋的转动量不等，就会在高差中带来这种变化的误差。因此，在作业中规定，只有当水准气泡两端影像之分离量小于 1cm 时，才允许使用倾斜螺旋进行整平。

2. 光学测微器

水准测量读数的基本方法是：在视准轴整置水平后，用十字丝的水平中丝照准水准标尺直接读数。这种方法叫作中丝读数法。它通常用于普通水准测量或国家三、四等水准测量。但使用这种读数法，显然只能估读整分划的十分之一，即只能估读到毫米。这是不能满足精密水准测量要求的。为了能够精确读取整分划以下的余数，在精密水准测量中，除要求望远镜有足够的放大倍率和良好的光学性能外，还安装有供精确测定整分格以下余数用的光学测微器。

水准仪测微器的分划尺上一般都刻有 100 个小格，每 10 格注记一个数字。100 个格与水准标尺的最小分划间隔相应。故对于配套标尺最小分格值为 10mm 的仪器，测微分划尺上每小格格值为 0.1mm，注记数字的单位为毫米。为了减小仪器测微装置中平行玻璃板倾斜过大时，倾斜角大小与光线平移量不成正比造成的误差，很多精密水准仪使用的标尺其最小分格宽度减小为 5mm，但测微尺仍刻 100 个小刻，此时，测微尺分格值为 0.05mm，注记数字的单位为 0.5mm。

可以在水准仪中用作光学测微器的种类很多，在水准器水准仪中普遍采用的是平行玻璃板测微器，其结构如图 3.29 所示。

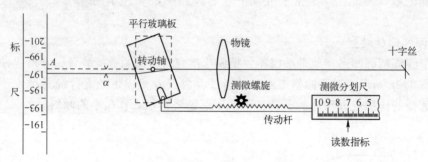

图 3.29　平行玻璃板测微器

整个测微器由平行玻璃板、测微分划尺、传动杆和测微螺旋等部件构成。平行玻璃板位于望远镜物镜前，其下端与传动杆相接，传动杆的另一端与测微分划尺固连在一起，由测微螺旋操纵。转动测微螺旋时，传动杆带动平行玻璃板绕其转动轴作前后俯仰，同时，测微尺将随之前后移动。平行玻璃板处于与水平视线垂直的位置时（图中虚线所示），水平视线通过平行玻璃板后仍保持其原来位置，此时，仪器十字丝中心往往不与标尺上的任何一条分划像一致。当平行玻璃板倾斜时，水平视线通过一定厚度和折射率的平行玻璃板就会引起折射而产生平移，从而使仪器十字丝中心与标尺上某一最邻近的分划像一致，设平移量为图 3.29 中的 a，a 就是需要测定的微小余数。在平行玻璃板倾斜角不大的情况下，视线平移量与平行玻璃板的倾斜角成正比，由于测微分划尺的移动量设计得与水平视线的平移量相适应，所以，按读数指标即可由测微尺上精确地读出标尺最小分格值以下的余数 a。

必须指出，为了进一步减小平行玻璃板转动的倾角，平行玻璃板处于垂直位置时，测微分划尺的读数不是零而是 5，也就是说，使每个读数都增大一个常数 5。这对于由前、后标尺读数求得之高差值并无影响。但如果只作单向观测读数，就必须从读数中减去这个常数。

综上所述，水准器水准仪用光学测微器的读数方法和次序如下：

（1）用脚螺旋整平仪器，使水准器气泡两端的影像在任一方向上的偏离都不超过 1cm；

（2）照准标尺；

（3）用倾斜螺旋使气泡影像精确吻合；

（4）转动测微螺旋使望远镜楔形丝夹准标尺分划线；

（5）在望远镜中按标尺注记读取标尺读数、以图 3.29 为例，读数为 1.97m；

(6) 在测微读数窗内，由指标读取测微尺读数，图 3.29 中读得 6.65mm，则水平视线在标尺上完整的读数为 1976.65mm。

在大地测量的高差测量仪器中，主要使用气泡式的精密水准仪、自动安平的精密水准仪及数字水准仪以及相应的铟瓦合金水准尺。

二、精密水准测量的误差来源及影响

(一) 仪器误差

1. i 角的误差影响

虽然经过 i 角的检验校正，但要使两轴完全保持平行是困难的，因此，当水准气泡居中时，视准轴仍不能保持水平，使水准标尺上的读数产生误差，并且与视距成正比。

如图 3.30 所示，$S_{后}$、$S_{前}$ 为前、后视距。由于存在 i 角，并假设 i 角不变的情况下，在前后视水准标尺上的读数误差分别为 $i'' \cdot S_{后} \dfrac{1}{\rho''}$ 和 $i'' \cdot S_{前} \dfrac{1}{\rho''}$，对高差的误差影响为

$$\delta_S = i''(S_{后} - S_{前})\dfrac{1}{\rho''} \tag{3.11}$$

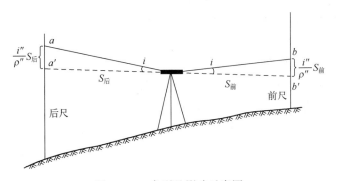

图 3.30　i 角误差影响示意图

对于两个水准点之间一个测段的高差总和的误差影响为

$$\sum \delta_S = i''(\sum S_{后} + \sum S_{前})\dfrac{1}{\rho''} \tag{3.12}$$

由此可见，在 i 角保持不变的情况下，若一个测站上的前后视距相等或一个测段的前后视距总和相等，则在观测高差中由于 i 角的误差影响可以得到消除。但在实际作业中，要求前后视距完全相等是困难的。下面讨论前后视距不等差的容许值问题。

设 $i = 15''$，要求 δ_S 对高差的影响小到可以忽略不计的程度，如 $\delta_S = 0.1$mm，那么前后视距之差的容许值可由式 (3.13) 算得，即

$$(S_{后} - S_{前}) \cdot \dfrac{\delta_S}{i''}\rho'' \approx 1.4(\text{m}) \tag{3.13}$$

为了顾及观测时各种外界因素的影响，规定二等水准测量前后视距差 $(S_{后} - S_{前})$ 应小于等于 1m。为了使各种误差不致累积起来，还规定由测段第一个测站开始至每一测站前后视距累积差 $\sum(S_{后} - S_{前})$，对于二等水准测量而言应小于等于 3m。

2. φ 角误差的影响

若仪器不存在 i 角,则当仪器的垂直轴严格垂直时,交叉误差 φ 并不影响在水准标尺上的读数,因为仪器在水平方向转功时,视准轴与水准轴在垂直面上的投影仍保持互相平行,因此对水准测量并无不利影响。但当仪器的垂直轴倾斜时,如与视准轴正交的方向倾斜一个角度,那么这时视准轴虽然仍在水平位置,但水准轴两端却产生倾斜,从而水准气泡偏离居中位置。这时,仪器在水平方向转动,水准气泡将移动。当重新调整水准气泡居中进行观测时,视准轴就会偏离水平位置而倾斜,显然它将影响在水准标尺上的读数。为了减少这种误差对水准测量成果的影响,应对水准仪上的圆水准器和交叉误差 φ 进行检验与校正。

3. 水准标尺每米长度误差的影响

在精密水准测量作业中必须使用经过检验的水准标尺。设 f 为水准标尺每米间隔平均真长误差,则对一个测站的观测高差 h 应加的改正数为

$$g_f = hf \tag{3.14}$$

对于一个测段来说,应加的改正数为

$$\sum \delta_f = f \sum h \tag{3.15}$$

式中:$\sum h$ 为一个测段各测站观测高差之和。

4. 两水准标尺零点差的影响

两水准标尺的零点误差不等,设 a、b 水准标尺的零点误差分别为 Δa 和 Δb,它们都会在水准标尺上产生误差。

如图 3.31 所示,在测站 I 上考虑到两水准标尺的零点误差对前后视水准标尺上读数 b_1、a_1 的影响,则测站 I 的观测高差为

$$h_{12} = (a_1 - \Delta a) - (b_1 - \Delta b) = (a_1 - b_1) - \Delta a + \Delta b$$

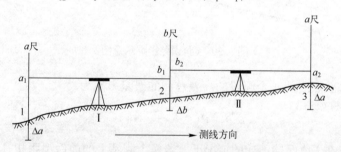

图 3.31 两水准标尺零点差影响示意图

在测站 II 上考虑到两水准标尺零点误差对前后视水准标尺上读数 a_2、b_2 的影响,则测站 II 的观测高差为

$$h_{23} = (b_2 - \Delta b) - (a_2 - \Delta a) = (b_2 - a_2) - \Delta b + \Delta a$$

则 1、3 点的高差,即 I、II 测站所测高差之和为

$$h_{13} = h_{12} + h_{23} = (a_1 - b_1) + (b_2 - a_2)$$

由此可见,尽管两水准标尺的零点误差 $\Delta a \neq \Delta b$,但在两相邻测站的观测高差之和中抵消了这种误差的影响,故在实际水准测量作业中各测段的测站数目应安排成偶数,且在相邻测站上使两水准标尺轮流作为前视尺和后视尺。

(二) 外界因素引起的误差

1. 温度变化对 i 角的影响

精密水准仪的水准管框架是同望远镜筒固连的，为了使水准轴与视准轴的联系比较稳固，这些部件是采用铟瓦合金钢制造的，并把镜筒和框架整体装置在一个隔热性能良好的套筒中以防止由于温度的变化使仪器有关部件产生不同程度的膨胀或收缩而引起的 i 角的变化。

但是当温度变化时，完全避免 i 角的变化是不可能的。例如仪器受热的部位不同，对 i 角的影响也显著不同。当太阳射向物镜和目镜端影响最大；旁射水准管一侧时，影响较小；旁射与水准管相对的另一侧时，影响最小。因此，温度的变化对 i 角的影响是极其复杂的实验结果表明，当仪器周围的温度均匀地每变化 1℃ 时，i 角将平均变化约为 0.5″，有时甚至更大些，有时竟可达到 1″~2″。

由于 i 角受温度变化的影响很复杂，因而对观测高差的影响难以用改变观测程序的办法来完全消除，而且，这种误差影响在往返测不符值中也不能完全被发现，这就使高差中数受到系统性的误差影响。因此，减弱这种误差影响最有效的办法是减少仪器受辐射热的影响，如观测时要打伞，避免日光直接照射仪器，以减小 i 角的复杂变化；同时，在观测开始前应将仪器预先从箱中取出，使仪器充分地与周围空气温度一致。

2. 仪器和水准标尺垂直位移的影响

仪器和水准标尺在垂直方向位移所产生的误差，是精密水准测量系统误差的重要来源。在观测过程中，当仪器的脚架随时间而逐渐下沉时，在读完后视基本分划读数转向前视基本分划读数的时间内，由于仪器的下沉，视线将有所下降，而使前视基本分划读数偏小。同理，由于仪器的下沉，后视辅助分划读数偏小，如果前视基本分划和后视辅助分划的读数偏小的量相同，则采用"后前前后"的观测程序所测得的基辅高差的平均值中，可以较好地消除这项误差影响。

水准标尺的垂直位移，主要发生在迁站的过程中，由原来的前视尺转为后视尺而产生下沉，于是总使后视读数偏大，使各测站的观测高差都偏大，成为系统性的误差影响。这种误差影响在往返测高差的平均值中可以得到有效的抵偿，所以水准测量一般都要求进行往返测。

在实际作业中，我们要尽量设法减少水准标尺的垂直位移，如立尺点要选在中等坚实的土壤上；水准标尺立于尺台后至少要半分钟后才进行观测，这样可以减少其垂直位移量，从而减少其误差影响。

有时仪器脚架和尺台也会发生上升现象，就是当我们用力将脚架或尺台压入地下之后，在不再用力的情况下，土壤的反作用力有时会使脚架或尺台逐渐上升，如果水准测量路线沿着土壤性质相同的路线敷设，而每次都有这种上升的现象发生，结果会产生系统性质的误差影响。根据研究，这种误差可以达到相当大的数值。

3. 大气垂直折光的影响

当视线通过近地面大气层，由于近地面大气层的密度分布一般是随离地面的高度而变化，也就是说，近地面大气层的密度存在着梯度。因此，由于光线所通过的大气层密度在不断变化，进而引起折射系数的不断变化，导致视线成为一条各点具有不同曲率的曲线，在垂直方向产生弯曲，并且弯向密度较大的一方，这种现象叫作大气垂直折光。

如果在地势较为平坦的地区进行水准测量时，前后视距相等，则折光影响相同，使视线弯曲的程度也相同，因此，在观测高差中就可以消除这种误差影响。但是，由于越接近地面的大气层，密度的梯度越大，前后视线离地面的高度不同，视线所通过大气层的密度也不同，折光影响也就不同，所以前后视线在垂直面内的弯曲程度也不同。如水准测量通过一个较长的坡度时，由于前视视线离地面的高度总是大于（或小于）后视视线离地面的高度当上坡时前视所受的折光影响比后视要大，视线弯曲凸向下方。这时，垂直折光对高差将产生系统性质误差影响。为了减弱垂直折光对观测高差的影响，应使前后视距尽量相等，并使视线离地面有足够的高度，在坡度较大的水准路线上进行作业时应适当缩短视距。

大气密度的变化还受到温度等因素的影响。上午地面吸热，使得地面上的大气层离地面越高温度越低；中午以后，由于地面逐渐散热，地面温度开始低于其上大气的温度。因此，垂直折光的影响，还与一天内的不同时间有关，在日出后半小时左右和日落前半小时左右，地表面的吸热和散热，使近地面的大气密度和折光差变化迅速而无规律，故不宜进行观测；在中午，由于太阳强烈照射使空气对流剧烈，致使目标成像不稳定，也不宜进行观测。为了减弱垂直折光对观测高差的影响，水准规范还规定每一测段的往测和返测应分别在上午或下午，这样在往返测观测高差的平均值中可以减弱垂直折光的影响。折光影响是精密水准测量一项主要的误差来源，它的影响与观测所处的气象条件，水准路线所处的地理位置和自然环境，观测时间，视线长度，测站高差以及视线离地面的高度等诸多因素有关。虽然当前已有一些试图计算折光改正数的公式，但精确的改正值还是难以测算。因此，在精密水准测量作业时必须严格遵守水准规范中的有关规定。

（三）观测误差

精密水准测量的观测误差，主要有水准器气泡居中的误差，照准水准标尺上分划的误差和读数误差，这些误差都是属于偶然性质的。由于精密水准仪有倾斜螺旋和符合水准器，并有光学测微器装置，可以提高读数精度。同时用楔形丝照准水准标尺上的分划线，这样可以减小照准误差，因此，这些误差影响都可以有效地控制在很小的范围内。实验结果分析表明，这些误差在每测站上由基辅分划所得观测高差的平均值中的影响不到 0.1mm。

三、精密水准测量的实施

精密水准测量一般指国家一、二等水准测量，在各项工程的不同建设阶段的高程控制测量中，也进行一等水准测量，故在工程测量技术规范中，将水准测量也分为一、二等精密水准测量，其精度指标与国家水准测量的相应等级一致。

下面以二等水准测量为例来说明精密水准测量的实施。

（一）精密水准测量作业的一般规定

根据各种误差的性质及其影响规律，水准规范中对精密水准测量的实施作出了各种相应的规定，目的在于尽可能消除或减弱各种误差对观测成果的影响。

（1）观测前 30min，应将仪器置于露天阴影处，使仪器与外界气温趋于一致；观测时应用测伞遮蔽阳光；迁站时应罩以仪器罩。

（2）仪器距前、后视水准标尺的距离应尽量相等，其差应小于规定的限值：二等水准测量中规定，一测站前、后视距差应小于1.0m，前、后视距累积差应小于3m。这样，可以消除或削弱与距离有关的各种误差对观测高差的影响，如 i 角误差和垂直折光等的影响。

（3）对气泡式水准仪，观测前应测出倾斜螺旋的置平零点，并作标记，随着气温变化应随时调整置平零点的位置。对于自动安平水准仪的圆水准器，须严格置平。

（4）在同一测站上观测时，不得两次调焦；转动仪器的倾斜螺旋和测微螺旋，其最后旋转方向均应为旋进，以避免倾斜螺旋和测微器隙动差对观测成果的影响。

（5）在两相邻测站上，应按奇、偶数测站的观测程序进行观测。对于往测奇数测站按"后前前后"，偶数测站按"前后后前"的观测程序在相邻测站上交替进行。返测时，奇数测站与偶数测站的观测程序与往测时相反，即奇数测站由前视开始，偶数测站由后视开始。这样的观测程序可以消除或减弱与时间成比例均匀变化的误差对观测高差的影响，如 i 角的变化和仪器的垂直位移等的影响。

（6）在连续各测站上安置水准仪时，应使其中两脚螺旋与水准路线方向平行，而第三脚螺旋轮换置于路线方向的左侧与右侧。

（7）每一测段的往测与返测，其测站数均应为偶数，由往测转向返测时，两水准标尺应互换位置，并应重新整置仪器。在水准路线上每一测段仪器测站安排成偶数，可以削减两水准标尺零点不等差等误差对观测高差的影响。

（8）每一测段的水准测量路线应进行往测和返测，这样，可以消除或减弱性质相同正负号也相同的误差影响，如水准标尺垂直位移的误差影响。

（9）一个测段的水准测量路线的往测和返测应在不同的气象条件下进行，如分别在上午和下午观测。

（10）使用补偿式自动安平水准仪观测的操作程序与水准器水准仪相同。观测前对圆水准器应严格检验与校正，观测时应严格使圆水准器气泡居中。

（11）水准测量的观测工作间歇时，最好能结束在固定的水准点上，否则，应选择两个坚稳可靠、光滑突出、便于放置水准标尺的固定点，作为间歇点加以标记。间歇后，应对两个间歇点的高差进行检测，检测结果如符合限差要求（对于二等水准测量，规定检测间歇点高差之差应小于等于1.0mm），就可以从间歇点起测。若仅能选定一个固定点作为间歇点，则在间歇后应仔细检视，确认没有发生任何位移，方可由间歇点起测。

（二）精密水准测量观测

1. 测站观测程序

往测时，奇数测站照准水准标尺分划的顺序为：后视标尺的基本分划，前视标尺的基本分划，前视标尺的辅助分划，后视标尺的辅助分划。

返测时，偶数测站照准水准标尺分划的顺序为：视标尺的基本分划，后视标尺的基本分划，后视标尺的辅助分划，前视标尺的辅助分划。

返测时，奇、偶数测站照准标尺的顺序分别与往测偶、奇数测站相同。

按光学测微法进行观测，以往测奇数测站为例，一测站的操作程序如下。

(1) 置平仪器。气泡式水准仪望远镜绕垂直轴旋转时，水准气泡两端影像的分离，不得超过1cm，对于自动安平水准仪，要求圆气泡位于指标圆环中央。

(2) 将望远镜照准后视水准标尺，使符合水准气泡两端影像近于符合（双摆位自动安平水准仪应置于第Ⅰ摆位）。随后用上、下丝分别照准标尺基本分划进行视距读数（表3.7中的(1)和(2)）。视距读取4位，第四位数由测微器直接读得。然后，使符合水准气泡两端影像精确符合，使用测微螺旋用楔形平分线精确照准标尺的基本分划，并读取标尺基本分划和测微分划的读数（表3.7中的(3)）。测微分划读数取至测微器最小分划。

(3) 旋转望远镜照准前视标尺，并使符合水准气泡两端影像精确符合（双摆位自动安平水准仪仍在第Ⅰ摆位），用楔形平分线照准标尺基本分划，并读取标尺基本分划和测微分划的读数（表3.7中的(4)）。然后用上、下丝分别照准标尺基本分划进行视距读数（表3.7中的(5)和(6)）。

(4) 用水平微动螺旋使望远镜照准前视标尺的辅助分划，并使符合气泡两端影像精确符合（双摆位自动安平水准仪置于第Ⅱ摆位），用楔形平分线精确照准并进行标尺辅助分划与测微分划读数（表3.7中的(7)）。

(5) 旋转望远镜，照准后视标尺的辅助分划，并使符合水准气泡两端影像精确符合（双摆位自动安平水准仪仍在第Ⅱ摆位），用楔形平分线精确照准并进行辅助分划与测微分划读数（表3.7中的(8)）。

2. 测站的记录与计算

表3.7中第(1)至(8)栏是读数的记录部分，第(9)至(18)栏是计算部分，现以往测奇数测站的观测程序为例，来说明计算内容与计算步骤。

视距部分的计算：

$$(9)=(1)-(2)$$
$$(10)=(5)-(6)$$
$$(11)=(9)-(10)$$
$$(12)=(11)+前站(12)$$

高差部分的计算与检核：

$$(14)=(3)+K-(8)$$

式中：K 为基辅差（对于N3水准标尺而言，$K=3.0155m$）。

$$(13)=(4)+K-(7)$$
$$(15)=(3)-(4)$$
$$(16)=(8)-(7)$$
$$(17)=(14)-(13)=(15)-(16)(检核)$$
$$(18)=\frac{1}{2}[(15)+(16)]$$

以上即一测站全部操作与观测过程。

表 3.7 水准测量记录表

测自_____至_____20 年 月 日
时间 始___时___分 末___时___分 成像_____
温度_____ 云量_____ 风向风速_____
天气_____ 土质_____ 太阳方向_____

测站编号	后尺		前尺		方向及尺号	标尺读数		基+K 减辅 (一减二)	备考
	下丝		下丝			基本分划 (一次)	辅助分划 (二次)		
	上丝		上丝						
	后距		前距						
	视距差 d		$\sum d$						
	(1)		(5)		后	(3)	(8)	(14)	
	(2)		(6)		前	(4)	(7)	(13)	
	(9)		(10)		后-前	(15)	(16)	(17)	
	(11)		(12)		h	—	(18)		
					后				
					前				
					后-前				
					h				

第五节 国家高程控制网

一、布设的基本原则

（1）采用逐级控制，逐级加密的方式布设，分为一、二、三、四等水准测量。一等水准测量是国家高程控制网的骨干，同时也是为相关地球科学研究提供基础数据；二等水准测量是国家高程控制的全面基础；三、四等水准测量是直接为地形测图和经济建设提供所必需的高程控制点。

（2）路线应尽量闭合成环形，其走向和网形结构可根据需要而有所差异。各等级水准测量路线必须自行闭合成环或闭合于高等级水准路线上，并与其构成环形或附合路线，目的在于控制水准测量系统性误差的积累，并控制高等级环中低一等级水准测量路线的布设。水准测量等级越高，环形就越大，测量精度要求就越高。

一等水准路线应沿路面坡度平缓、车辆不太频繁的交通路线布设，以利于高精度水准测量的需要。环线周长，在平原和丘陵地区为 1000~1500km，一般山区为 2000km 左右。二等水准路线应尽量沿公路、大路及河流布设，环线周长，在平原地区为 500~750km，山区一般不超过 1000km。一、二等水准环线长度在地形条件困难、经济不发达地区可酌情适当放宽。三、四等水准在一、二等水准环中加密，根据高等级水准环线的大小和实际需要布设。其环线周长、附合路线长度和结点间路线长度，三等水准分别为 200km、150km 和 70km，四等水准分别为 100km、80km 和 30km。

水准路线附近的验潮站基准点、沉降观测基准点、地壳形变观测基准点以及水文站、气象站等应根据实际需要按相应等级水准进行联测或支测。

（3）每隔一定距离应埋设稳固的水准点标石，以便长期保存和使用。国家水准点标石分为基岩水准标石、基本水准标石和普通水准标石三大类型。表3.8所示为标石类型与点的间距。水准点必须选定在地基坚实稳定，安全僻静并利于标石长期保存与观测的地点。

表3.8　标石类型与点的间距

水准点标石类型	间距/km			布设具体要求
	一般地区	经济发达地区	荒漠地区	
基岩水准点标石	500			只设于一等水准路线上，在大城市和断裂带附近应于增设，基岩较深地区可适当放宽，每省（市、自治区）至少两座
基本水准点标石	40	20~30	60	设于一、二等水准路线上及其交叉处，大、中城市两侧及县城附近，尽量设置在坚固岩层中
普通水准点标石	4~8	2~4	10	设于各等水准路线上，以及山区水准路线高程变换点附近；长度超过300 m的隧道两端；跨河水准测量的两岸标尺点附近

（4）国家各等级水准测量的精度由其布设目的任务而定。足够的测量精度是实现水准测量成果使用价值的头等重要问题。一等水准测量应当采用现代最精密的仪器、最完善的作业规程和最严格的数据处理方法，以期达到尽可能高的精度。我国各时期水准测量细则、规范对各等级水准测量基本精度要求项目有每千米偶然中误差 η、系统中误差 σ、高差中数的偶然中误差 m_Δ 和高差中数的全中误差 m_W 以及环线闭合差 W，具体指标见表3.9。

表3.9　国家水准测量基本精度指标　　　　单位：mm

测量等级	一、二、三、四等水准测量细则(1958)			国家水准测量规范(1974)			国家一、二等水准测量规范,国家三、四等水准测量规范(1991)		
	η	σ	W	m_Δ	m_W	W	m_Δ	m_W	W
一等	±0.5	±0.05		±0.5	±1.0	±2$\sqrt{F}$	±0.45	±1.0	±2$\sqrt{F}$
二等	±1.0	±0.15	±4$\sqrt{F}$	±1.0	±2.0	±4$\sqrt{F}$	±1.0	±2.0	±4$\sqrt{F}$
三等	±2.5	±0.5	±10$\sqrt{F}$ ±12$\sqrt{F}$	±3.0	±6.0	±12$\sqrt{F}$	±3.0	±6.0	±12$\sqrt{F}$ ±15$\sqrt{F}$
四等			±20$\sqrt{F}$ ±25$\sqrt{F}$	±5.0	±10.0	±20$\sqrt{F}$	±5.0	±10.0	±20$\sqrt{F}$ ±25$\sqrt{F}$

注：表中 F 为环线周长，单位为 km。

（5）国家各等级水准点的高程采用正常高系统，以国家高程基准确定的国家水准原点高程起算。对于远离国家水准网的地区或海上岛屿不能与国家高程控制网连接测量，可以采用局部高程基准，但在条件具备时应与国家水准网进行联测并变换到国家统一高程基准。

国家一、二等水准路线应沿线进行重力测量，以保证建立正常高系统的需要。一、二等水准路线上重力测量方案，按照水准路线的等级、地形条件和已有重力测量资料的情况制定。

（6）国家一等水准网应进行定期复测。复测周期主要取决于水准测量精度和地壳垂直运动速率，一般为15~20年复测一次。二等水准网按实际需要可进行不定期复测。复测的目的主要在于监测国家高程控制网的变化，提高高程数据的精度和现势性，进而维持和完善国家高程基准，同时满足涉及地壳垂直运动的地学研究对高程数据精度不断提高的需求。

我国国家水准网的布设，按照布测目的、完成年代、采用技术标准和高程基准等，基本上可以分为三期。第一期主要是1976年以前完成，以1956年黄海高程基准起算的一、二等水准网；第二期主要是1976年至1990年完成，以1985国家高程基准起算的国家一、二等水准网；第三期是1990年至1998年进行的国家一等水准网复测和局部地区二等水准网复测。

二、国家第一期水准网的布设

（一）布测概况

我国第一期一、二等水准网的布测始于1951年，它是在国家高程基准尚未建立、国家高程控制网布设总体规划尚未制定的条件下，为满足国家经济建设和地区开发急需高程数据和测制地形图需要实施的。第一期一、二等水准网布测大体上可按1958年分为前后两个阶段。前阶段布测是根据建设需要，首先在我国东部地区实施。采用精密水准（相当于现行规范的二等水准）网为骨干，做为加密低等水准的基础，同时做好各区域精密水准网的衔接，逐步扩大区域性精密水准网的规模。我国水利、地质、石油等专业测绘部门，总参谋部测绘局和国家测绘总局，先后完成了我国东南部、东北部经济比较发达地区和西部重点开发地区的二等水准网线布测和个别一等水准路线布测。水利部门建立了沿我国主要河道干流支流为主的精密水准网，其他部门则按各自需要布测了二等水准网线。

布测的技术依据主要有：《华东精密水准测量规程H1951年》《淮河流域精密水准测量细则》（1951年），中央人民政府水利部编印《精密水准测量细则》（1954年），苏联中译本《一等水准测量细则》（苏联测绘书籍出版社，莫斯科，1939年）、《二等水准测量细则》（苏联测绘书籍出版社，莫斯科，1943年）和《一、二、三、四等水准测量细则》（苏联测绘书籍出版社，莫斯科，1955年）等。

后一阶段是，随着我国测绘事业的发展，《中华人民共和国大地测量法式（草案）》的制定和实施，国家一等水准网的布设步入实施阶段。国家测绘总局于1958—1963年间完成了贯穿全国的一等水准干线，新疆中苏友好站—酒泉—西安—青岛、满洲里—北京—武汉—南宁—睦南关（现友谊关）和北京—包头—兰州—格尔木—拉萨总长为14000km，随后又在东南沿海及中西部地区增设了若干路线，逐渐构成环形。国家地震局于1970年开始在全国范围内布测监测大地形变的区域一等水准网、线。其他部门相继完成了地区性的二等水准布测。

这期间布测的技术依据主要有：国家测绘总局、总参谋部测绘局《一、二、三、四等水准测量细则》（测绘出版社，1958年），国家测绘总局《国家水准测量规范》（测绘出版社，1974年），以及国家地震局《地壳形变测量技术规定》和《地震水准测量基本要求》等。据不完全统计，至1976年初共完成一等水准测量约60000km，二等水准测量约130000km，构成了基本上覆盖全国大陆和海南岛的一、二等水准网。

（二）水准观测及主要精度

用于观测的仪器主要有蔡司Ni007、Ni004，威特N3和HA-1等类型水准仪和线条式因瓦水准标尺。仪器和标尺一般都按相应规范细则的要求进行检验和检定，但初期检定资料不齐全、标尺长度未进行严格室内检定。一等水准观测按双路线（双转点）进行往返测量，1974年以后在缩短视线长度（由50m改为35m）后改为单路线往返测量。二等水准均为单路线往返测量。观测成果各项限差基本符合相应规范细则要求，并按路线计算的水准测量每千米偶然中误差 η 和系统中误差 σ，其分布分别见表3.10和表3.11。

表3.10　第一期一、二等水准测量每千米偶然中误差

	区间/mm	[−0.35, 0.35]	[−0.40, −0.36], [0.36, 0.40]	[−0.45, −0.41], [0.41, 0.45]	[−0.50, −0.46], [0.46, 0.50]	(−∞, −0.50), (0.50, ∞)
一等	个数	5	17	12	2	0
	%	13.9	47.2	33.3	5.6	
	区间/mm	[−0.45, 0.45]	[−0.65, −0.46], [0.46, 0.65]	[−0.85, −0.66], [0.66, 0.85]	[−1.00, −0.86], [0.86, 1.00]	(−∞, −0.50), (0.50, ∞)
二等	个数	36	102	190	34	11
	%	9.7	27.3	50.9	9.1	2.9

表3.11　第一期一、二等水准测量每千米系统中误差

	区间/mm	[−0.03, 0.03]	[−0.04, −0.03], [0.03, 0.04]	[−0.05, −0.04], [0.04, 0.05]	(−∞, −0.05), (0.05, ∞)
一等	个数	8	11	11	6
	%	22.2	30.6	30.6	16.7
	区间/mm	[−0.05, 0.05]	[−0.10, −0.06], [0.06, 0.10]	[−0.15, −0.11], [0.11, 0.15]	(−∞, −0.15), (0.15, ∞)
二等	个数	100	137	106	30
	%	26.8	36.7	28.4	8.0

（三）水准网平差及成果使用

水准网平差采用与其布测方案相适应的区域性水准网平差，按逐区传递、逐级控制的方式进行。1957年以后完成的一等水准（约占第一期一等水准总量的90%以上）纳入相应区域内进行不等权平差。

主要的区域水准网平差有：中国东南部地区精密水准网平差（1956—1957年），中国东北部（包括内蒙古）地区精密水准平差（1958—1959年），西北部地区一、二、三、四等水准平差（1960年），青藏地区一、二、三、四等水准平差（1961年），东北地区一、二等水准网平差（1962年），长江流域二、三、四等水准平差（1959年、1973年），黄河中下游地区三、四等水准平差（1959年），西藏地区水准网平差

(1962—1963 年)，东北内蒙古地区二、三、四等水准网平差（1964 年），北京地区一、二、三等水准网平差（1967 年），京津唐地区一等水准网平差（1976 年）等，以及湖南（1959 年）、广东（1961 年）、广西（1966 年）、海南（1976 年）等省（自治区）水准网平差和各二等三角网区内的二、三、四水准网平差等。

平差采用条件观测法，以结点间路线高差为元素，依中误差平方倒数定权。高程采用 1956 年黄海高程基准的国家水准原点高程为 72.289 m 起算。用于平差的观测高差中一般均加入了标尺长度改正（δ）、正高改正（ε），少量路线由于采用木质标尺或因瓦标尺缺少长度改正系数测定值而未能加入标尺长度改正。由于当时缺少重力测量数据均未能加入重力异常改正（λ）。δ 和 ε 的计算公式为

（1）标尺长度改正

$$\delta = f \cdot h \tag{3.16}$$

式中：f 为一副标尺的改正系数；h 为测段往测或返测高差。

（2）正常水准面不平行改正

$$\varepsilon = -A \cdot (\varphi_j - \varphi_i) \cdot H_m \tag{3.17}$$

式中：$A = 0.00530 \cdot \sin 1'' \cdot \sin 2\varphi_m$；$H_m = (H_i + H_j)/2$；$H_i$，$H_j$，$\varphi_i$，$\varphi_j$ 分别为 i，j 点的近似高程和纬度。

为便于使用，一些主要区域平差成果编制出版了成果表，主要有《中国东南部地区精密水准成果表》《中国东北部地区精密水准成果表》《长江流域二、三等水准成果表》、《黄河中下游地区三、四等水准成果表》以及湖南、广东、广西等省（自治区）水准网平差成果表等。

三、国家水准网的布设

我国第一期一、二等水准网布设，由于当时条件的限制，在路线分布、网形结构、观测精度和数据处理等方面不可避免地存在诸多缺陷和不足，而且随着使用年代的推移，标石完好程度下降（特别是在经济发达的东部地区），由其建立的国家高程控制网在精度和现势性都无法适应建设和科学研究的需要，为此，国家测绘总局于 1976 年 7 月会同总参谋部测绘局，水利部和国家地震局，共同研究确定新的国家一等水准网布设方案，协商了任务分工。1981 年末又共同部署了对国家一等水准网进行加密的国家二等水准网布设任务。经过这些部门所属近 30 个单位 15 年的协同工作，于 1991 年 8 月完成了全部外业布测和内业数据处理任务。国家一、二等水准网也称为国家第二期一、二等水准网。

（一）国家一、二等水准网布测

国家一、二等水准网是按照《中华人民共和国大地测量法式（草案）》所确定的技术原则，根据实际需要和我国地形条件布设的国家高程控制网的框架和全面基础水准测量和重力测量的技术依据有：国家测绘总局《国家水准测量规范》（测绘出版社，1974 年），《大地测量技术补充规定》（国家测绘总局，1979 年），《大地重力测量细则》（国家测绘总局，1979 年），《大地形变测量规范》（国家地震局，1980 年）。

1. 国家一、二等水准网的基本构成

国家一等水准网共布设 289 条路线，总长度为 93360km，其中 284 条路线构成 100

个闭合环（大陆部分 99 个、海南岛 1 个）。另在东北和南部边沿地区布设 5 条单独路线。共形成路线结点 186 个，路线平均长度为 323km，最长为 1486km；闭合环线平均长度为 1575km，最长为 5224km。设置固定水准标石 20190 座，其中基岩水准标石 120 座、基本水准标石 1909 座、普通水准标石 18161 座，测段平均长度为 4.7km。同期还布设了我国沿海 42 个主要验潮站的联测路线，总长度 1315km。

国家二等水准网共布设 1139 条路线，总长度为 136368km。由 1038 条路线构成 822 个闭合环（其中由二等路线构成的闭合环 82 个），其他 101 条路线为附合路线和支线。全网形成路线结点 1134 个（其中二等路线结点 458 个），路线平均长度 119.7km。设置固定水准标石 33238 座（不含重合一等水准点标石数），测段平均长度为 4.2km。

2. 水准观测及成果主要精度

水准网外业观测，一、二等水准网分别在 1984 年和 1990 年全部完成。其中一等水准网主要是在 1977—1981 年进行，二等水准网主要是在 1982—1988 年进行，这期间完成的数量占全部工作量的比例分别为 86.3% 和 90.6%。观测使用仪器，一等主要有蔡司 Ni007、Ni002 和 Ni004，二等主要有蔡司 Ni007 和 Ni002，其完成数量占一、二等水准全部数量的比例分别为 89.8% 和 94.8%。水准路线上的重力测量是根据水准路线所在地区类别和已有重力资料状况，按照《大地测量技术补充规定》的要求执行。在一、二等水准路线上分别测定重力 9875 点和 3928 点。

观测成果各项限差符合规范要求，按路线由测段往返高差不符值计算的每千米水准测量偶然中误差（m_Δ）、环线闭合差（W）和由其计算的每千米水准测量全中误差（m_w）均达到相应的技术标准。一等由 100 个闭合环计算的 m_w 为 ±1.03mm；二等由 82 个二等路线组成的环闭合差计算 m_w 为 ±1.09mm，由 822 个环闭合差计算的加 m_w 为 1.54mm。m_Δ 和 W 的分布分别见表 3.12、表 3.13。

表 3.12　国家一、二等水准测量按往返不符值计算每千米偶然中误差 m_Δ 分布

	区间/mm	[−0.35, 0.35]	[−0.40, −0.36], [0.36, 0.40]	[−0.45, −0.41], [0.41, 0.45]	[−0.50, −0.46], [0.46, 0.50]	(−∞, −0.50), (0.50, ∞)	最大值
一等	个数	36	81	107	59	1	0.52
	%	12.7	28.5	37.7	20.8	0.3	
	区间/mm	[−0.50, 0.50]	[−0.60, −0.51], [0.51, 0.60]	[−0.70, −0.61], [0.61, 0.70]	[−0.80, −0.71], [0.71, 0.80]	[−0.90, −0.81], [0.81, 0.90]	[−1.00, −0.91], [0.91, 1.00]
二等	个数	468	273	246	91	46	15
	%	41.1	24.0	21.6	8.0	4.0	1.3

表 3.13　国家一、二等水准测量按环闭合差计算每千米中误差 m_w 分布

等级	个数	区间（以限差为单位）			合计	最大值
		小于 0.5	0.5~1.0	大于 1.0		
一等	正	18	25	1	44	1.04
	负	36	20		56	
二等	正	39	2		41	
	负	38	3		41	

(二) 国家一、二等水准网布设主要特点

国家一、二等水准网的布测、平差与我国第一期一、二等水准网比较，其主要特点可归纳为：

(1) 按照统一规划和先进技术指标布设，路线走向、网形结构和点的密度符合我国地形特点和实际需要；结点和基岩点设置适当，标石稳定状况良好；重合利用原有水准点标石有利于原水准网点高程的转换。

(2) 外业观测基本上在 5 年内完成，较好地避免了因观测周期过长可能产生的不利影响；观测成果精度良好，各项指标达到设计规定的要求。

(3) 首次沿水准路线进行重力测量，保证了正常高系统的建立。

(4) 全网整体平差，有效地克服了分区域平差逐区传递产生的误差积累，点的高程精度良好、结果可靠。

(5) 采用的高程基准科学、合理，首次完成了我国沿海 42 个长期验潮站的一等水准联测。

思考与练习题

1. 水平角与垂直角的定义是什么？
2. 试述经纬仪的基本组成结构及其相互关系。
3. 精密角度测量的基本原理及方法是什么？
4. 简述建立传统国家大地控制网的方法及特点。
5. 为什么国家大地控制网又称为天文大地网？
6. 建立国家高程控制网的原则是什么？

第四章 重力基准与高程基准

在大地测量中,地球外部重力场具有重要意义。地球外部重力场是大地测量中绝大多数观测量的参考系,因此,为了将观测量归算到由几何定义的参考系中,就必须要知道这个重力场。假如地面重力值的分布情况已知,那么就可以结合大地测量中的其他观测量来确定地球表面的形状[13]。

就高程测量而言最重要的参考面是大地水准面,亦即最理想化的海洋面是重力场中的一个水准面。通过对地球外部重力场的深入分析,人们可以获得关于地球内部结构及性质的信息,因此通过相应重力场参数的应用,大地测量学已成为地球物理学的辅助科学。地球外部重力场是现代空间探测技术的理论基础,特别是对空间探测器的发射与控制,对月球大地测量以及太阳系其他行星的深空大地测量都具有重要意义和作用。

第一节 重力与重力位基本原理

地球空间任意一质点都受到地球引力和由于地球自转产生的离心力的作用。此外,这些质点还受到其他天体(主要是月亮和太阳)的吸引。不过,月亮的引力大约是地球引力的一千万分之一,太阳的引力更小,只有在特别高精度的研究中才考虑它们。在这里,我们主要研究由地球引力及离心力所形成的地球重力场的基本理论。

一、重力的基本概念

在地球上,有许多有趣的现象,例如将物体抛向天空,它仍然落回地面;人们能在地面上稳步行走,而不致飘浮至九霄云外去,流水总是从高处流向低处……,这些现象都是由地球重力所致。17世纪的科学家牛顿,在前人的许多重大发现和研究结果的基础上,经过自己的长期探索和认真研究,在1687年正式公布了著名的万有引力定律,使许多过去无法解释的现象得到合理的解答。这个定律表示为

$$F = k \frac{m_1 m_2}{S^2} \tag{4.1}$$

式中:k 为万有引力常数;m_1 和 m_2 为互相吸引的两个物体的质量;S 为两物体之间的距离。

根据这个定律,在浩瀚的宇宙中,任何天体间都是互相吸引的。因此,地球绕着太阳运转,而月亮又绕着地球运转。

如果我们只着眼于地球表面或其附近空间的物体,那么它所受到的最大的万有引力就是地球本身质量所产生的引力。若以 M 表示地球的质量,以 m 表示某物体质量,以 R 表示物体到地心的距离,则地球对物体的引力大小为

$$F = k\frac{Mm}{R^2} \tag{4.2}$$

由于地球本身昼夜自转一周,因此地球上的一切物体,除受到地球质量的引力作用外,还受到由地球自转产生的惯性离心力作用。这个作用力的方向垂直于地球旋转轴并且是离开旋转轴的,其大小 C 为

$$C = m\omega^2 r \tag{4.3}$$

式中:ω 为地球旋转的角速度;r 为物体到旋转轴的距离。

显然,地球的两极离心力最小,等于零;在赤道上,离心力最大。但即使在赤道上,离心力也只是地球引力的1/300左右。

因此,与地球引力比较起来,地球自转产生的惯性离心力是很小的。地球的引力 F 和地球惯性离心力 C 的合力称为地球重力,如图4.1所示。

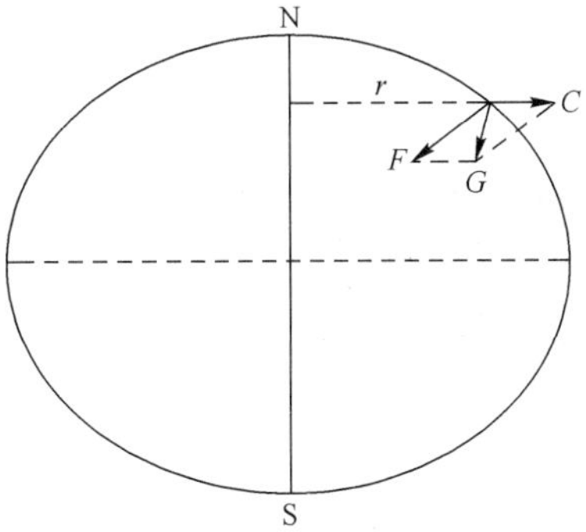

重力方向指向地心,这个方向称为铅垂线方向,与该方向垂直的面是水准面,它是重力等位面。当用力将物体抛向天空时,物体到达一定的高度后就重新落下,其下落的速度越来越大,也就是物体受地球的重力影响产生了加速度,称为重力加速度,通常用 g 来表示。由物理学可知,物体受到的重力,在数量上等于物体质量和重力加速度的乘积,即

$$G = mg \tag{4.4}$$

图 4.1 地球重力示意图

因此,从通常的物理意义上来讲,重力和重力加速度是两个不同的概念。但是,在大地测量学和其他一些学科中,为了测量和研究的方便,往往令被吸引物体的质量为单位质量,这样,所说的重力就是对单位质量的重力。此时,根据式(4.4),重力在数值上等于重力加速度。因此,为了简便起见,也把重力加速度简称为重力,所说的测量重力,并不是指测量重力本身,而是测量重力加速度。

过去,重力的单位是 Gal(伽)。现行的法定计量中,重力的单位为 $m \cdot s^{-2}$ 它们的关系为

1Gal(伽) = $10^{-2} m \cdot s^{-2}$

1mGal(毫伽) = $10^{-5} m \cdot s^{-2}$

1μGal(微伽) = $10^{-8} m \cdot s^{-2}$

地球表面各点的重力,由于所处的纬度不同、地表下面的物质密度的不同和点位高程的不同而不同。由于地球近似于扁球,赤道上的点距地心最远,因此其重力最小,随着地面点位纬度的增加,点位距地心减小,重力也就增大,在两极达到最大;而在同一纬度上则随着地面点位高度的增加,重力减小。此外,如果地表下面分布的物质密度有差异,那么即使两点的纬度和高程都相同,它们的重力也是不同的。

如果没有外力的干扰、地壳的形变以及地表和地球内部的质量迁移等,则每个点的重力值是稳定的。这些干扰在过去由于重力测量仪器精度不高,是发现不了的。但是,随着仪器精度的不断提高,已能觉察微小的干扰。通常把对某一点重力的这些干扰影响

引起的变化称为重力变化或重力的时间变化。重力变化可分为两大类，一类是潮汐变化，它主要是由月亮和太阳的引力、地球固体潮及海潮的影响引起的，其变化具有一定的周期性；另一类是非潮汐变化，或者称为重力的长期变化，它可能是由地球自由振荡和极移、地球内部物质结构的变动、伴随地震发生的地形变、火山的爆发、板块运动以及人类活动（地下水、石油和天然气的抽取）等引起的。

因此，不仅不同点的重力不同，而且同一个点的重力在不同时间也有所不同。

二、引力位和离心力位

（一）引力位

借助位理论来研究地球重力场是非常方便的。我们知道，按牛顿万有引力定律，空间任意两质点 M 和 m 相互吸引的引力公式是

$$F = G \cdot \frac{M \cdot m}{r^2} \tag{4.5}$$

假如两质点间的距离沿力的方向有一个微分变量 dr，那么必须做功

$$dA = G \cdot \frac{M \cdot m}{r^2} \cdot dr$$

此功必等于位能的减少

$$-dV = G \cdot \frac{M \cdot m}{r^2} dr$$

对上式积分后，得出位能

$$V = G \cdot \frac{M \cdot m}{r} \tag{4.6}$$

为研究问题简便，将质点 m 的质量取单位质量，则上式变为

$$V = G \cdot \frac{M}{r} \tag{4.7}$$

在大地测量及有关地球形状的科学中，我们将上式表示的位能称物质 M 的引力位或位函数。

根据牛顿力学第二定律

$$F = m \cdot a \tag{4.8}$$

考虑式（4.5），则得加速度

$$a = G \cdot \frac{M}{r^2} \tag{4.9}$$

对式（4.9）取微分，并顾及上式后，可得

$$a = -\frac{dV}{dr} \tag{4.10}$$

负号的意义是加速度方向与向径向量方向相反。上式又可简写成梯度的形式：

$$a = -\mathrm{grad}\, V \tag{4.11}$$

因此，引力位梯度的负值，在数值上等于单位质点受 r 处的质体 M 吸引而形成的加速

度值。通过上述公式分析比较，可进一步知道，引力在数值上就等于加速度值。在这种情况下，二者可不加区别。

由于位函数是个标量函数，所以地球总体的位函数应等于组成其质量的各基元分体位函数 $dV_i(i=1,2,\cdots,n)$ 之和，于是，对整个地球而言，显然有

$$V = \int_{(M)} dV = G \cdot \int_{(M)} \frac{dm}{r} \tag{4.12}$$

式中：r 为地球单元质量 dm 至被吸引的单位质量的距离；积分沿整个地球质量（M）积分。

引力位 V 确认了这样一个加速度引力场，即引力位对被吸引点各坐标轴的偏导数等于相应坐标轴上的加速度（或引力）向量的负值。用公式表达为

$$a_x = -\frac{\partial V}{\partial x}, \quad a_y = -\frac{\partial V}{\partial y}, \quad a_z = -\frac{\partial V}{\partial z} \tag{4.13}$$

及

$$r^2 = (x-x_m)^2 + (y-y_m)^2 + (z-z_m)^2$$

式中：x，y，z 为被吸引的单位质点的坐标；(x_m, y_m, z_m) 为吸引点 M 的坐标。

上式是容易证明的。

若设各坐标轴的分加速度的模

$$a = \sqrt{a_x^2 + a_y^2 + a_z^2} \tag{4.14}$$

则各坐标轴上的分加速度也可以用加速度模乘以方向余弦得到，亦即有式

$$a_x = a\cos(a,x), \quad a_y = a\cos(a,y), \quad a_z = a\cos(a,z) \tag{4.15}$$

下面从物理学方面来说明位的意义。

将单位质点 P 从起点 Q_0 在引力作用下移动到终点 Q，则在有限距离范围内引力所做的功等于此两点的位能差，即亦有公式

$$A = \left| -\int_{Q_0}^{Q} dV \right| = V(Q) - V(Q_0) \tag{4.16}$$

由此式可知，引力所做的功等于位函数在终点和起点的函数值之差，与质点所经过的路程无关。又假设终点在无穷远处，即 $r_Q \to \infty$，则 $V(Q) = 0$，这时 $A = -V(Q_0)$，这就是说，在某一位置，（比如 Q_0）质体的引力位就是将单位质点从无穷远处移动到该点引力所做的，也即

$$V = \int_r^\infty F dr = \int_r^\infty \frac{GM}{r^2} dr = -\frac{GM}{r}$$

（二）离心力位

由图 4.2 可知，质点坐标可用质点向径 r，地心纬度 φ 及经度 λ 表示为

$$x = r\cos\varphi\cos\lambda, \quad y = r\cos\varphi\sin\lambda, \quad z = r \cdot \sin\varphi \tag{4.17}$$

地球自转仅仅引起经度变化，它对时间的一阶导数等于地球自转角速度 ω，可得

$$\begin{cases} \dot{x} = -r\cos\varphi\sin\lambda \cdot \omega \\ \dot{y} = r\cos\varphi\cos\lambda \cdot \omega \\ \dot{z} = 0 \end{cases} \tag{4.18}$$

继续求二阶导数，并考虑式（4.17），可得

$$\begin{cases} \ddot{x} = -\omega^2 x \\ \ddot{y} = -\omega^2 y \\ \ddot{z} = 0 \end{cases} \quad (4.19)$$

坐标对时间的二阶偏导数，就是单位质点的离心加速度。与引力加速度相似，它也可以用离心力位的偏导数表示，实际上，假设有离心力位

$$Q = \frac{\omega^2}{2}(x^2 + y^2) \quad (4.20)$$

那么，它对位置坐标的偏导数

$$\begin{cases} \dfrac{\partial Q}{\partial x} = \omega^2 x = -\ddot{x} \\ \dfrac{\partial Q}{\partial y} = \omega^2 y = -\ddot{y} \\ \dfrac{\partial Q}{\partial z} = 0 \end{cases} \quad (4.21)$$

除了符号相反之外，此式与离心力加速度分量表达式是完全一样的。

我们可把式（4.21）称为离心力位函数。离心力位的二阶偏导数为

$$\begin{cases} \dfrac{\partial^2 Q}{\partial x^2} = \omega^2 \\ \dfrac{\partial^2 Q}{\partial y^2} = \omega^2 \\ \dfrac{\partial^2 Q}{\partial z^2} = 0 \end{cases} \quad (4.22)$$

算子

$$\Delta Q = \frac{\partial^2 Q}{\partial x^2} + \frac{\partial^2 Q}{\partial y^2} + \frac{\partial^2 Q}{\partial z^2} = 2\omega^2 \neq 0 \quad (4.23)$$

称为布阿桑算子，上式表明在客体的全部空间里，布阿桑算子是一个常数。

三、重力位

由于重力是引力和离心力的合力，则重力位就是引力位 V 和离心力位 Q 之和：

$$W = V + Q \quad (4.24)$$

或根据式（4.12）和式（4.20）把重力位写成

$$W = G \cdot \int \frac{\mathrm{d}m}{r} + \frac{\omega^2}{2}(x^2 + y^2) \quad (4.25)$$

假如质点的重力位 W 已知，同样可按对三坐标轴求偏导数求得重力的分力或重力加速度，并用下式表达：

$$\begin{cases} g_x = -\dfrac{\partial W}{\partial x} = -\left(\dfrac{\partial V}{\partial x} + \dfrac{\partial Q}{\partial x}\right) \\ g_y = -\dfrac{\partial W}{\partial y} = -\left(\dfrac{\partial V}{\partial y} + \dfrac{\partial Q}{\partial y}\right) \\ g_z = -\dfrac{\partial W}{\partial z} = -\left(\dfrac{\partial V}{\partial z} + \dfrac{\partial Q}{\partial z}\right) \end{cases} \tag{4.26}$$

知道了各分力，就可以计算其模

$$g = \sqrt{g_x^2 + g_y^2 + g_z^2} \tag{4.27}$$

及它的三个方向余弦

$$\cos(g, x) = \frac{g_x}{g}, \quad \cos(g, y) = \frac{g_y}{g}, \quad \cos(g, z) = \frac{g_z}{g} \tag{4.28}$$

与重力方向重合的线称为铅垂线。

重力位对任意方向的偏导数也等于重力在该方向上的分力，即

$$\frac{\partial W}{\partial l} = g_l = g\cos(g, l)$$

很显然，当 g 与 l 相垂直时，那么 $dW = 0$，有 $W =$ 常数。

当给出不同的常数值，就得到一簇曲面，称为重力等位面，也就是我们通常说的水准面。可见水准面有无穷多个。其中，我们把完全静止的海水面所形成的重力等位面，专称它为大地水准面。同样，如果令 g 与 l 夹角等于 π，则有

$$dl = -\frac{dw}{g} \tag{4.29}$$

上式说明水准面之间既不平行，也不相交和相切。

对式（4.24）取二阶导数，相加后，则对外面空间点，显然有

$$\Delta W = \Delta V + \Delta Q \tag{4.30}$$

先求引力位的二阶导数算子 ΔV。由式（4.7），知一阶导数

$$\begin{cases} \dfrac{\partial V}{\partial x} = G \cdot \int \dfrac{\partial \dfrac{1}{r}}{\partial x} dm \\ \dfrac{\partial V}{\partial y} = G \cdot \int \dfrac{\partial \dfrac{1}{r}}{\partial y} dm \\ \dfrac{\partial V}{\partial z} = G \cdot \int \dfrac{\partial \dfrac{1}{r}}{\partial z} dm \end{cases} \tag{4.31}$$

若设单位质点坐标为 (x, y, z)，而吸引点的坐标为 (x_m, y_m, z_m)，则必然有

$$r^2 = (x - x_m)^2 + (y - y_m)^2 + (z - z_m)^2 \tag{4.32}$$

于是，

$$\begin{cases} \dfrac{\partial}{\partial x}\left(\dfrac{1}{r}\right) = -\dfrac{(x-x_m)}{r^3} \\ \dfrac{\partial}{\partial y}\left(\dfrac{1}{r}\right) = -\dfrac{(y-y_m)}{r^3} \\ \dfrac{\partial}{\partial z}\left(\dfrac{1}{r}\right) = -\dfrac{(z-z_m)}{r^3} \end{cases} \quad (4.33)$$

则

$$\frac{\partial V}{\partial x} = -G \cdot \int \frac{(x-x_m)}{r^3} \mathrm{d}m \quad (4.34)$$

由此，求二阶导数

$$\frac{\partial^2 V}{\partial x^2} = \frac{\partial}{\partial x}\left(\frac{\partial V}{\partial x}\right) = \frac{\partial}{\partial x}\left[-G \cdot \int \frac{(x-x_m)}{r^3}\mathrm{d}m\right] = -G \cdot \int\left(\frac{1}{r^3} - 3 \cdot \frac{x-x_m}{r^4} \cdot \frac{\partial r}{\partial x}\right)\mathrm{d}m$$

由于 $r^2 = (x-x_m)^2 + (y-y_m)^2 + (z-z_m)^2$，对 x 取全微分得

$$2r\mathrm{d}r = 2(x-x_m)\mathrm{d}x$$

故

$$\frac{\mathrm{d}r}{\mathrm{d}x} = \frac{x-x_m}{r}$$

故

$$\frac{\partial^2 V}{\partial x^2} = -G\int\left[\frac{1}{r^3} - 3\frac{(x-x_m)^2}{r^5}\right]\mathrm{d}m \quad (4.35)$$

同理

$$\frac{\partial^2 V}{\partial y^2} = -G \cdot \int\left[\frac{1}{r^3} - 3\frac{(y-y_m)^2}{r^5}\right]\mathrm{d}m \quad (4.36)$$

$$\frac{\partial^2 V}{\partial z^2} = -G \cdot \int\left[\frac{1}{r^3} - 3\frac{(z-z_m)^2}{r^5}\right]\mathrm{d}m \quad (4.37)$$

以上三式相加，得

$$\Delta V = \frac{\partial^2 V}{\partial x^2} + \frac{\partial^2 V}{\partial y^2} + \frac{\partial^2 V}{\partial z^2} = 0 \quad (4.38)$$

此式称拉普拉斯方程，ΔV 称拉普拉斯算子。满足此式的函数称为调和函数。显然引力位函数是调和函数。

离心力位的二阶导数算子 ΔQ，由式（4.23）可知 $\Delta Q = 2\omega^2$，所以离心力位函数不是调和函数。

由此可见，重力位二阶导数之和，对外部点：

$$\Delta W = \Delta V + \Delta Q = 2\omega^2 \quad (4.39)$$

对内部点，不加证明给出：

$$\Delta W = \Delta V + \Delta Q = 4\pi f\delta + 2\omega^2 \quad (4.40)$$

式中：δ 为体密度。

由于它们都不等于零，故重力位函数不是调和函数。

对于某一单位质点而言，作用其上的重力在数值上等于使它产生的重力加速度的数值，所以重力即采用重力加速度的量纲。本书采用伽（Gal），单位 cm·s^{-2}；它的千分之一称毫伽（mGal），单位是 10^{-5}m·s^{-2}；千分之一毫伽称微伽（μGal），单位是 10^{-8}m·s^{-2}。地面点重力近似值 980Gal，赤道重力值 978Gal，两极重力值 983Gal。由于地球的极曲率及周日运动的原因，重力有从赤道向两极增大的趋势。

四、地球的正常重力位和正常重力

由地球重力位计算公式

$$W = G \cdot \int_M \frac{\mathrm{d}m}{r} + \frac{\omega^2}{2}(x^2 + y^2)$$

可知，要精确计算出地球重力位，必须知道地球表面的形状及内部物质密度，但前者正是我们要研究的，后者分布极其不规则，目前也无法知道，故根据上式不能精确地求得地球的重力位，为此引进一个与其近似的地球重力位——正常重力位。

正常重力位是一个函数形式简单、不涉及地球形状和密度便可直接计算得到的地球重力位的近似值的辅助重力位。当知道了地球正常重力位，想求出它同地球重力位的差异（又称扰动位），便可据此求出大地水准面与正常重力对应的已知形状的差异，最后解决确定地球重力位和地球形状的问题。

由于式右端第二项是容易计算的，因此求解地球正常重力位的关键是先找出表达地球引力位的计算公式，再根据需要选取头几项而略去余项，考虑右端第二项，就可得到地球正常重力位。

（一）地球引力位的数学表达式

首先介绍用地球惯性矩表达引力位的基本知识。

如图 4.2 所示，在空间直角坐标系 o-xyz 中，坐标原点置于地球质心，x 轴在赤道平面并指向格林尼治子午面与赤道面之交点，z 轴与地球自转轴一致，y 轴在赤道面上，构成右手坐标系，则空间一点 S 的坐标可用两种方式表示，一种是空间直角坐标(x,y,z)，另一种是空间球面极坐标(φ,λ,r)，地面质点 M 的坐标用(x_m,y_m,z_m) 表示。

由图 4.2 可知

$$\rho^2 = r^2 + R^2 - 2Rr\cos\psi = r^2\left[1 + \left(\frac{R}{r}\right)^2 - 2\frac{R}{r}\cos\psi\right] \tag{4.41}$$

或

$$\frac{1}{\rho} = \frac{1}{r}(1+l)^{-\frac{1}{2}}$$

式中：

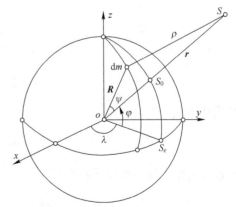

图 4.2　空间点位坐标表示

$$l = \left(\frac{R}{r}\right)^2 - 2\frac{R}{r}\cos\psi \tag{4.42}$$

由于 $\frac{R}{r} < 1$,故可把 $\frac{1}{\rho}$ 展开级数,并代入

$$V = f\int_M \frac{dm}{\rho} \tag{4.43}$$

中,则有

$$V = \frac{G}{r}\int\left(1 - \frac{1}{2}l + \frac{3}{8}l^2 - \frac{5}{16}l^3 + \cdots\right)dm$$

将式(4.42)代入,并按 $\left(\frac{R}{r}\right)$ 集项,最后得到

$$V = v_0 + v_1 + v_2 + \cdots = \sum_{i=0}^{n} V_i \tag{4.44}$$

式中:

$$v_0 = \frac{G}{r}\int_M dm \tag{4.45}$$

$$v_1 = \frac{G}{r}\int_M \frac{R}{r}\cos\psi\, dm \tag{4.46}$$

$$v_2 = \frac{G}{r}\int_M \left(\frac{R}{r}\right)^2 \left(\frac{3}{2}\cos^2\psi - \frac{1}{2}\right)dm \tag{4.47}$$

$$v_3 = \frac{G}{r}\int_M \left(\frac{R}{r}\right)^3 \left(\frac{5}{2}\cos^3\psi - \frac{3}{2}\cos\psi\right)dm \tag{4.48}$$

…

现在我们研究一下前三项的具体表达式。首先看零阶项 v_0。由于

$$v_0 = \frac{G}{r}\int dm = \frac{fM}{r} \tag{4.49}$$

可见,v_0 就是把地球质量集中到地球质心处时的点的位。

再看一阶项 v_1。对于向量 R 和 r 之间的夹角,可按下式计算:

$$\cos\psi = \frac{xx_m + yy_m + zz_m}{Rr} \tag{4.50}$$

把它代入式(4.46)中,可得

$$v_1 = \frac{G}{r^3}\left(x\int_M x_m dm + y\int_M y_m dm + z\int_M z_m dm\right) \tag{4.51}$$

由理论力学可知,物质质心坐标

$$x_0 = \frac{\int_M x_m dm}{M}, \quad y_0 = \frac{\int_M y_m dm}{M}, \quad z_0 = \frac{\int_M z_m dm}{M}$$

在建立坐标系时已约定,将坐标原点置于地球质心,亦即有 $x_0 = y_0 = z_0 = 0$,为此,必有 $\int_M x_m dm = \int_M y_m dm = \int_M z_m dm = 0$ 所以一阶项

$$v_1 = 0 \tag{4.52}$$

最后看二阶项 v_2。由于

$$R^2 = x_m^2 + y_m^2 + z_m^2, \quad \cos^2\psi = \left(\frac{xx_m + yy_m + zz_m}{Rr}\right)^2$$

将它们代入式（4.47）中，得

$$v_2 = \frac{G}{2r^5}\left[x^2\int_M(2x_m^2 - y_m^2 - z_m^2)\mathrm{d}m + y^2\int_M(2y_m^2 - x_m^2 - z_m^2)\mathrm{d}m + \right.$$

$$\left. z^2\int_M(2z_m^2 - x_m^2 - y_m^2)\mathrm{d}m + 6xy\int_M x_m y_m\mathrm{d}m + 6xz\int_M x_m z_m\mathrm{d}m + 6yz\int_M y_m z_m\mathrm{d}m\right]$$

(4.53)

如果把质点 M 对 x、y、z 轴的转动惯量分别表示为

$$\begin{cases} A = \int_M(y_m^2 + z_m^2)\mathrm{d}m \\ B = \int_M(x_m^2 + z_m^2)\mathrm{d}m \\ C = \int_M(x_m^2 + z_m^2)\mathrm{d}m \end{cases}$$

(4.54)

把惯性积（离心力矩）分别表示为

$$\begin{cases} D = \int_M y_m z_m\mathrm{d}m \\ E = \int_M x_m z_m\mathrm{d}m \\ F = \int_M x_m y_m\mathrm{d}m \end{cases}$$

(4.55)

则将上两式代入式（4.53），得

$$v_2 = \frac{G}{2r^5}\left[(y^2+z^2-2x^2)A + (x^2+z^2-2y^2)B + \right.$$

$$\left. (x^2+y^2-2z^2)C + 6yzD + 6xzE + 6xyF\right]$$

(4.56)

这就是用二阶转动惯性矩及被吸引点直角坐标表示的二阶项 v_2。但此式无论应用还是进一步分析都是不便的。下面将作如下变换。

由于

$$\begin{cases} x = r\cos\varphi\cos\lambda \\ y = r\cos\varphi\sin\lambda \\ z = r\sin\varphi \end{cases}$$

(4.57)

将上式代入式（4.56），并经过整理得

$$v_2 = \frac{G}{r^3}\left[\frac{2C-(A+B)}{2}\left(\frac{1}{2} - \frac{3}{2}\sin^2\varphi\right) + 3(E\cos\lambda + D\sin\lambda)\cos\varphi\sin\varphi + \right.$$

$$\left. \frac{3}{2}\left(\frac{B-A}{2}\cos2\lambda + F\sin2\lambda\right)\cos^2\varphi\right]$$

(4.58)

三阶项及更高阶项也可仿此推得。将求得的 v_0，v_1，v_2 及高阶项代入到式（4.44），便得到地球引力位的计算式。其次介绍用球谐函数表达地球引力位的基本知识。

在式 (4.45) ~式 (4.48) 中，若令

$$\begin{cases} P_0(\cos\psi) = 1 \\ P_1(\cos\psi) = \cos\psi \\ P_2(\cos\psi) = \dfrac{3}{2}\cos^2\psi - \dfrac{1}{2} \\ P_3(\cos\psi) = \dfrac{5}{2}\cos^3\psi - \dfrac{3}{2}\cos\psi \end{cases} \quad (4.59)$$

则 $P_n(\cos\psi)$ 的一般表达式为

$$P_n(\cos\psi) = \frac{1}{2^n n!} \times \frac{\mathrm{d}^n (\cos^2\psi - 1)^n}{\mathrm{d}(\cos\psi)^n} \quad (4.60)$$

当已知一阶项 P_1 和二阶项 P_2 时，用下面递推公式计算：

$$P_{n+1}(x) = \frac{2n+1}{n+1} x P_n(x) - \frac{n}{n+1} P_{n-1}(x) \quad (4.61)$$

式中：$x = \cos\psi$。

下面给出 10 阶内 $P_n(n=1,2,3,4,5,6,7,8,9,10)$ 的显示：

$$\begin{cases} P_0 = 1 \\ P_1 = \mu \\ P_2 = \dfrac{1}{2}(3\mu^2 - 1) \\ P_3 = \dfrac{1}{2}(5\mu^3 - 3\mu) \\ P_4 = \dfrac{1}{8}(35\mu^4 - 30\mu^2 + 3) \\ P_5 = \dfrac{1}{8}(63\mu^5 - 70\mu^3 + 15\mu) \\ P_6 = \dfrac{1}{32}(462\mu^6 - 630\mu^4 + 210\mu^2 - 10) \\ P_7 = \dfrac{1}{32}(858\mu^7 - 1386\mu^5 + 630\mu^3 - 70\mu) \\ P_8 = \dfrac{1}{128}(6435\mu^8 - 12012\mu^6 + 6930\mu^4 - 1260\mu^2 + 35) \\ P_9 = \dfrac{1}{128}(12155\mu^9 - 25740\mu^7 + 18018\mu^5 - 4620\mu^3 + 315\mu) \\ P_{10} = \dfrac{1}{256}(46189\mu^{10} - 109395\mu^8 + 90090\mu^6 - 30030\mu^4 + 3465\mu^2 - 63) \end{cases} \quad (4.62)$$

式中

$$\mu = \cos\psi$$

式 (4.60) 称勒让德多项式。用该式表示的第 n 阶地球引力位公式为

$$V_n = \frac{G}{r} \int \left(\frac{R}{r}\right)^n P_n(\cos\psi) \, \mathrm{d}m \quad (4.63)$$

由于 ψ 角之余弦是 M 点和 S 点的直角坐标的函数（见式（4.50）），因此也可用球面二角学公式表示为两点的球面坐标的函数，经过变换之后，即可得到 n 阶重力位的计算公式，这里略去推导过程，直接写出用球谐函数表示的公式：

$$V_n = \frac{1}{r^{n+1}}\left[A_n P_n(\cos\theta) + \sum_{K=1}^{n}(A_n^K \cos K\lambda + B_n^K \sin K\lambda)P_n^K(\cos\theta)\right] \quad (4.64)$$

式中：θ 为极距，$\varphi+\theta=90°$，φ、λ 分别为纬度和经度。

在这里，勒让德多项式 $P_n(\cos\theta)$ 称为 n 阶主球函数（或带球函数），$P_n^K(\cos\theta)$ 称为 n 阶 K 级的勒让德缔合（或伴随）函数，用下式计算：

$$P_n^K(\cos\theta) = \sin^K\theta \frac{d^K P_n(\cos\theta)}{d(\cos\theta)^K} \quad (4.65)$$

而 $\cos K\lambda P_n^K(\cos\theta)$ 及 $\sin K\lambda P_n^K(\cos\theta)$ 称为缔合球函数（其中，当 $K=n$ 时称为扇球函数，当 $n \neq K$ 时称为田球函数）。当 $K=0$ 时，$P_n^K(\cos\theta)$ 即为 $P_n(\cos\theta)$，A_n^K 即为 A_n。A_n、A_n^K 及 B_n^K 等球谐系数称为斯托克斯常数，它们均是与 n 阶惯性矩有关的量，当 $n=2$ 时，它们是二阶矩 A、B、C、D、E、F 的函数。

将式（4.64）代入式（4.44），则得

$$V = \sum_{n=0}^{\infty} V_n = \sum_{n=0}^{\infty}\frac{1}{r^{n+1}}\left[A_n P_n(\cos\theta) + \sum_{K=1}^{n}(A_n^K \cos K\lambda + B_n^K \sin K\lambda)P_n^K(\cos\theta)\right]$$
$$(4.66)$$

这就是用球谐函数表示的地球引力位的公式。

由于 $\theta+\varphi=90°$，故式（4.65）也可用纬度 φ 的函数形式给出：

$$P_n^K(\mu) = \frac{d^K P_n(\mu)}{d\mu^K}\cos^K\varphi \quad (4.67)$$

式中：$\mu = \sin\varphi$。

下面给出 $P_n^K(\mu)$（$n=1,2,3,4,5,6,7,8,9,10$；$K=1,2,3,4,5,6,7,8,9,10$）的显示：

$$\begin{cases} P_{1.1} = \cos\varphi \\ P_{2.1} = 3\mu\cos\varphi \\ P_{2.2} = 3\cos^2\varphi \\ P_{3.1} = \frac{3}{2}(5\mu^2-1)\cos\varphi \\ P_{3.2} = 15\mu\cos^2\varphi \\ P_{3.3} = 15\cos^3\varphi \\ P_{4.1} = \frac{5}{2}\mu(7\mu^2-3)\cos\varphi \\ P_{4.2} = \frac{15}{2}(7\mu^2-1)\cos^2\varphi \\ P_{4.3} = 105\mu\cos^3\varphi \\ P_{4.4} = 105\cos^4\varphi \end{cases}$$

$$\begin{cases}
P_{5.1} = \dfrac{15}{8}(21\mu^4 - 14\mu^2 + 1)\cos\varphi \\[4pt]
P_{5.2} = \dfrac{105}{2}\mu(3\mu^2 - 1)\cos^2\varphi \\[4pt]
P_{5.3} = \dfrac{105}{2}(9\mu^2 - 1)\cos^3\varphi \\[4pt]
P_{5.4} = 945\mu\cos^4\varphi \\[4pt]
P_{5.5} = 945\cos^5\varphi \\[4pt]
P_{6.1} = \dfrac{21}{8}\mu(33\mu^4 - 30\mu^2 + 5)\cos\varphi \\[4pt]
P_{6.2} = \dfrac{105}{8}(33\mu^4 - 18\mu^2 + 1)\cos^2\varphi \\[4pt]
P_{6.3} = \dfrac{315}{2}\mu(11\mu^2 - 3)\cos^3\varphi \\[4pt]
P_{6.4} = \dfrac{945}{2}(11\mu^2 - 1)\cos^4\varphi \\[4pt]
P_{6.5} = 10395\mu\cos^5\varphi \\[4pt]
P_{6.6} = 10395\cos^6\varphi \\[4pt]
P_{7.1} = \dfrac{7}{16}(429\mu^6 - 495\mu^4 + 135\mu^2 - 5)\cos\varphi \\[4pt]
\vdots \\[4pt]
P_{10.6} = \dfrac{51975}{8}(4199\mu^4 - 1326\mu^2 + 39)\cos^6\varphi \\[4pt]
P_{10.7} = \dfrac{51975}{8}(4199\mu^3 - 663\mu)\cos^7\varphi \\[4pt]
P_{10.8} = \dfrac{155925}{2}(4199\mu^2 - 221)\cos^8\varphi \\[4pt]
P_{10.9} = 654729075\mu\cos^9\varphi \\[4pt]
P_{10.10} = 654729075\cos^{10}\varphi
\end{cases} \quad (4.68)$$

(二) 地球正常重力位

在式 (4.25) 中，当注意到

$$(x^2 + y^2) = r^2 \cdot \sin^2\theta$$

该公式可写成

$$W = \sum_{n=0}^{\infty} \frac{1}{r^{n+1}} \left[A_n P_n(\cos\theta) + \sum_{K=1}^{n} (A_n^K \cos K\lambda + B_n^K \sin K\lambda) \cdot P_n^K(\cos\theta) \right] + \frac{\omega^2}{2} r^2 \sin^2\theta \quad (4.69)$$

为了表达地球正常重力位，根据观测资料的精度和对正常重力位所要求的精度，可选取上式中的前几项作为正常重力位。当选取前 3 项时，将重力位 U 写成

$$U = \sum_{n=0}^{2} V_n + Q$$
$$= \sum_{n=0}^{2} \frac{1}{r^{n+1}} \left[A_n P_n(\cos\theta) + \sum_{K=1}^{2} (A_n^K \cos K\lambda + B_n^K \sin K\lambda) P_n^K(\cos\theta) \right] + \frac{\omega^2}{2} r^2 \sin^2\theta \tag{4.70}$$

由于将坐标原点选在地球质心上,因此 $A_1 = A_1^1 = B_1^1 = 0$;又规定坐标轴为主惯性轴,则 $A_2^1 = B_2^1 = B_2^2 = 0$;将地球视为旋转体,则 $A = B$。于是上式中与经度 λ 有关的项全部消失。再考虑 $A_0 = GM, A_2 = G\left(\frac{A+B}{2} - C\right) = G(A-C)$,并设 $C - A = KM$,则正常重力位可写成

$$U = G\frac{M}{r}\left[1 + \frac{K}{2r^2}(1 - 3\cos^2\theta) + \frac{\omega^2 r^3}{2GM}\sin^2\theta\right] \tag{4.71}$$

如果设赤道上的离心力与重力之比为 q,

$$q = \frac{\omega^2 \cdot a}{g_e} \tag{4.72}$$

令

$$\mu = \frac{3K}{2a^2} \tag{4.73}$$

可以看到 μ 是地球形状参数。

又因被吸引点 s 一般在地球表面上或离地球表面不远的外部空间,所以可认为 $r = a$;在赤道上重力可用其引力 GMa^{-2} 代替。

考虑上述情况,正常重力位公式又可写成

$$U = \frac{GM}{r}\left\{1 + \frac{\mu}{3}(1 - 3\cos^2\theta) + \frac{q}{2}\sin^2\theta\right\} \tag{4.74}$$

在这里给出 q 值:取 $\omega = 0.7292115 \cdot 10^{-4} \text{s}^{-1}$, $a = 6378.14 \text{km}$, $GM = 398600.5 \text{km}^3\text{s}^{-2}$,可算得

$$q = \frac{\omega^2 a^3}{GM} = 1:288.9008 \approx \frac{1}{288} \tag{4.75}$$

这就是 q 值的由来。

给式 (4.74) 不同的常数值,可得到一簇正常位水准面。因为我们求得了与大地水准面相近的那个正常位水准面的形状,为此在决定常数时,可取赤道上一点,此时有

$$\theta = 90°, \quad r = a$$

并用 U_0 代替 U,于是得到

$$U_0 = \frac{GM}{a}\left(1 + \frac{\mu}{3} + \frac{q}{2}\right) = 常数 \tag{4.76}$$

将式 (4.76) 与式 (4.74) 联立,就可求得此条件下的正常位水准面的方程式:

$$r = a \cdot \left[\left(1 + \frac{\mu}{3}(1 - 3\cos^2\theta) + \frac{q}{2}\sin^2\theta\right)\right] \bigg/ \left(1 + \frac{\mu}{3} + \frac{q}{2}\right) \tag{4.77}$$

将上式分母展开级数,并略去 μ、q 平方以上各高次项,则

$$r = a\left[1 - \left(\mu + \frac{q}{2}\right)\cos^2\theta\right] \tag{4.78}$$

可以证明，它是一个旋转椭球体。由于这个椭球体的表面是水准面，所以称它为水准椭球面。

（三）正常重力公式

类似于重力位 W，正常重力位 U 也有

$$\gamma = -\frac{dU}{dn} \tag{4.79}$$

式中：n 为正常水准面法线；U 为向量 r 的函数，然而地心纬度和地理纬度之间差异很小，故在此可忽略不计。因此，上式可写成

$$\gamma = -\frac{dU}{dr} \tag{4.80}$$

根据式（4.71）对 r 求导数，将式（4.78）代入，并注意到当 $\theta = 90°$ 时，得赤道上的正常重力

$$\gamma_e = \frac{GM}{a^2}\left(1+\alpha-\frac{3q}{2}\right) \tag{4.81}$$

当 $\theta = 0°$ 时，得极点处正常重力

$$\gamma_p = \frac{GM}{a^2}(1+q) \tag{4.82}$$

又设重力扁率

$$\beta = \frac{\gamma_p - \gamma_e}{\gamma_e} = \frac{5}{2}q - \alpha \tag{4.83}$$

经整理，最后得到考虑 α 级的正常重力公式：

$$\gamma_0 = \gamma_e(1+\beta\sin^2\varphi) \tag{4.84}$$

式中：$\varphi = 90°-\theta$，为计算点的纬度。

式（4.84）称为克莱罗定理，它表达了重力扁率 β 同椭球扁率 α 之间的关系。

上面是考虑二阶以内的球函数求得的正常重力位及正常重力。为达到观测精度相应的精度，至少要考虑四阶主球函数，在这里不加证明，直接给出考虑扁率平方级的正常重力公式：

$$\gamma_0 = \gamma_e(1+\beta\sin^2 B - \beta_1\sin^2 2B) \tag{4.85}$$

式中：β 和 β_1 为与椭球扁率 α、长半径 a、旋转角速度 ω 及质量与引力常数乘积 GM 有关的两个系数，有

$$\begin{cases} \beta = \frac{5}{2}\left(1-\frac{17}{35}\alpha\right)q - \alpha \\ \beta_1 = \left(\frac{1}{8}\alpha^2 + \frac{1}{4}\alpha\beta\right) \end{cases} \tag{4.86}$$

式中：B 为所求点大地纬度。

用不同的观测数据，可以导出系数各异的正常重力公式。例如：

（1）1901—1909 年赫尔默特公式：

$$\gamma_0 = 978.030(1+0.005302\sin^2\varphi - 0.000007\sin^2 2\varphi) \tag{4.87}$$

（2）1930 年卡西尼公式：

$$\gamma_0 = 978.049(1+0.005288\sin^2\varphi - 0.0000059\sin^2 2\varphi) \tag{4.88}$$

（3）1975 年国际地球物理和大地测量联合会推荐的正常重力公式

$$\gamma_0 = 978.032(1+0.005302\sin^2\varphi - 0.0000058\sin^2 2\varphi) \tag{4.89}$$

我国大地测量中应用赫尔默特公式，地质勘探应用卡西尼公式，1980 年西安大地测量坐标建立时，应用 1975 年国际地球物理和大地测量联合会推荐的正常重力公式。以上各式中 φ 即为大地纬度 B。

除以上正常重力的截断公式外，还有闭合形式的公式，如 WGS-84 坐标系中的椭球重力公式

$$\gamma = \gamma_e(1+K\sin^2 B)/(1-e^2\sin^2 B)^{1/2} \tag{4.90}$$

式中：$K = \dfrac{b\gamma_p - a\gamma_e}{a\gamma_e}$，$a$、$b$ 为旋转椭球长半轴和短半轴，当将有关数值代入后，有

$$\gamma = 978.03267714(1+0.00193185138639\sin^2 B)/(1-0.00669437999013\sin^2 B)^{1/2} \tag{4.91}$$

下面推导高出水准椭球面 Hm 的正常重力的计算公式。在这里，我们把水准椭球看成半径为 R 的均质圆球，则地心对地面高 H 的点的引力为

$$g = G\frac{M}{(R+H)^2}$$

对大地水准面上点的引力为

$$g_0 = G\frac{M}{R^2}$$

两式相减，得重力改正数

$$\Delta_1 g = g_0 - g = GM\left(\frac{1}{R^2} - \frac{1}{(R+H)^2}\right) = \frac{GM}{R^2}\left(1 - \frac{1}{\left(1+\dfrac{H}{R}\right)^2}\right)$$

上式右端括号外的 $\dfrac{GM}{R^2}$ 项，可认为是地球平均正常重力 γ_0；由于 $H<R$，因此可把 $\left(1+\dfrac{H}{R}\right)^{-2}$ 展开级数，并取至二次项，经整理得

$$\Delta_1 g = \gamma_0\left[1 - \left(1 - \frac{2H}{R} + \frac{3H^2}{R^2}\right)\right] = 2\gamma_0\frac{H}{R} - 3\frac{\gamma_0 H^2}{R^2}$$

将地球平均重力 γ_0 及地球平均半径 R 代入上式，最后得

$$\Delta_1 g = 0.3086H - 0.72\times 10^{-7}H^2$$

这就是对高出地面 H 点的重力改正公式，式中 H 以 m 为单位，$\Delta_1 g$ 以 mGal 为单位。显然式中第一项是主项，大约每升高 3m，重力值减少 1mGal。第二项是小项，只在特高山区才考虑它，在一般情况下可不必考虑，这样通常可把上式写成

$$\Delta_1 g = 0.3086H$$

于是得出地面高度 H 处的点的正常重力计算公式为

$$\gamma = \gamma_0 - 0.3086H \tag{4.92}$$

(四) 正常重力场参数

由上述正常重力位公式可知，在物理大地测量中正常椭球重力场可用 4 个基本参数决定，分别是 U_0、$A_0=GM$、$A_2=G(A-C)$ 及 ω。其中 U_0 与大地水准面的位相同，其他 3 个参数均与地球 3 个相应参数相同。另外 3 个参数 α、β 及 γ_e 都可以根据上述 4 个基本参数求得。这 7 个参数有以下关系。

由式 (4.76) 并考虑 $\alpha=\mu+\dfrac{q}{2}$，有

$$U_0=\frac{GM}{a}\left(1+\frac{\alpha}{3}+\frac{q}{3}\right) \tag{4.93}$$

由式 (4.81)，经变换后，有

$$GM=\gamma_e a^2\left(1-\alpha+\frac{3}{2}q\right) \tag{4.94}$$

由式 (4.83)，有

$$\alpha+\beta=\frac{5}{2}q \tag{4.95}$$

因此只要知道其中的 4 个基本参数，就可根据上面的关系式求出其他 3 个基本参数。比如，已知 a、α、γ_e 及 β，那么可按

$$\beta=\frac{\gamma_p-\gamma_e}{\gamma_e}=\frac{5}{2}q-\alpha$$

计算 q；按 $\gamma_e=\dfrac{GM}{a^2}\left(1+\alpha-\dfrac{3}{2}q\right)$ 计算 GM；按

$$U_0=\frac{GM}{a}\left(1+\frac{\alpha}{3}+\frac{q}{3}\right)$$

计算 U_0，再按 $q=\dfrac{\omega^2 a^3}{GM}$ 计算 ω。α 可按 $A_2=G(A-C)=-GKM$，并考虑 $\mu=\dfrac{3}{2}\times\dfrac{K}{a^2}$ 及 $\alpha=\mu+\dfrac{q}{2}$ 求得

$$\alpha=-\frac{3}{2}\times\frac{A_2}{a^2 GM}+\frac{q}{2} \tag{4.96}$$

由上式可见，引力位中的二阶主球谐函数系数 A_2 是扁率的函数，由它可决定扁率的大小。目前利用人造卫星轨道摄动原理推求地球引力位的球谐函数展开式中的一些系数，特别是对二阶主球谐函数系数已达到很高的精度，并依此来推求椭球体的扁率。不过在卫星大地测量中常用符号 J_2 来表示二阶主球谐函数的系数。J_2 与 A_2 的关系为

$$A_2=-GMa^2 J_2 \tag{4.97}$$

且

$$\alpha=\frac{3}{2}J_2+\frac{q}{2} \tag{4.98}$$

下面对正常重力场常数做进一步介绍。

众所周知,旋转椭球体为我们提供了一个非常简单、精确的地球几何形状的数学模型,它已被用于普通测量及大地测量中二维及三维的数学模型的公式推导与计算中。但要想提供一个比较简单的地球数学模型使其达到作为测量归算和测量计算的参考面的目的,必须给这个椭球模型加上密合于实际地球的引力场,以使这样的椭球既可应用在几何模型中又可应用在物理模型中。为此,我们首先把旋转椭球赋予与实际地球相等的质量(M,此时地球引力常数 GM 也相等),同时假定它与地球一起旋转(即具有相同的角速度 ω),进而用数学约束条件把椭球面定义为其本身重力场中的一个等位面,并且这个重力场中的铅垂线方向与椭球面相垂直,由以上这些特性所决定的旋转椭球的重力场称为正常重力场。这样的椭球称为正常椭球,也称为水准椭球。这样,我们可有下面的公式:

$$U = V + \phi \tag{4.99}$$
$$W = T + V + \phi \tag{4.100}$$

式中:U 为正常重力位;V 为正常引力位;ϕ 为离心力位;T 为扰动位。扰动位 T 是地球的实际重力位 W 与正常重力位 U 的差值,它是一个比较小的数值。

正常重力位 U 可用带球谐级数表示:

$$U = GM/r \left[1 - \sum J_{2n}(a_e/r)^{2n} P_{2n}(\cos\theta) \right] + \omega^2 r^2 \sin^2\theta/2 \tag{4.101}$$

式中:P_{2n} 为主球谐系数;J_{2n} 为 J_2 的闭合表达式;$J_2 = 1082.6283 \times 10^{-6}$。

J_2 与地球扁率满足 $\alpha = 3J_2/2 + q/2 + 9J_2^2/8$,$a_e$ 为椭球长半轴。

当取 $n=1$,即对式展开到 P_2 时,将式中 P_2 的表达式代入,便可依此公式得到式(4.71)。进而得到式(4.78)。因此,正常重力位完全可用 4 个确定的常数完整地表达:

$$U = f(a, J_2, GM, \omega) \tag{4.102}$$

因此,我们可以把相应于实际地球的 4 个基本参数 GM、J_2、ω 及 a_e 作为地球正常(水准)椭球的基本参数,又称它们是地球大地基准常数,由此可以导出其他的几何和物理常数。例如,WGS-84 地球椭球的大地基准常数是

$$\begin{cases} GM = 3986005 \times 10^8 \mathrm{m}^3 \mathrm{s}^{-2} \\ J_2 = 1082.62998905 \times 10^{-6} \\ a_e = 6378137 \mathrm{m} \\ \omega = 7292115 \times 10^{-11} \mathrm{rad s}^{-1} \end{cases} \tag{4.103}$$

它们的导出量为

$$\begin{cases} \alpha = 0.00335281066474 \\ \alpha^{-1} = 298.257223563 \\ \gamma_e = 9.7803267714 \mathrm{ms}^{-2} \\ \gamma_p = 9.8321863685 \mathrm{ms}^{-2} \\ \beta = 0.00530244012894 \end{cases}$$

第二节 重 力 测 量

一、重力测量概述

15世纪伽利略进行了首次重力测量的实验后，直至17世纪才开始实际的重力测量。

重力测量分为两大类，即绝对重力测量和相对重力测量。绝对重力测量，就是用仪器直接测出地面点的绝对重力值，地球表面上的重力值在 978~983Gal，它是相对重力测量的起始和控制基础。相对重力测量，就是用仪器测出地面上两点间的重力差值，地球表面上最大的重力差值约为 5000mGal 的量级[14]。

凡是与重力有关的物理现象，都可以用来测定重力，归纳起来，有下面两大类：

（1）动力法：它是观测物体的运动状态以测定重力。例如利用物体的自由下落或上抛运动，或者利用摆的自由摆动，都可以测定重力。在这类方法中，有的可以用来测定绝对重力，有的也可用来测定相对重力。

（2）静力法：它是观测物体受力平衡，测量物体平衡位置受重力变化而产生的位移以测定两点的重力差。例如观测负荷弹簧的伸长即属此类，这种方法只能测定相对重力。

另外，按观测领域不同，重力测量分为陆地重力测量、海洋重力测量与航空重力测量。海洋重力测量是20世纪20年代开始的，而从60年代开始了航空重力测量。由于在不同领域观测时所受外界因素的影响不同，因此观测方法和使用的仪器也有某些差别。

二、绝对重力测量

可用自由落体和振摆两种方法测定绝对重力。

(一) 用自由落体测定绝对重力基本原理

从物理学中知，自由落体的运动方程为

$$h = h_0 + V_0 t + \frac{1}{2} g t^2 \tag{4.104}$$

$$h = h_0 + V_0 t + \frac{1}{2} g t^2 \tag{4.105}$$

式中：h 为自由落体的下落距离；t 为下落时间；h_0 为自由落体的起始高度；V_0 为自由落体的下落初始速度；g 为重力。

从式（4.105）可看出，如果在不同时刻测出自由落体的下落时间 t_i 及其相应的距离 h_i，就可解出绝对重力值 g。因为在式（4.105）中有三个未知数（h_0、v_0、g），故必须测定三组 h_i 和 t_i 值，组成方程式，解出重力 g 值，我们把这种方法称为自由落体三位置法。

下面估算一下这种方法测定重力的精度和对 h 和 t 的精度要求，在式（4.105）中，

令 $h_0=0$ 和 $V_0=0$，并取对数微分：

$$\frac{\mathrm{d}h}{h}=\frac{\mathrm{d}g}{g}+\frac{2\mathrm{d}t}{t}$$

应用误差传播律得

$$\left(\frac{m_g}{g}\right)^2=\left(\frac{m_h}{h}\right)^2+\left(\frac{2m_t}{t}\right)^2$$

若要求重力测定的精度 $\frac{m_g}{g}\approx 10^{-6}$，则可按等影响原则，得

$$m_h\approx\pm 0.71\times 10^{-6}h$$

$$m_t\approx\pm 3.5\times 10^{-7}t$$

如果物体下落的距离 $h\approx 1\mathrm{m}$，下落时间 $t\approx 0.4\mathrm{s}$，则长度量测误差不超过 $1\mu\mathrm{m}$，时间量测误差不超过 $3.5\times 10^{-7}\mathrm{s}$。

现代绝对重力仪器大多是利用自由落体这一原理来测量重力的。如今，可用激光干涉技术精密地测量长度，有极为准确的时钟和电子设备来测定时间。因此，现代绝对重力仪已达到微伽级精度。

（二）用振摆测定绝对重力基本原理

由物理学知，当一个摆角 α 足够小时，振摆的摆动周期 T，摆长 l 和重力加速度 g 有如下关系：

$$T=\pi\sqrt{\frac{l}{g}} \tag{4.106}$$

可见，通过对 l 和 T 的测定，就可求得重力 g，见图 4.3。

对式（4.106）先取对数，后微分可得

$$\frac{\mathrm{d}T}{T}=\frac{1}{2}\frac{\mathrm{d}l}{l}-\frac{1}{2}\frac{\mathrm{d}g}{g}$$

根据误差传播定律，上式可变为

$$\left(\frac{m_g}{g}\right)^2=\left(\frac{2m_T}{T}\right)^2+\left(\frac{m_l}{l}\right)^2$$

式中：m_g，m_T，m_l 分别为重力、周期和改化摆长的中误差。

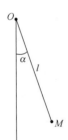

图 4.3 振摆测定绝对重力示意图

假定 m_T 和 m_l 对 m_g 的影响相等，并要求重力的测定精度为 1 毫伽，即 $\frac{m_g}{g}\approx 10^{-6}$，在此情况下，周期的允许观测误差为

$$m_T\approx\pm\frac{1}{2\sqrt{2}}10^{-6}T=\pm 3.5\times 10^{-7}T$$

改化摆长允许观测误差应为

$$m_l\approx\pm\frac{1}{2\sqrt{2}}10^{-6}l=\pm 0.71\times 10^{-6}l$$

这就是说，如果要求重力测量达到 1 毫伽的精度，则当振摆周期为 1s 时，周期观测误差不得超过 $3.5\times 10^{-7}\mathrm{s}$；当改化摆长为 1m 时，它的测量误差不超过 $1\mu\mathrm{m}$。

由以上的分析可知,要求量测周期和摆长的精度是很高的。由于精确测定摆长有很多困难,1811 年,德国天文学家 J. Bohnenberger 提出可倒摆的原理后,不同学者制造出了可倒摆仪器来进行绝对重力测量。但由于这种仪器操作复杂,精度也难以进一步提高,故现在很少采用这种方法。

三、相对重力测量

比较两地重力的差值,由重力基准点推求其他点重力的方法,称为相对重力测量。进行相对重力测量可采用动力法和静力法两种。

(一)用摆仪(动力法)测定相对重力的基本原理

1881 年发明了用来测定两点间重力差的相对摆仪。在这种仪器里安装了一个摆长能够保持不变的摆,在两个点上分别测定摆的摆动周期 T_1 和 T_2 或它们的周期差 $\Delta T = T_2 - T_1$。设两点观测期间的摆长不变,则可从式(4.106)消去摆长 l,得

$$g_2 = g_1 \frac{T_1^2}{T_2^2} \tag{4.107}$$

或

$$\Delta g = g_2 - g_1 = -\lambda (T_2 - T_1) + \mu (T_2 - T_1)^2 \tag{4.108}$$

式中:$\lambda = \frac{2g_1}{T_1}$;$\mu = \frac{3g_1}{T_1^2}$。

由此可见,只要观测了两点的周期,并已知起始点的重力值,就可算出两点的重力差,这就避免了测定改化摆长的工作,而精确测定摆的摆动周期是比较容易的。

这种方法的前提是在两点间的改化摆长不变。为了判断振摆在运输过程中是否发生变化,也为提高观测结果的精度,一般摆仪上都安装了几个摆,同时进行观测,观测各摆的周期差有无改变;另外在联测时,从起始点开始测得一个或几个点后,再回到原起始点重复观测,以检查和控制观测期间改化摆长的变化情况。我们把这样的一组测量称为一个测线(或测程)。

这种方法虽然比绝对重力测量要简便一些,但这种仪器还是比较笨重,测量精度受环境影响大,故现在已不采用。

(二)用重力仪测定相对重力的基本原理

采用静力法的相对重力测量的仪器,通常简称为重力仪。

重力仪的基本原理大致是相同的,它是利用物质的弹性或电磁效应测出由于重力的变化而引起的物理量的变化。如我们所熟悉的弹簧秤可以说是最简单的重力仪。因此,重力仪的中心部分或传感部分,大多是用弹簧或弹性扭丝制成。

通常使用的重力仪,从构造原理可分为垂直型弹簧重力仪、扭丝型重力仪、旋转型弹簧重力仪、扭丝型弹簧重力仪,其中扭丝型弹簧重力仪居多。

由图 4.4 可看出重力仪的基本原理。它是根据一

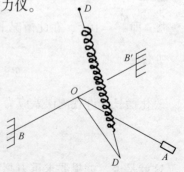

图 4.4 扭丝型重力仪原理示意图

根弹力石英扭丝的扭转角来设计制造的。弹性扭丝 BB' 中央焊接一摆杆 OA，A 上安一重荷，在一定范围内，扭丝扭转角度与重力变化量成正比，从而可测量两地重力的变化值。

从制造弹簧或弹性扭丝的材料来看，又分为金属弹簧重力仪和石英弹簧重力仪。目前石英重力仪的测量精度可达 0.02mGal。

限于篇幅，具体的重力仪器在此不作介绍。重力仪的观测是比较简单的，只要将重力仪安置在测站上，并置平仪器，然后转动测微器让视场里的亮线和零线重合，再在计数器上读取相应的读数即可如此重复三次，取其平均值作为该测站的重力仪观测值。至于两点间重力差值计算和重力网平差等问题，参阅有关书籍。

第三节 重力基准与重力系统

在重力测量中，我们大量进行的是相对重力测量，因此必须有属于一个统一系统的已知重力值的起始点。如果这些点的重力值是用绝对重力测量求定的，这样的点称为重力基准点，其重力值就是重力基准值，通常简称它们为重力基准。不同时期的重力基准都有特定的名称，如波茨坦重力基准。根据某一重力基准来推算重力值的重力点，都属于该重力基准的同一重力系统。例如，根据波茨坦重力基准来推算重力值的重力点，都属于波茨坦系统。就全球范围而言，又有单点基准和多点基准之分。

一、世界重力基准简介

（一）维也纳重力基准

1900 年在巴黎举行的国际大地测量协会第 18 次会议上，决定采用维也纳重力基准，即奥地利维也纳天文台的重力值为基准，其值为

$$g = 981.290 \pm 0.01 \times 10^{-2} \text{m} \cdot \text{s}^{-2} \quad \text{(Gal)}$$

此值是 Oppolzer 在 1884 年用绝对重力测量方法测定的。

（二）波茨坦重力基准

在 1909 年伦敦国际大地测量协会会议上决定采用波茨坦重力基准，即以德国波茨坦大地测量研究所摆仪厅的重力值作为基准，代替过去的维也纳重力基准，其值为

$$g = 981.274 \pm 0.003 \times 10^{-2} \text{m} \cdot \text{s}^{-2} \quad \text{(Gal)}$$

此值是 1898—1906 年由 Kuhnen 和 Furtwangler 用可倒摆测定的。1967 年国际大地测量协会决定对波茨坦重力值采用 -14mGal 的改正值。

（三）国际重力基准网 1971（IGSN—71）

在 1971 年苏联莫斯科国际大地测量与地球物理联合会（IUGG）第 15 届大会上通过决议，决定采用国际重力基准网 1971（IGSN—71），代替波茨坦国际重力基准。

IGSN—71 以多点基准结束了单点基准的时代。IGSN—71 包括 1854 个点，其中绝对重力测量的点只有 8 个。相对重力测量包括了摆仪测量和重量仪测量，前者的观测结果约为 1200 个，后者的观测结果约为 23700 个。IGSN—71 的精度为 $0.1 \times 10^{-5} \text{m} \cdot \text{s}^{-2}$。

(四) 国际绝对重力基本网 (IAGBN)

1982年提出了国际绝对重力基本点网 (IAGBN) 的布设方案，IAGBN的主要任务是长期监测重力随时间的变化，其次是作为重力测量的基准，以及为重力仪标定提供条件。因此，这些点建立后按规则间隔数年进行重复观测。1987年IUGG第19届大会曾通过决议，建议着手实施，但现在尚未完全建立。

二、我国重力基准简介

1949年以前，只测量了200余个重力点，分布地区十分有限。1953—1956年总共测量了100余个重力点。当时由于没有精确和统一的起始重力值，这些结果只能自成系统，测量精度也不高。

1955—1957年建立了我国第一个国家重力控制网，通常又称为"57网"。"57网"包括基本重力点27个，一等重力点82个。基本点的联测精度为 $\pm 0.15\times10^{-5} m\cdot s^{-2}$ (mGal)，一等点精度为 $\pm 0.25\times10^{-5} m\cdot s^{-2}$ (mGal)，属于波茨坦系统。"57网"建成后，有关部门施测了数十万个不同等级的重力点，为国家经济和国防建设发挥了重要作用。

我国高精度的重力基本网的建立是从1981年开始的，1981年中意合作测定了11个绝对重力点，1983—1984年又用9台LCR-G型重力仪进行了新的重力基本网的联测以及国际联测，1985年完成平差计算，并通过国家鉴定。这个网称为"1985国家重力基本网"，简称为"85网"。"85网"由6个基准点，46个基本点和5个基本点引点组成。平差中还利用了5个国际重力点作为基本点。"85网"平差值的平均中误差为 $\pm 8\times 10^{-8} m\cdot s^{-2}$ (μGal)，最大中误差为 $\pm 13\times 10^{-8} m\cdot s^{-2}$ (μGal)。该网于1985年9月由国家测绘局发布正式启用。

1986年我国又开始进行新的一等网的布设和观测，共测一等点163个，其中40个点和"85"网联测，平均点距300km，并以35个"85网"点控制进行了平差，平差值的平均中误差为 $\pm 12\times 10^{-8} m\cdot s^{-2}$ (μGal)，最大中误差为 $\pm 20\times 10^{-8} m\cdot s^{-2}$ (μGal)，至此，建成了我国包括基本网和一等网的我国第二个国家重力网。

2001年建成中国国家2000重力基本网，与1985国家重力基本网比较，该网覆盖范围广（除中国台湾外，覆盖了包括南海海域和香港、澳门特别行政区在内的中国领土）；在全国范围内均匀合理地布设了17个高精度绝对重力点，改善了中国西部地区的重力点分布；提高了网的整体精度，该网精度优于 $\pm 10\times 10^{-8} m\cdot s^{-2}$。

第四节 高程系统

一、一般说明

为了表达地球自然表面点相对地球椭球的空间位置，除采用椭球坐标（即大地经度及纬度）外，还要应用大地高H。点的高程对地貌研究及工程建筑物勘测、设计、施工等都具有重要意义。同时高程对于大地测量成果向椭球面归算，坐标框架的建立及其互相变换等也是必不可少的。

大地高由两部分组成：地形高（含 $H_{正}$ 或 $H_{正常}$）及大地水准面（或似大地水准面）高。地形高基本上确定着地球自然表面的地貌，大地水准面高度又称大地水准面差距，似大地水准面高度又称高程异常，它们基本上确定着大地水准面或似大地水准面的起伏，在这里我们主要研究用几何水准测量方法确定地形高的基本内容。

前面已经讲到水准面是不平行的。而几何水准测量是依据水准面平行的原理测量高差的，如图 4.5 所示，设由 O—A—B 路线用水准测量方法得到的 B 点高程为

$$H_B = \sum \Delta h$$

而由 O—N—B 线路得到的 B 点高程为

$$H'_B = \sum \Delta h'$$

由于水准面不平行，对应的 Δh 和 $\Delta h'$ 不相等。这样经过不同路线测得 B 点的高程也就不同，即 B 点高程不是唯一确定的，产生了多值性。对于水准闭合环线 O—A—B—N—O 来说，由于 $H_B \ne H'_B$，即便水准测量没有误差，水准环线高程闭合差也不等于零。

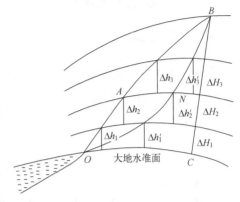

图 4.5　几何水准测量高差

这种由水准面不平行而引起的水准环线闭合差，称为理论闭合差。

为了解决水准测量高程多值性的问题，必须引进高程系统。在大地测量中，定义下面三种高程系统：正高、正常高及力高高程系统。

二、正高系统

正高系统是以大地水准面为高程基准面，地面上任一点的正高是指该点沿垂线方向至大地水准面的距离，如图 4.4 所示，地面点 B 的正高设为 $H_{正}^{B}$，则

$$H_{正}^{B} = \sum_{CB} \Delta H = \int_{CB} dH \tag{4.109}$$

式中：CB 为从 C 到 B 的积分区间。

当两水准面无限接近时，其位能差可以写为

$$g dh = g^B dH \tag{4.110}$$

由此得

$$dH = \frac{g}{g^B} dh \tag{4.111}$$

g 为水准路线上相应于 dh 处的重力，g^B 为沿 B 点垂线方向上相应于 dH 处的重力。将上式代入式（4.109），得

$$H_{正}^{B} = \int_{CB} dH = \int_{OAB} \frac{g}{g^B} dh \tag{4.112}$$

沿垂线上的重力 g^B 在不同深度处有不同数值，取其平均值，则有式

$$H_{正}^{B} = \frac{1}{g_m^B} \int_{OAB} g \, dh \tag{4.113}$$

由上式可知，正高是不依水准路线而异的。这是因为式（4.113）中 g_m^B 是常数；$\int g dh$ 是过 B 点的水准面与起始大地水准面之间位能差，也不随路线而异。因此，正高是一种唯一确定的数值，可以用来表示地面点高程。但由于 g_m^B 是随着深入地下深度不同而不同，并与地球内部质量有关，而内部质量分布及密度是难以知道的，所以 g_m^B 不能精确测定，正高也不能精确求得。

三、正常高系统

将正高系统中不能精确测定的 g_m^B 用正常重力 γ_m^B 代替，便得到另一种系统的高程，称其为正常高，用公式表达为

$$H_{常}^B = \frac{1}{\gamma_m^B} \int g dh \tag{4.114}$$

式中，g 为由沿水准测量路线的重力测量得到；dh 为水准测量的高差，γ_m^B 为按正常重力公式算得的正常重力平均值，所以正常高可以精确求得，其数值也不随水准路线而异，是唯一确定的。因此，我国规定采用正常高高程系统作为我国高程的统一系统。

下面推导正常高高差的实际计算公式。

将重力 g 写成

$$g = g + \gamma_m^B - \gamma_m^B + \gamma - \gamma \tag{4.115}$$

式（4.115）中 γ 用式（4.92）计算。在有限路线上，可以认为正常重力是线性变化，因此可认为 γ_m^B 是 $\frac{1}{2} H_B$ 处的 γ 值，即 $\gamma_m^B = \left(\gamma_0^B - 0.3086 \cdot \frac{H_B}{2}\right)$，进而

$$\begin{aligned} g &= g + \gamma_m^B - \left(\gamma_0^B - 0.3086 \cdot \frac{H_B}{2}\right) + (\gamma_0 - 0.3086 H) - \gamma \\ &= \gamma_m^B + (\gamma_0 - \gamma_0^B) + (g - \gamma) + 0.3086 \left(\frac{H_B}{2} - H\right) \end{aligned} \tag{4.116}$$

分项积分，得

$$\int_{OAB} \left(\frac{H_B}{2} - H\right) dh = \frac{H_B}{2} \int_{OAB} dh - \int_{OAB} H dh$$

可近似地写成

$$\int_{OAB} \left(\frac{H_B}{2} - H\right) dh = \left(\frac{H_B^2}{2} - \frac{H_B^2}{2}\right) = 0$$

因此，有正常高计算公式：

$$H_{常}^B = \int_{OAB} dh + \frac{1}{\gamma_m^B} \int_{OAB} (\gamma_0 - \gamma_0^B) dh + \frac{1}{\gamma_m^B} \int_{OAB} (g - \gamma) dh \tag{4.117}$$

上式等号右端第一项是水准测量测得的高差，这是主项；第二项中的 γ_0 是沿 $O—A—B$ 水准路线上各点的正常重力值，随纬度而变化，亦即 $\gamma_0 \neq \gamma_0^B$，所以第二项称为正常位水准面不平行改正数。第一、二项之和称为概略高程。第三项是由正常位水准面与重力等位面不一致引起的，称之为重力异常改正项。

当计算两点高差时，有公式

$$H_{常}^B - H_{常}^A = \int_{AB} dh + \left\{ \frac{1}{\gamma_m^B} \int_{OB} (\gamma_0 - \gamma_0^B) dh - \frac{1}{\gamma_m^A} \int_{OA} (\gamma_0 - \gamma_0^A) dh \right\} +$$

$$\left\{ \frac{1}{\gamma_m^B} \int_{OB} (g - \gamma) dh - \frac{1}{\gamma_m^A} \int_{OA} (g - \gamma) dh \right\} \tag{4.118}$$

将上式等号右端第二、三大项分别用 ε 和 λ 表示，则

$$H_{常}^B - H_{常}^A = \int_{AB} dh + \varepsilon_A^B + \lambda_A^B \tag{4.119}$$

式中：ε 为正常位水准面不平行引起的高差改正；λ 为由重力异常引起的高差改正。经过 ε 和 λ 改正后的高差称为正常高高差。

下面推导 ε 和 λ 的计算公式。首先推导 ε 的计算公式。由于

$$\varepsilon = \frac{1}{\gamma_m^B} \int_{OB} (\gamma_0 - \gamma_0^B) dh - \frac{1}{\gamma_m^A} \int_{OA} (\gamma_0 - \gamma_0^A) dh$$

$$= \frac{1}{\gamma_m^B} \int_{OB} (\gamma_0 - \gamma_0^B) dh - \frac{1}{\gamma_m^A} \int_{OA} (\gamma_0 - \gamma_0^B) dh + \frac{1}{\gamma_m^A} \int_{OA} (\gamma_0 - \gamma_0^A + \gamma_0^A - \gamma_0^B) dh - \frac{1}{\gamma_m^A} \int_{OA} (\gamma_0 - \gamma_0^A) dh$$

$$= \frac{1}{\gamma_m^B} \int_{AB} (\gamma_0 - \gamma_0^B) dh + \frac{1}{\gamma_m^A} \int_{OA} (\gamma_0^A - \gamma_0^B) dh + \left\{ \frac{1}{\gamma_m^B} \int_{OA} (\gamma_0 - \gamma_0^B) dh - \frac{1}{\gamma_m^A} \int_{OA} (\gamma_0 - \gamma_0^A) dh \right\}$$

于是

$$\varepsilon = \frac{1}{\gamma_{m_{AB}}^B} (\gamma_0 - \gamma_0^B) dh + \frac{\gamma_0^A - \gamma_0^B}{\gamma_m^B} H_A + \frac{\gamma_m^A - \gamma_m^B}{\gamma_m^A \cdot \gamma_m^B} \int (\gamma_0 - \gamma_0^A) dh \tag{4.120}$$

上式中最后一项数值很小，可略去；等号右边第一项在 A、B 间距不大的情况下，可认为 γ_0 呈线性变化，γ_0 可用平均值代替，亦即 $\gamma_0 = \frac{1}{2}(\gamma_0^A + \gamma_0^B)$，则

$$\frac{1}{\gamma_m^B} \int_{AB} (\gamma_0 - \gamma_0^B) dh = \frac{1}{\gamma_m^B} \left(\frac{\gamma_0^A + \gamma_0^B}{2} - \gamma_0^B \right) \int_{AB} dh$$

$$= -\frac{(\gamma_0^B - \gamma_0^A)}{\gamma_m^B} \cdot \frac{\Delta h}{2} \varepsilon = -\frac{(\gamma_0^B - \gamma_0^A)}{\gamma_m^B} \left(\frac{\Delta h}{2} + H_A \right) \tag{4.121}$$

这样

$$\varepsilon = -\frac{(\gamma_0^B - \gamma_0^A)}{\gamma_m^B} \left(\frac{\Delta h}{2} + H_A \right) = \frac{\gamma_0^B - \gamma_0^A}{\gamma_m^B} \cdot H_m \tag{4.122}$$

式中：H_m 为 A、B 两点平均高度（可用近似值代替），$\gamma_0^B - \gamma_0^A = \Delta \gamma$。又由式（4.87）可知，若忽略右端第三项（即含 $\sin^2 2\varphi$ 项），并令 $\sin^2 \varphi = \frac{1}{2} - \frac{1}{2} \cos 2\varphi$，则把它改写成

$$\gamma_0 = \gamma_e \left[1 + \beta \left(\frac{1}{2} - \frac{1}{2} \cos 2\varphi \right) \right] = \gamma_e \left[1 + \frac{1}{2} \beta - \frac{1}{2} \beta \cos 2\varphi \right] \tag{4.123}$$

当 $\varphi = 45°$ 时，得 $\gamma_{45°} = \gamma_e \left(1 + \frac{1}{2} \beta \right)$。因此上式可写成

$$\gamma_0 = \gamma_{45°} \left(1 - \frac{\beta}{2} \cdot \frac{\gamma_e}{\gamma_{45°}} \cos 2\varphi \right)$$

将有关数值代入，于是

$$\gamma_0 = 980616(1-0.002644\cos2\varphi) \tag{4.124}$$

因此对上式取微分得

$$d\gamma_0 = 980616 \times 0.002644 \times 2\sin2\varphi \frac{d\varphi'}{\rho'}$$

即

$$\Delta\gamma = 1.508344\sin2\varphi \times \Delta\varphi' \tag{4.125}$$

当式中的 γ_m^B 以我国平均纬度 $\varphi=35°$ 代入算得 $\gamma_m^B = 980616\times(1-0.002644\cos70°) = 679773$。将以上关系式及数据代入式，得 ε 的最后计算公式为

$$\varepsilon = -0.0000015395\sin2\varphi_m \cdot \Delta\varphi' H_m \tag{4.126}$$

或

$$\varepsilon = -A\Delta\varphi' \cdot H_m \tag{4.127}$$

式中：φ_m 为 A、B 两点平均纬度，系数 A 可按 φ_m 在水准测量规范中查取，$\Delta\varphi' = \varphi_B - \varphi_A$ 是 A、B 两点的纬度差，以分为单位。规范中的 A 值与式（4.126）略有差异。这主要是由于所采用参数不同所致，对计算结果无影响。

再来推导计算 λ 的公式。

由于

$$\lambda = \frac{1}{\gamma_m^B}\int_{OB}(g-\gamma)dh - \frac{1}{\gamma_m^A}\int_{OA}(g-\gamma)dh$$

$$= \frac{1}{\gamma_m^B}\int_{OB}(g-\gamma)dh - \frac{1}{\gamma_m^B}\int_{OA}(g-\gamma)dh + \frac{1}{\gamma_m^B}\int_{OA}(g-\gamma)dh - \frac{1}{\gamma_m^A}\int_{OA}(g-\gamma)dh$$

$$= \frac{1}{\gamma_m^B}\int_{AB}(g-\gamma)dh + \frac{\gamma_m^A - \gamma_m^B}{\gamma_m^A \cdot \gamma_m^B}\int_{OA}(g-\gamma)dh \tag{4.128}$$

上式中，最后一项数值很小，可忽略。等号右边第一项当 A、B 间距不大时，可视 $(g-\gamma)$ 同 dh 呈线性变化，故可取平均值 $(g-\gamma)_m$ 代替。AB 路线上的正常重力 γ_0^m 也可近似等于 B 点的 γ_m^B，因此上式变为

$$\lambda = \frac{1}{\gamma_0^m}\int_{AB}(g-\gamma)_m dh \tag{4.129}$$

求积分，得

$$\lambda = \frac{(g-\gamma)_m}{\gamma_0^m}\Delta H \tag{4.130}$$

上式即为重力异常改正项的计算公式。为便于计算，还可作进一步改化，若令

$$\gamma_0^m = 10^6 - \Delta\gamma = 10^6(1-\Delta\gamma \cdot 10^{-6}) \quad (\text{mGal})$$

并把此式代入上式，则得

$$\lambda = \frac{(g-\gamma)_m}{\gamma_0^m}\Delta H = (g-\gamma)_m \cdot \Delta H \cdot 10^{-6}(1+\Delta\gamma \cdot 10^{-6}) \tag{4.131}$$

令

$$C = (g-\gamma)_m \cdot \Delta H \cdot 10^{-6} \tag{4.132}$$

$$D = C \cdot \Delta\gamma \cdot 10^{-6} \tag{4.133}$$

则得

$$\lambda = C+D \tag{4.134}$$

此式为计算重力异常项改正的最后公式。计算时$(g-\gamma)_m$以毫伽（mGal）为单位，取至 0.1mGal。ΔH是A、B两点间的高差，取整米，C的单位与ΔH相同。

从上可见，正常高与正高不同，它不是地面点到大地水准面的距离，而是地面点到一个与大地水准面极为接近的基准面的距离，这个基准面称为似大地水准面。因此，似大地水准面是由地面沿垂线向下量取正常高所得的点形成的连续曲面，它不是水准面，只是用以计算的辅助面。因此，我们可以把正常高定义为以似大地水准面为基准面的高程。

下面我们来分析一下正高$H_正$和正常高$H_常$二者的差异。由式（4.113）、式（4.114）可知：

$$\int_{OB} g \mathrm{d}h = H_正 \cdot g_m^B = H_常 \cdot \gamma_m^B$$

因此

$$H_正 = \frac{\gamma_m^B}{g_m^B} H_常 = \frac{\gamma_m^B + g_m^B - g_m^B}{g_m^B} H_常 = H_常 - \frac{g_m^B - \gamma_m^B}{g_m^B} H_常 \tag{4.135}$$

因此，对任意一点正常高和正高之差，亦即任意一点似大地水准面与大地水准面之差的差值是

$$H_常 - H_正 = \frac{g_m - \gamma_m}{g_m} H_常 \tag{4.136}$$

假设山区$g_m - \gamma_m = 500\mathrm{mGal}$，$H_常 = 8\mathrm{km}$，则得

$$H_常 - H_正 = \frac{g_m - \gamma_m}{g_m} \cdot H_常 = 4(\mathrm{m})$$

在平原地区$g_m - \gamma_m = 50\mathrm{mGal}$，$H_常 = 500\mathrm{m}$，则得

$$H_常 - H_正 = \frac{g_m - \gamma_m}{g_m} \cdot H_常 = 2.5(\mathrm{cm})$$

在海洋面上$W_0 - W_B = \int_O^B g \mathrm{d}h = 0$，故$H_正 = H_常$，即正常高和正高相等。这就是说在海洋面上，大地水准面和似大地水准面重合。所以大地水准面的高程原点对似大地水准面也是适用的。

四、力高和地区力高高程系统

若将正高或正常高定义公式用于同一重力位水准面上的A、B两点，则由于此两点的$\int_O^A g \mathrm{d}h$和$\int_O^B g \mathrm{d}h$相等，而g_m^A与g_m^B或γ_m^A与γ_m^B不等，所以在同一个重力位水准面上两点的正高或正常高是不相等的，比如对南北狭长450km的贝加尔湖，湖面上南北两点的高程差可达0.16m，远远超过了测量误差。这种情况往往给某些大型工程建设的测量工作带来不便。假如建设一个大型水库，它的静止水面是一个重力等位面，在设计、施工、放样等工作中，通常要求这个水面是一个等高面。这时若继续采用正常高或正高显

然是不合适的。为了解决这个矛盾，可以采用所谓力高系统，它按下式定义：

$$H_{力}^A = \frac{1}{\gamma_{45°}} \int_O^A g\mathrm{d}h \qquad (4.137)$$

也就是说，将正常高公式中的 γ_m^A 用纬度45°处的正常重力 $\gamma_{45°}$ 代替，一点的力高就是水准面在纬度45°处的正常高。

由于工程测量一般范围都不大，为使力高更接近于该测区的正常高数值，可采用地区力高系统，亦即在式（4.137）的 $\gamma_{45°}$ 用测区某一平均纬度 φ 处的 γ_φ 来代替，有

$$H_{力}^A = \frac{1}{\gamma_\varphi} \int_O^A g\mathrm{d}h \qquad (4.138)$$

在式（4.137）及式（4.138）中由于 $\gamma_{45°}$、γ_φ 及 $\int g\mathrm{d}h$ 都是一个常数，所以就保证了在同一水准面上的各点高程都相同。

由式（4.138）和式（4.114）可求得力高和正常高的差异，用公式可表达为

$$H_{力} - H_{常} = \frac{\gamma_m - \gamma_\varphi}{\gamma_\varphi} \cdot H_{常} \qquad (4.139)$$

例如，设 $\gamma_m - \gamma_\varphi = 0.5\mathrm{cm/s}^2$，$H_{常} = 2\mathrm{km}$，并采用 $\gamma_\varphi = 980\mathrm{cm/s}^2$，得

$$H_{力} - H_{常} = 1\mathrm{m}$$

力高是区域性的，主要用于大型水库等工程建设中。它不能作为国家统一高程系统。在工程测量中，应根据测量范围大小，测量任务的性质和目的等因素，合理地选择正常高、力高或区域力高作为工程的高程系统。

第五节 建立高程基准的一般方法

一、建立国家高程基准的基本任务

建立国家高程基准目的在于为高程测量提供统一的起算依据。它由高程起算基准面和相对于该起算基准面的国家水准原点高程组成。建立国家高程基准的主要工作，一是选择确定稳定的平均海面作为高程起算基准面，二是用精密水准测定国家水准原点相对高程起算基准面的高程。

国家高程基准是相对于一定范围内地区平均海面建立的区域性高程基准。它通常采用某一平均海面作为高程基准面。由于平均海面存在时空变化的特点，因此，采用的平均海面应尽可能符合本国海面实际具有整体代表性，同时具有良好的稳定性。为此，必须在沿海岸线建立位置适当、分布合理的基本验潮站，通过各验潮站长期验潮数据的分析和处理，掌握本国各海域海洋潮汐特征，平均海面状况及其变化规律。

作为国家高程基准起算基准面的平均海面，通常采用两种方式确定。一是采用一个基本验潮站的长期验潮数据求定的平均海面，二是采用多个基本验潮站的平均海面的平均值。从理论上讲，对于地域广阔、海岸线长的国家，为使高程起算基准面在整体上接近本国海面实际，宜尽可能采用多个验潮站的平均海面的平均值。但是，它要求各基本验潮站的位置适当、验潮技术规程相同、验潮数据的时间同步、精度相当，同时各验潮

站的数量和位置必须保持长期不变。否则,将导致高程起算基准面的变化,而不符合国家高程基准保持长期稳定的要求。因此,在不具备上述条件时,采用单个验潮站长期验潮数据确定的平均海面作为国家高程基准起算面,仍然是切实可行的办法。

二、高程基准面

为了建立全国统一的高程系统,必须确定一个高程基准面。高程基准面就是地面点高程的统一起算面,由于大地水准面所形成的形体——大地体是与整个地球最为接近的形体,因此通常采用大地水准面作为高程基准面。

大地水准面是假想海洋处于完全静止和平衡状态时的海水面,并延伸到大陆地面以下所形成的闭合曲面。事实上,海洋受潮汐、风力和大气压等因素的影响,永远不会处于完全静止的平衡状态,总是存在着不断的升降运动,怎样解决这个问题?可以通过验潮的办法来确定其位置。即在海洋近岸的一点处竖立水位标尺,成年累月地观测海水面的水位升降,根据长期观测的结果可以求出该点处海洋水面的平均位置,人们假定大地水准面就是通过这点处实测的平均海水面。

潮汐是指海水受日月等天体的引力作用,而产生的周期性有规律的涨落现象。也就是说海水面在不同时刻有不同的水位,呈现明显的规律性变化,这种海水瞬时水位的绝对变动称为潮汐。为掌握海水变化的规律而进行的长期观测海水面水位升降的工作称为验潮,进行这项工作的场所叫验潮站。

由于沿岸各地的平均海面并不是一致的,在百千米的距离内,平均海面有几厘米的变化,而海港内的平均海面往往要低于港外平均海面,故每个验潮站只能求出当地的平均海面。各地的验潮结果也表明,不同地点的平均海水面之间还存在着差异,所以对于海岸线很长的国家,一般根据沿海海面和各种用途需要在不同地区的海岸建立若干个验潮站。选择其中较适合本国海面状况,并具有整体代表性的一个验潮站作为全国高程系统的基准面,其他验潮站的结果作为参考。

地面上的点相对于高程基准面的高度,通常称为绝对高程或海拔高程,也简称为标高或高程。例如珠穆朗玛峰高于"1985国家高程基准"的高程基准面8844.43m,就称珠穆朗玛峰的高程为8844.43m。另外,海洋的深度也是相对于高程基准面而言的,例如太平洋的平均深度为4000m,就是说在高程基准面以下4000m。

平均海面是指按标准时间间隔(如整点时)测定的海水面高度(潮高)的平均值。根据所采用的验潮数据的时间长度,可以得到日平均海面、月平均海面、年平均海面和多年平均海面。日平均海面基本上消除了潮汐短周期变化的影响,它明显地随着所在海区的气压和风的变化而变化;月平均海面基本上消除了一个月内每天海面升降不规则的影响,它明显地受气象要素的季节性变化的影响,而呈现年周期的重复变化;年平均海面则消除了月平均海面的有规律的季节性变化,它依然受到长周期的气象要素和天体对地球运动的影响而波动;而19年以上的多年平均海面,则消除了各种随机振动和周期波动及长周期波动的影响。显然,作为高程基准基本依据的平均海面,应该是根据19年以上验潮结果求得的多年平均海面。

计算平均海面时,必须了解潮汐的合成、周期,从而消除各不同周期的影响。平均海面计算的最常用基本方法是在潮汐记录曲线上采集每个小时整点的离散值,取其平均值作为平均海面的高度（中数法）。

采用潮汐观测数据的时间长度不同，可分别求得日、月、年和多年的平均海面。按一天各整点时取平均得日平均海面；按连续一个月的小时（或天数）取平均得月平均海面；按一年内各月加权（每月的天数）取平均得年平均海面，用多个连续的年平均海面取平均得长期平均海面。由于天文潮汐主要是长周期影响，长期平均海面应采用19年以上验潮资料。

为了检验中数法的精度，很多学者将其与较为精确的计算方法进行比较。考虑到采用24h的潮汐数据不正好是潮汐周期的整倍数，不能完全消除分潮的影响和月末存在不完整的潮汐周期影响等，曾提出一些以潮汐时记录值为基础，采用不同的线性组合计算日平均海面的方法，如杜德逊采用30个数据（需要第二天0时到14时的潮汐值），鲁斯特采用16个数据（需用第二天0时，3时，6时的潮汐值）以及陈宗铺采用8个数据等计算方法。我国海洋工作者，在我国半日潮港、浅海（非正规）半日潮港、非正规半日潮港、非正规全日潮港及全日潮港5个地点采用上述3种方法的计算结果，与以每天24h潮位值取平均值的计算结果比较，其年平均海面的差值一般为0.1cm，最大为0.3cm。表明上述3种线性组合主要是消除短周期分潮的影响，而通过计算月、年平均之后，基本上消除了长周期分潮和年周期海洋水文气象状况的影响。这些计算结果并无实质性区别，其差值远远小于海洋现象变化的数值。因此，采用中数法是计算平均海面最简便、有效的方法。

平均海面一般用验潮站上的水准基点定义，它与用国家水准原点定义相比，避免了几何水准长路线测量误差的影响。然而由于陆地和海底的地壳垂直运动的影响，埋设在陆地的验潮站水准基点，不可避免地本身也在不断运动中。因此，相对于陆地的平均海面也是相对的。它仍然存在陆地、平均海面各自相对运动的综合变化的影响。

三、国家水准原点

为了长期、牢固地表示出高程基准面的位置，并便于高程基准面与国家高程控制网的连接和传递，通常要在确定国家高程基准面的验潮站附近建造一座十分坚固、精度可靠、能长久保存的国家水准原点。用精密水准测量方法测定国家水准原点与国家高程基准面的高差，用以确定国家水准原点以国家高程基准面起算的高程，以此高程作为全国各地推算高程的依据。

国家水准原点一般由原点和若干附点、参考点组成。最佳的方式是依水准原点周围的几个附点和参考点，组成中心多边形的水准原点网。该网同样必须用一等水准测定，以确保水准原点高程精确可靠。

国家水准原点所在地区应避开岩层断裂带，应是地壳稳定、无显著垂直运动的非烈震区；点位必须建在基岩上，以花岗岩层为宜，要避开石灰岩地层。

原点网需网形结构良好，具有良好水准测量条件；点位必须要稳固，设有能够永久保存的标志，并有完善的外部修饰和防护设施。

国家水准原点与标定国家高程基准面的验潮站水准基点、国家水准原点网的各点，均应定期进行重复一等水准测量，查明其稳定状况，确保国家高程起算值的准确可靠。

一般由原点（主点）和若干个附点、参考点组成一个中心多边形的国家水准原点网。国家水准原点网也必须用精密水准测量测定，以保证国家水准原点高程的精确可靠。我国的水准原点网建于青岛附近，其网点设置在地壳比较稳定，质地坚硬的花岗岩基岩上，由1个原点、2个附点和3个参考点共6个点组成。水准原点的标石构造如图4.6所示。

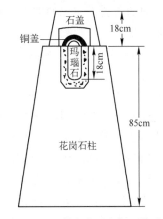

图4.6 国家水准原点标石构造

四、国家高程基准

（一）1956年黄海高程系统

在新中国成立前，我国没有统一高程系统，高程基准较为混乱，曾在不同时期以不同方式建立了如坎门、吴淞口、青岛、大连等地验潮站，得到不同的高程基准面系统。

新中国成立初期，为了统一高程系统，曾以浙江坎门验潮站的平均海水面和青岛验潮站1952—1953年观测的平均海水面归算当时各系统的水准测量成果，这个基准面被定名为"1954年黄海平均海水面"。

1957年，当时的中国东南部地区精密水准网平差委员会，邀请有关专家综合分析，根据基本验潮站应具备的条件，对以上各验潮站进行了实地调查与分析，认为青岛验潮站符合作为我国基本验潮站的基本要求：

（1）位置适中，地处我国中纬度地区（$\lambda=120°19'$，$\phi=360°5'$）和海岸线的中部，较符合国家海面的实际情况。

（2）所在港口有代表性，是有规律性的半日潮港。

（3）避开了江河入海口，外海海面开阔，无密集岛屿和浅滩，海底平坦，水深在10m。

（4）所在地地壳稳定，历史上无明显的垂直运动，属非地震烈震区。

（5）地质结构坚硬，验潮井坐落在海岸原始沉积层上。

（6）验潮站已有长期、完整、连续、准确、可靠的验潮资料。

（7）所在地有长期的天文、海洋、水文、气象、地质、地球物理等项测验和研究资料。

鉴于青岛验潮站具有以上有利条件，因此1957年确定青岛验潮站为我国基本验潮站，验潮井建在地质结构稳定的花岗石基岩上，以该站1950—1956年7年间的潮汐资料推求的平均海水面作为我国的高程基准面，由此计算的水准原点高程为72.289m。以此高程基准面作为我国统一起算面的高程系统，名谓"1956年黄海高程系统"。1959年国务院批准颁布的《中华人民共和国大地测量法式（草案）》中规定正式启用。

几十年来，黄海高程系统在经济建设、国防和科学研究等方面都起到了重要的作用。

（二）1985国家高程基准

"1956年黄海高程系统"的高程基准面的确立，是在当时的客观条件下的最佳方案，对统一全国高程有其重要的历史意义。

但随着科学技术的进步，验潮资料的积累，它还存在着明显的不足和缺陷。采用青岛验潮站7年的观测资料太少，由于潮汐数据时间短，无法消除长周期潮汐变化的影响（一周期一般为18.61年），导致计算的平均海水面不太稳定，代表性较差；潮汐数据记录有个别错误，由1950年和1951年测定的年平均海水面比其他5年测定的平均海水面偏低约20cm，而同期我国其他验潮站并没有出现同类现象，表明该两年的数据存在系统性差异；对我国沿海海面状况缺乏深入了解，没有测定各地平均海面和黄海平均海面的差值，无法确定我国沿海海面存在的南高北低的具体量级，也就无法顾及我国海面存在的倾斜问题；1956年黄海高程基准没有联测至海南岛。因此，基于上述原因，有必要确定新的国家高程基准。

新的国家高程基准面是根据青岛验潮站1952—1979年19年的验潮资料计算得到的。将这个高程基准面作为全国高程的统一起算面，这就是"1985国家高程基准"，由此推算出国家水准原点的高程为72.260m。1987年经国务院批准，于1988年1月正式启用，此后凡涉及高程基准，一律由原来的"1956年黄海高程系统"改用"1985国家高程基准"。由于新施测的国家一等水准网是以"1985国家高程基准"起算的，因此，此后凡进行各等级水准测量、三角高程测量以及各种工程测量，应尽可能地与新布测的国家一等水准网点联测。如不便联测时，可在"1956年黄海高程系统"的高程值上加一改正值，得到以"1985国家高程基准"为准的高程值。由于1956年黄海平均海水面起算的我国水准原点的高程为72.289m，因此"1985国家高程基准"与"1956国家高程基准"之间的转换关系为

$$H_{85} = H_{56} - 0.029\text{m} \tag{4.140}$$

式中：H_{85}，H_{56}分别表示新、旧高程基准水准原点的正常高。

为将海南岛高程基准纳入国家高程基准，按照流体动力学水准方法，测定了琼州海峡两岸平均海面的高差，采用经不等高订正的平均海面，将高程基准传递到海南岛。

海上岛屿不能与国家高程网直接联测时，应建立局部水准原点，根据岛上验潮站平均海水面的观测确定其高程，作为该岛及其附近岛屿的高程基准。凡采用局部水准原点测定的水准高程，应在水准点成果表中注明，并说明高程系统的有关情况。

必须指出，我国在新中国成立前曾采用过以不同地点的平均海水面作为高程基准面。高程基准面的不统一，使高程比较混乱，因此在使用过去旧有的高程资料时，应注意资料的来源，弄清楚当时是以什么地点的平均海水面作为高程基准面的。

思考与练习题

1. 试述正常重力位的定义。
2. 简述相对重力测量的原理。
3. 国家重力基准网有哪些？
4. 试述正高、正常高以及力高的定义。
5. 什么是似大地水准面？
6. 高程基准的概念是什么？

第五章 时空基准测量

无论从哲学的角度还是从相对论的角度，我们都知道时间与空间是统一的。时间和空间绝对性、相对性的统一还表现为时间、空间是无限性与有限性的统一。物质运动的永恒性决定了作为物质运动形式的时间和空间的无限性，具体物质及其运动形式的暂时性决定了时间和空间的有限性。时间与空间的统一性还表现在时空基准的统一性上，随着科学技术的发展，越来越多的测量工作中涉及了时空基准的同时应用，而且往往表现出时空基准是空间基准的前提，空间基准又是时间基准的基础的特点。在这一章，我们通过几个典型技术的介绍，了解时空基准统一在测量中所起的作用。

第一节 精密的电磁波测距方法

在大地测量中，为了推算国家大地控制点的坐标，必须测定网中少量边长作为起始边长，作为网中的尺度基准。在 20 世纪 60 年代以前，起始边长测量采用的是一种膨胀系数极小的合金-铟瓦（其膨胀系数 $\alpha = 0.5 \times 10^{-6}$℃）制成的线尺，即铟瓦线尺丈量，我国大地网的起始边长大多是用 24m 铟瓦线尺用悬空丈量的方法测定的。作业时先在地面上选择一合适的地段直接丈量出一条较短的边，这条短边称为基线；然后通过构成一定图形的基线网，推算出三角网的起始边长。直接丈量短边的工作称为基线测量。但这种方法不但耗费大量人力物力，效率很低，而且对测线上的地形条件要求较高，选择基线较为困难。

随着无线电技术的发展，光电测距仪和微波测距仪先后问世。由于其具有精度高、机动灵活、操作方便、受气候地形影响小等特点，因此得到了迅速发展和日益完善，逐步取代了铟瓦基线尺而成为精密距离测量的主要工具。下面就精密电磁波测距的基本原理、测距成果的处理和误差分析进行简要介绍。

一、电磁波测距基本原理

（一）电磁波测距基本原理公式

设电磁波在大气中的传播速度为 c，它在距离 D 上往返一次所用的时间为 t，则有

$$D = \frac{1}{2}ct \tag{5.1}$$

可见只要能测出时间 t，就可根据已知的波速 c 求出距离 D。式 (5.1) 就是电磁波测距的基本原理公式。

（二）相位式测距原理公式

按测定 t 的方法，分为直接测时和间接测时。直接测定仪器发射的测距信号往返于

被测距离的传播时间,进而解算出距离 D 的一类测距仪称为脉冲式测距仪,该类测距仪因其精度较低,通常只用于精度要求较低的远距离测量、地形测量和炮瞄雷达测距等。

现有的精密光波测距仪都不采用直接测时的方法,而采用间接测时,即用测定相位的方法来测定距离,此类仪器称为相位式测距仪。它是用一种连续波(精密光波测距仪采用光波)作为"运输工具"(称为载波),通过一个调制器使载波的振幅或频率按照调制波的变化做周期性变化。测距时,通过测量调制波在待测距离上往返传播所产生的相位变化,间接地确定传播时间 t,进而求得待测距离 D。

设调制频率为 f,调制波在距离 D 上往返一次产生的相位变化为 φ,调制信号一个周期相位变化为 2π,则调制波的传播时间 t 为 $t=\varphi/\omega=\varphi/2\pi f$(式中 ω 为角频率)。将其代入式(5.1)中得

$$D=\frac{c\varphi}{4\pi f} \tag{5.2}$$

设调制信号为正弦信号,由图 5.1(把调制信号往返传播的全过程展开)可见,φ 包含 2π 的整倍数 $N\cdot 2\pi$ 和不足 2π 的尾数部分 ψ,即

$$\varphi=N\cdot 2\pi+\psi=2\pi\left(N+\frac{\psi}{2\pi}\right)$$

令 $\Delta N=\dfrac{\psi}{2\pi}$,上式又可写成

$$\varphi=2\pi(N+\Delta N) \tag{5.3}$$

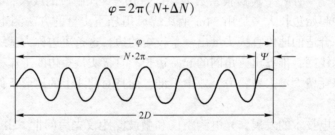

图 5.1 电磁波相位测距

令 $u=\dfrac{c}{2f}=\dfrac{\lambda}{2}$,于是式(5.3)可写成

$$D=u(N+\Delta N) \tag{5.4}$$

将式(5.2)代入式(5.3)中,整理后得

$$D=\frac{c}{2f}(N+\Delta N)=\frac{\lambda}{2}(N+\Delta N) \tag{5.5}$$

这就是相位式测距原理公式。u 称为单位长,不同类型仪器根据设计要求选用不同的单位长。通俗地解释,该式表明相位式测距仪是用长度为 u 的"尺子"去量测距离,量了 N 个整尺段加上不足一个 u 的长度就是所测距离。我们把所测距离中不足一个尺段的剩余长度称为余长。一般称这种尺子为"电子尺"(Electronic Tape)或叫"测尺"。

二、N 值解算的一般原理

(一) 可变频率法

在式（5.4）中 $u=\dfrac{\lambda}{2}$ 是已知的，ΔN（即 $\Delta\psi$）可测出，但仍有两个未知数即待测距离 D 和整周数 N，这就使距离产生多值性，如能解出 N，距离 D 就成为单值解。

解算 N 的方法，有可变频率法和固定频率法两种。前者的基本原理是：测距时，连续变动调制频率使其调制波长也作相应的连续变化。设调制波长为 λ_1（相应频率为 f_1）时，$\Delta\psi$ 等于零（可由返回信号的强度判断）。由式（5.4）得

$$D=\frac{1}{2}N\lambda_1=\frac{1}{2}N\frac{c}{f_1} \tag{5.6}$$

如果我们逐渐调高频率使调制波长缩短，则当出现第 $(n+1)$ 次 $\Delta\psi=0$ 时（此时有 f_{n+1} 和 λ_{n+1}），得

$$D=\frac{1}{2}(N+n)\lambda_{n+1}=\frac{1}{2}(N+n)\frac{c}{f_{n+1}} \tag{5.7}$$

由式（5.6）和式（5.7）求解得

$$N=\frac{nf_1}{f_{n+1}-f_1} \tag{5.8}$$

式中：n 为从 f_1 变化至 f_{n+1} 出现信号强度作周期性变化的次数。解出 N 再代入式（5.6）就可解出距离 D。

(二) 固定频率法

下面介绍固定频率法。由式（5.4）可看出，对于相位式测距仪，只要测出余长且得出 N 即可求出距离。余长可通过相位测量得到，这样直接得到的最小距离只是与调制频率相对应的一个单位长 u 的距离。

显而易见，一个频率的测量只能得到余长而解不出 N。例如，用一个频率测量得 2.578m，它可以是尾数都是 2.578m 的若干个大数不同的距离。这意味着用单一频率的测量仍存在多值性问题。如果想要用单一频率的测量来获得距离的单值解，则精度和测程就不可能兼顾。例如采用 15MHz 的频，其单位长为 $u=10\text{m}\left(u=\dfrac{c}{2f}\right)$，测程只能到 10m，设相精度为 0.36°，则距离的精度为 ±0.1cm。如果希望测程为 1000m，则要求单位长为 1000m，相应的频率为 150kHz，设测相精度不变，这时距离精度只有 ±1m。也就是说，用单一频率测量要同时获得远测程高精度是不可能的，它们的关系见表 5.1。

表 5.1 频率与测距精度的关系

测尺频率	15MHz	1.5MHz	150kHz	15kHz	1.5kHz
测尺长度	10m	100m	1km	10km	100km
精度	1cm	10cm	1m	10m	100m

为解决扩大测程和提高精度的矛盾，既得到距离的单值解，同时又具有高精度和远测程，相位式测距仪一般采用一组测尺共同测距，即用精测频率测定余长以保证精度，设置多级频率（粗测频率）来解算 N（通常称为多级固定频率测距仪）而保证测程，从而解决"多值性"问题。这些频率在解算距离上构成特定的关系称为频率的制式。频率的制式主要有直接进制和间接进制两种，直接进制是指各频率顺次为倍数关系。现以两个频率为例：设 $f_1 = kf_2$ 或 $\lambda_2/\lambda_1 = k$。

用 f_1 测量其测程为 $\lambda_1/2$，用 f_2 测量其测程为 $\lambda_2/2$，显然 $\lambda_2/2 = k\lambda_1/2$，测程比用单一 f_1 测量扩大了 k 倍。由式（5.5）有

$$D = \frac{\lambda_1}{2}(N_1 + \Delta N_1)$$

$$D = \frac{\lambda_2}{2}(N_2 + \Delta N_2)$$

假若限制所测距离 D 小于 $\lambda_2/2$，于是 $N_2 = 0$，合并上两式可得

$$N_1 = \frac{\lambda_2}{\lambda_1}\Delta N_2 - \Delta N_1 = k\Delta N_2 - \Delta N_1$$

由此即可求得 N。λ_1 越小，精度越高；k 越大，测程越远，但 k 不能过大，否则易产生距离粗差。因此，k 一般取 10 或 100，采用多级频率的直接进制可逐级扩大到设计的测程。

间接进制的频率间不是直接的倍数关系，而是精测频率与精测频率和粗测频率的差值或粗测频率间的差值成倍数关系。仍以两个频率为例：设 $f_1/(f_1-f_2) = k$。同样可知，用 (f_1-f_2) 构成的单位长来测算距离是用 f_1 测量的测程的 k 倍。设用 f_1、f_2 测量了同一距离 D，由式（5.2）可知

$$4\pi f_1 D = c\varphi_1$$

$$4\pi f_2 D = c\varphi_2$$

将以上两式相减得

$$D = \frac{c}{4\pi(f_1-f_2)}(\varphi_1 - \varphi_2) \tag{5.9}$$

把 $\varphi_1 = 2\pi(N_1 + \Delta N_1)$ 和 $\varphi_2 = 2\pi(N_2 + \Delta N_2)$ 代入式中：

$$D = \frac{c}{2(f_1-f_2)}(N_1 - N_2 + \Delta N_1 - \Delta N_2) \tag{5.10}$$

式（5.10）中的 $\frac{c}{2(f_1-f_2)}$ 可理解为由两个频率之差构成的单位长，ΔN_1 和 ΔN_2 可由 f_1 和 f_2 各自相位测量而得到，N_1 和 N_2 是未知的，然而 $N_1 - N_2$ 却可以用一定办法来确定。当用两个相差不大的频率测量同一距离时，设 $f_2 < f_1$，则 $u_2 > u_1$，在测线上存在这样一些点，这些点是 u_1 的测量点与 u_2 的测量点的重合点，如图 5.2 中的 A、B、C 等。我们把相邻重合点间的距离称为重合距离，用 d 表示。实际上，d 就是 u_1 和 u_2 的最小公倍数，设在距离 D 上有 p 个重合点后不再有重合点出现的距离为 Δd。

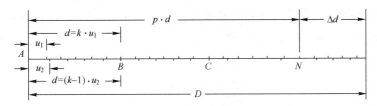

图 5.2 电磁波测距中的重合距离

由图 5.2 可知

$$D = pd + \Delta d \tag{5.11}$$

适当选取 u_1 和 u_2，使在一个重合距离 d 里所包含的 u_1 和 u_2 的个数只相差 1，设含有 k 个 u_1，$(k-1)$ 个 u_2，即 $d = ku_1 = (k-1)u_2$，由此可得

$$k = \frac{u_2}{u_2 - u_1} = \frac{f_1}{f_1 - f_2}$$

因此

$$d = k \cdot u_1 = \frac{f_1}{f_1 - f_2} \cdot \frac{c}{2f_1} = \frac{c}{2(f_1 - f_2)} \tag{5.12}$$

式（5.12）表明重合距离 d 等于两个频率之差构成的单位长，用 f_1 测量的测程为 u_1，而用两个频率测量后，利用它们的差构成的单位长可使测程扩大 k 倍。式（5.11）中的 p 仍是未知的。实际上，不必求出 p 而只要把两个频率解算的距离限制在它们的一个重合距离之内，采用多级频率就可以满足需要的测程。

在 u_1 和 u_2 的一个重合距离之内的任一距离上，包含 u_1 的个数 N_1 和 u_2 的个数 N_2 之差不是 1 就是零，是 1 还是零与余长有关，如图 5.3 所示。

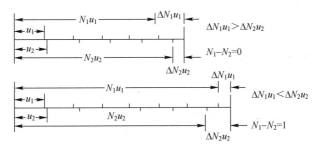

图 5.3 距离中的不同频率电磁波周期数的关系

由图 5.3 可知，当 $\Delta N_1 u_1 > \Delta N_2 u_2$ 时，$N_1 - N_2 = 0$；当 $\Delta N_1 u_1 < \Delta N_2 u_2$ 时，$N_1 - N_2 = 1$。因为是用 u_1、u_2 量同一距离，故

$$u_1(N_1 + \Delta N_1) = u_2(N_2 + \Delta N_2)$$

在 $N_1 - N_2 = 0$ 时可得

$$N_1 = \frac{\Delta N_1 u_1 - \Delta N_2 u_2}{u_2 - u_1}$$

在 $N_1 - N_2 = 1$ 时可得

$$N_1 = \frac{\Delta N_1 u_1 - \Delta N_2 u_2 + u_2}{u_2 - u_1}$$

这样都可以求出 N 值。用以上两式求 N 显然是不方便的，我们可以采用下面的简单方法：在 $\Delta N_1 u_1 < \Delta N_2 u_2$ 时，把 u_1 测量的余长加一个 u_1，这样 $N_1 - N_2$ 总是零，于是式（5.10）就可写成

$$D = \frac{c}{2(f_1 - f_2)}(\Delta N_1 - \Delta N_2) \tag{5.13}$$

D 表示 f_1、f_2 测算的距离，因限制在它们的一个重合距离之内，故只是待测距离 D 的一部分，通常称为概略距离或粗测距离。采用多级频率可使测程扩展到设计的指标。式（5.13）是间接进制解算概略距离的基本公式。

例如，选择一组相近的测尺频率 $f_1, f_2, f_3, \cdots$（见表5.2）进行测量，测得各自的尾数 $\Delta N_1, \Delta N_2, \Delta N_3, \cdots$，若取 f_1 为精测尺频率确定精测距离，取 $f_1 - f_2, f_1 - f_3, f_1 - f_4, \cdots$ 为间接尺频率，则可求出 $\Delta N_1 - \Delta N_i (i = 2, 3, 4, \cdots)$ 以确定粗测距离。适当选取 $f_1, f_2, f_3, \cdots$ 的大小，就可形成一套测尺长度（u）为十进制的测尺系统（$k = 10$），由此，根据这些测尺频率的测量结果组合起来就可完成一组距离的测量，能算出设计测程以内的距离。

表5.2 测尺频率组合性能

精尺和粗尺频率 f_i	精尺和间接测尺频率	测尺长度 $u = \frac{1}{2}\lambda$	精　　度	确定距离范围
$f_1 = 15\text{MHz}$	$f_1 = 15\text{MHz}$	10m	1cm	$0 < D_1 < 10\text{m}$
$f_2 = (1 - 10^{-1})f_1$	$f_{12} = f_1 - f_2 = 1.5\text{MHz}$	100m	10cm	$1\text{m} < D_{12} < 100\text{m}$
$f_3 = (1 - 10^{-2})f_1$	$f_{13} = f_1 - f_3 = 150\text{kHz}$	1km	1m	$10\text{m} < D_{13} < 1\text{km}$
$f_4 = (1 - 10^{-3})f_1$	$f_{14} = f_1 - f_4 = 15\text{kHz}$	10km	10m	$100\text{m} < D_{14} < 10\text{km}$
$f_5 = (1 - 10^{-4})f_1$	$f_{15} = f_1 - f_5 = 1.5\text{kHz}$	100km	100m	$1\text{km} < D_{15} < 100\text{km}$

三、距离观测值的改正

虽然现在测距仪的种类和型号有很多，但其使用方法都大同小异，且每套仪器都附有详细的使用说明书，限于篇幅，具体的测距仪器不作介绍。下面直接介绍用测距仪测得的实测距离应加哪些改正。

电磁波测距是在地球的自然表面上实际的大气条件下进行的，测得的只是距离的初步值，需要加上以下改正才可得到两点间的倾斜距离。应指出的是，由于现在测距仪的性能和自动化程度不同，测距时的精度要求也各异。故有的改正可无须进行，有的可在观测时在仪器中直接输入有关数值或改正值即可。

（一）气象改正 ΔD_n

这是电磁波测距的重要改正，因为电磁波在大气中传输时受气象条件的影响很大。此项改正的实质是大气折射率对距离的改正。因折射率与气压、气温、湿度有关，因此习惯上称为气象改正。大气折射率 $n = \frac{c_0}{c}$，其中，c 为光在大气中传播速度，c_0 为光在真空中传播速度。1975年 IUGG 第十六届年会公布的新值是 $c_0 = (299792458 \pm 1.2)\text{m/s}$。

故式（5.1）又可写为

$$D = \frac{t}{2} \cdot \frac{c_0}{n} \tag{5.14}$$

测距仪的调制频率是根据测距仪选定的参考大气条件设计的，设与参考大气条件相应的折射率为 n_0，故仪器测算出来的距离为

$$D_0 = \frac{t}{2} \cdot \frac{c_0}{n_0} \tag{5.15}$$

由以上两式可知

$$D = D_0 \cdot \frac{n_0}{n} \tag{5.16}$$

式（5.16）说明实际距离 D 等于距离测量值 D_0 乘以 n_0/n。

一般而言，空气是低气压物质，其折射率接近于 1，故可写为

$$n_0 = 1 + \delta_{n_0}$$
$$n = 1 + \delta_n$$

代入式（5.16）得

$$D = \frac{1 + \delta_{n_0}}{1 + \delta_n} \cdot D_0 \tag{5.17}$$

因为 δ_n 是一个正的小量，所以可将 $(1+\delta_n)^{-1}$ 按级数展开，略去高次项后代入上式得

$$D = D_0 (1 + \delta_{n_0})(1 - \delta_n)$$

略去二次项有

$$D = D_0 + D_0 (\delta_{n_0} - \delta_n) \tag{5.18}$$

上式中第二项即为气象改正：

$$\Delta D_n = D_0 (\delta_{n_0} - \delta_n) \tag{5.19}$$

实用的计算公式由巴雷尔-西尔公式导出。1963 年，IUGG 决定将巴雷尔-西尔公式称为折射率与波长的关系式（色散公式）：

$$n = 1 + A + \frac{B}{\lambda^2} + \frac{C}{\lambda^4} \tag{5.20}$$

式中：$A = 2876.04 \times 10^{-7}$；$B = 16.288 \times 10^{-7}$；$C = 0.136 \times 10^{-7}$；$n$ 为在温度 0℃，气压 760mmHg，湿度 0%，含 0.03%CO_2 的标准大气压条件下的折射率。

式（5.20）只适用于单一波长的光。实际上，任一波长的光都有一定的带宽。在大气中不同波长光的传播速度是不同的。不同波长合成的光速称为群速，相应的折射率叫群折射率。调制光以群速传播，群速由下式给出：

$$c_g = c - \frac{dc}{d\lambda} \lambda$$

式中：dc 为光速变化宽度；$d\lambda$ 为光波波长的带宽。

相应的群折射率为

$$n_g = n - \frac{dn}{d\lambda} \lambda \tag{5.21}$$

式中：n_g 为群折射率；n 为单一波长的折射率；λ 为光波的有效波长。

微分式得

$$\frac{dn}{d\lambda} = -\frac{2B}{\lambda^3} - \frac{4C}{\lambda^5}$$

将上式和式（5.20）代入式（5.21）有

$$n_g = 1 + A + \frac{3B}{\lambda^2} + \frac{5C}{\lambda^4} \tag{5.22}$$

式中：λ 以 μm 为单位。

式（5.22）求出的是在标准大气条件下的群折射率。测量时的大气气象参数与标准气象条件是不一样的，其折射率也不同。如果已知上述标准气象条件下的群折射率 n_g，则一般大气条件下光的折射率按下式计算：

$$n = 1 + \frac{n_g - 1}{1 + \alpha t} \times \frac{P}{760} - \frac{5.51 \cdot e}{1 + \alpha t} \cdot 10^{-8} \tag{5.23}$$

式中：α 为空气膨胀系数，$\alpha = \dfrac{1}{273.16}$。

根据式（5.19）、式（5.22）、式（5.23）三式就可求出任何仪器的气象改正公式。例如某测距仪的红外波长 $\lambda = 0.835\mu m$，由此可求出其气象改正式为

$$\Delta D_n = \left(282.2 - \frac{105.91 - 15.02 \cdot e}{273.16 + t}\right) \times 10^{-6} \cdot D_0 \tag{5.24}$$

式中：t 以 ℃ 为单位，P、e 以 mmHg 为单位，D_0 以 m 为单位。

气压单位除有 mmHg 外，还有 mb（毫巴）以及法定单位 kPa，它们的关系为

$$\begin{cases} 1\text{mmHg} = 133.322\text{Pa} \\ 1\text{mb} = 99.9915\text{Pa} \\ 760\text{mmHg} = 1013.2\text{mb} \end{cases} \tag{5.25}$$

气象要素的采集通常是在测距的同时，使用空盒气压计和通风干湿计来测定。气压计和通风干湿计都不应受阳光直接照射，干湿计应距地面 1.5m 处量测。

（二）仪器加常数改正 ΔD_C 和乘常数改正 ΔD_R

1. 仪器加常数改正 ΔD_C

因测距仪、反光镜的安置中心与测距中心不一致而产生的距离改正，称仪器加常数改正，用 ΔD_C 表示。仪器加常数 C 包括测距仪加常数 C_1 和反光镜加常数 C_2。C_1 是由测距仪的距离起算点与仪器安置中心不一致产生的；C_2 是由反射棱镜的等效反射面与反光镜安置中心不一致产生的。在测距仪的调试时，常通过电子线路补偿，使 $C_1 = 0$，但实际上不可能严格为零，即存在剩余值，故有时又称为剩余加常数。当多次或用多种方法测定并确认仪器存在明显的加常数时，应在测距成果中加入仪器加常数改正：

$$\Delta D_C = C_1 + C_2 \tag{5.26}$$

2. 乘常数改正 ΔD_R

当测定中、长的边长，测定精度要求又较高时，还应考虑仪器乘常数引起的距离改正 ΔD_R

$$\Delta D_R = R \cdot D_0 \tag{5.27}$$

式中：R 为测距仪的乘常数系数，mm/km；D_0 为观测距离，km。

下面说明乘常数的意义。

由相位法测距的原理公式知

$$D = u(N + \Delta N)$$

$$u = \frac{\lambda}{2} = \frac{V}{2f} = \frac{c}{2nf}$$

设 $f_{标}$ 为标准频率，假定无误差；$f_{实}$ 为实际工作频率；令 $f_{实} - f_{标} = \Delta f$，即频率偏差；$u_{标}$ 为与 $f_{标}$ 相应的尺长，即 $u_{标} = \frac{c}{2nf_{标}}$；$u_{实}$ 为与 $f_{实}$ 相应的尺长，即 $u_{实} = \frac{c}{2nf_{实}}$。于是有

$$u_{\pm \theta} = \frac{c}{2n(f_{实} - \Delta f)} = \frac{c}{2nf_{实}}\left(1 - \frac{\Delta f}{f_{实}}\right)^{-1} \approx \frac{c}{2nf_{实}}\left(1 + \frac{\Delta f}{f_{实}}\right)$$

令

$$\frac{\Delta f}{f_{实}} = R$$

则

设用 $u_{标}$ 测得的距离值为 $D_{标}$，用 $u_{实}$ 测得的距离值为 $D_{实}$，则 $D_{标} = D_{实}(1-R)$，而一般常写为 $D_{标} = D_{实}(1+R')$，即 $R = -R'$。由此可见，所谓乘常数，就是当频率偏离其标准值时而引起一个计算改正数的乘系数，也称为比例因子。乘常数可通过一定检测方法求得，必要时可对观测成果进行改正。当然如果有小型频率计，直接测定 $f_{实}$，进而求得 Δf，对于求得乘常数改正就更方便了。

测距仪的加常数 C 和乘常数 R 应定期检定，以便对所测距离加以改正，下面简单介绍用六段法测定仪器加常数的基本原理。

3. 六段法测定仪器加常数的基本原理

六段解析法是一种不需要预先知道测线的精确长度而采用电磁波测距仪本身的测量成果，通过平差计算求定加常数的方法。其基本做法是设置一条直线（其长度几百米至 1km），将其分为 d_1，d_2，$\cdots$，d_n 共 n 个线段。如图 5.4 所示。

图 5.4 多段法测定仪器加常数原理

因为

$$D + C = (d_1 + C) + (d_2 + C) + \cdots + (d_n + C) = \sum_{i=1}^{n} d_i + nC$$

由此得

$$C = \frac{D - \sum_{i=1}^{n} d_i}{n - 1} \tag{5.28}$$

将式（5.28）微分，换成中误差表达式：

$$m_C = \pm\sqrt{\frac{n+1}{(n-1)^2}} \cdot m_d \tag{5.29}$$

从估算公式可见，分段数 n 的多少，取决于测定 C 的精度要求。一般要求加常数的测定中误差 m_C 应不大于该仪器测距中误差 m_d 的 $1/2$，即 $m_C \leqslant 0.5 m_d$，我们取 $m_C = 0.5 m_d$ 代入式（5.29）。算得 $n = 6.5$。所以应分成 6 或 7 段，一般取为 6 段。这就是六段法的来历。

为提高测距精度，应增加多余观测，故采用全组合观测法，共测 21 个距离值。

在六段法中，点号一般取为 0、1、2、3、4、5、6，则需测定如下距离：

$$
\begin{array}{cccccc}
D_{01} & D_{02} & D_{03} & D_{04} & D_{05} & D_{06} \\
 & D_{12} & D_{13} & D_{14} & D_{15} & D_{16} \\
 & & D_{23} & D_{24} & D_{25} & D_{26} \\
 & & & D_{34} & D_{35} & D_{36} \\
 & & & & D_{45} & D_{46} \\
 & & & & & D_{56}
\end{array}
$$

为了全面检查仪器的性能，最好将 21 个被测距离的长度大致均匀分布于仪器的最佳测程以内。

至于测定的实际步骤和 C 值的计算方法，以及用比较法同时测定仪器加、乘常数的方法可参阅测距仪检定规范。

（三）波道曲率改正 ΔD_k

这项改正包括第一速度改正（又称几何改正）ΔD_g 和第二速度改正 ΔD_v。

电磁波在近距离上的传播可看成是直线。但当距离较远时，因受大气垂直折射的影响，就不是一条直线，而是一条半径为 P 的弧线（见图 5.5），实际测得的距离就是弧线 D'，我们把弧长 D' 化为弦长 D 的改正称为第一速度改正：

$$\Delta D_g = D - D'$$

设 R 为地球半径，则波道曲率半径 $\rho = \dfrac{R}{k}$，k 为折射系数。

可导出改正公式为

$$\Delta D_g = -\frac{D'^3}{24 R^2} \cdot k^2 \tag{5.30}$$

电磁波传播速度随大气垂直折射率不同而有差异。实际测距时，一般只是在测线两端测定气象元素，由此求出测线两端折射率的平均值，代替严格意义下的测线折射率的积分平均值。这种以测线两端点的折射率代替测线折射率而产生的改正，叫第二速度改正 ΔD_v。可导出其公式为

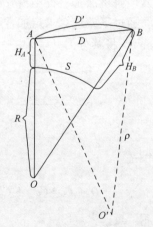

图 5.5 电磁波测距时大气折射影响

$$\Delta D_v = \frac{k(1-k)}{12 R^2} \cdot D'^3 \tag{5.31}$$

第一速度改正 ΔD_g 和第二速度改正 ΔD_v 之和称为波道曲率改正 ΔD_k，即

$$\Delta D_k = \Delta D_g + \Delta D_v = -\frac{2k-k^2}{24R^2} \cdot D^{'3} \tag{5.32}$$

因折射系数 $k<1$，故波道曲率改正 ΔD_k 恒为负值。折射系数 k 随时间地点等因素不同而异，可通过实验测定。在一般情况下，$k=0.13\sim0.25$。由于波道曲率改正值很小，通常在 15km 以内的边长，故不考虑此项改正。

(四) 归心改正 ΔD_e

在某些情况下，如舰标挡住了测距仪的视线或视线中有障碍物等，就需设置偏心观测。对于偏心观测的边长需加归心改正。

如图 5.6 所示，A、B 为测线两端点的标石中心，A'、B' 为主机和反光镜中心，e 和 e' 是相应的偏心距，θ 和 θ' 是偏心角（以主机和反光镜为中心，从 e 或 e' 方向开始顺时针转到测线方向的角度）。测距仪测得的距离为 $D'=A'B'$，化至标石中心的距离为 $D=AB$。则归心改正数 $\Delta D_e = D - D'$。

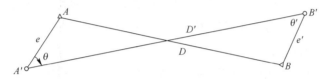

图 5.6　标石、测站与照准点投影图

当测站、镜站偏心距之和小于 $\sqrt{D'}$（D' 用 km 代入）时，归心改正可按下式计算：

$$\Delta D_e = -(e'\cos\theta + e'\cos\theta')$$

(五) 周期误差改正

由于测距仪光学和电子线路的光电信号串扰，使得待测距离的尾数呈现按精测尺长为周期变化的一种误差叫周期误差。其改正公式为

$$\Delta D = A\sin(\varphi_0 + \theta)$$
$$\theta = 2D_0 \times 360°/\lambda$$

式中：A 为周期误差的振幅，mm；φ_0 为周期误差的初始相位角，以度表示；D_0 为距离观测值；λ 为精测调制波长，m；A 和 φ_0 由周期误差的检验求得。

当测距精度要求较高，且 A 值大于（或等于）仪器固定误差的 1/2 时，应加周期误差改正。

实测的距离加上以上的改正，就得到两点间的倾斜距离。需要指出的是，气象改正数应按各测回分别改正，而其他各项改正是在 N 测回取均值后再进行。

四、测距的误差来源和精度表达式

(一) 测距的主要误差来源

对相位测距公式为

$$D = \frac{c_0\varphi}{4\pi fn} + C$$

取微分得

$$dD = \frac{c_0}{4fn}\frac{d\varphi}{\pi} + D\frac{dc_0}{c_0} - D\frac{df}{f} - D\frac{dn}{n} + dC$$

写成中误差的形式有

$$m_D^2 = \left(\frac{c_0}{4fn}\right)^2 \frac{m_\varphi^2}{\pi^2} + \left(\frac{m_{c_0}^2}{c_0^2} + \frac{m_f^2}{f^2} + \frac{m_n^2}{n^2}\right)D^2 + m_c^2 \tag{5.33}$$

由式（5.33）可见，相位测距误差由两部分组成：一部分是与距离长短无关的测相误差$\frac{m_\varphi}{\pi}$，常数误差m_c，称它为固定误差；另一部分是与距离成比例的真空光速值误差m_{c_0}/c_0，频率误差$\frac{m_f}{f}$及大气折射率误差m_n/n，称为比例误差。严格地说，测相误差也与距离有关。但由于限幅测相使不同距离上有相近的信噪比，因此可认为与距离无关。

此外，在进行距离测量时，还包括式（5.33）没有反映出来的误差，例如仪器和反射镜的对中误差，置平改正误差，偏心改正误差和周期误差等。

（二）测距的精度表达式

为了方便，一般近似地用公式$m = a + b \times D$的线性形式作为测距的精度表达式。其中a为固定误差，b为比例误差系数。例如某测距仪的精度可写为$m = \pm(3\text{mm} + 1 \times 10^{-6}D)$或写为$m = \pm(3\text{mm} + 1\text{mm/km} \times D)$，也可写为$m = \pm(3\text{mm} + 1\text{ppm} \times D)$，即表示有固定误差为3mm，比例误差为1mm/km。

第二节　天文测量方法

根据天文学的研究对象和方法，可把它分为球面天文学、大地天文学、天体力学等多个分支。与时空基准联系最密切的是大地天文学。作为天文学的一个特殊分支，大地天文学主要研究用天文测量的方法确定地球表面点的地理坐标及方位角的理论和实践问题。又因为测量地面点的地理坐标（天文经度，天文纬度及天文方位角）时必须要知道观测天体时的时刻，所以测定外业观测时刻的精确时间也是大地天文学要研究的问题[15]。

用天文测量方法确定的经度和纬度的点称为天文点；同时进行大地测量和天文测量确定的经度和纬度的点称为天文大地点。在天文大地点上同时测定方位角的点称为拉普拉斯点，经垂线偏差改正后的天文方位角称为大地方位角，在拉普拉斯点上确定的大地方位角称为拉普拉斯方位角，以区别于用大地测量计算得到的方位角。

在天文大地点上推求出的垂线偏差资料可被用来详细研究大地水准面（或似大地水准面）相对参考椭球的倾斜及高度，从而为研究地球形状提供重要的信息。天文测量还可以给出关于国家大地网起算点的起始数据，天文坐标可用于解决关于参考椭球定位、定向，大地测量成果向统一坐标系的归算等问题[16]。总之，天文大地测量和我们的测绘工作紧密相关。

一、天球与天体

进行天文观测首先是从寻找天体开始的。在茫茫的星空中,怎样去寻找我们想要观测的天体呢?这就必须知道天体在空中的位置,即它在天空的坐标。这样的坐标是如何建立起来的呢?这需要从天球谈起。

(一) 天球的概念

当我们仰望天空观看天体时,天空好像一个巨大的半球罩着大地,所有的日月星辰都镶嵌在这个半球的内壁上,而我们自己无论在地球上什么位置,都好像处于这个半球的中心。这是由于天体和观测者间的距离与观测者随地球在空间中移动的距离相比要大得多,我们在地球上无法分辨不同天体与我们之间距离的差异,所以看上去天体似乎都离我们一样远。我们所看到的这个假想的以观测者为球心、以任意长为半径的圆球,称为天球,如图5.7所示。

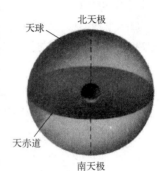

图 5.7 天球

天球不仅具有天空的直观形态,而且具有明确的定义与内涵,人们借助天球的科学概念发展了一整套数学运算体系,天球具有如下性质:

(1) 天体在天球上的位置是把天体从天球中心投影在天球面上所得到的点。

(2) 天球半径可以任意选取。通常选取无穷大,有时为了方便地研究某些问题也常取为单位长度。

(3) 天球中心可以任意选取。通常选取观测者所在的点作为天球中心,根据观测者所处位置的不同,天球可分为站心天球、地心天球、日心天球等。

(4) 天球上任意两点之间的距离是这两点间的大圆弧弧长,用角度来表示,称为角距离。观测者只能辨别天体在天球上的方向,线距离是没有意义的。

(5) 地面上相距有限距离的所有平行直线,向同一方向延长与天球交于一点。

(6) 地面上相距有限距离的所有平行平面在天球上交于同一大圆。

有了天球,认识天体就方便了,因为不论天体离我们多么遥远,我们都可以把它们投影到天球上,并以天球为基础建立天球坐标系,用球面坐标来表示它们的位置。

(二) 天球上的基本点、圈

天球的基本点和基本圈是建立球面坐标的基础,经常用到的基本点和基本圈如下。

(1) 天轴和天极。如图5.8所示,通过天球中心 O 与地球自转轴平行的直线 POP' 称为天轴,天轴是建立天球坐标的基准轴。天轴与天球相交的两点 P 和 P',称为天极。相应地球北极的一点 P 称为北天极,相应地球南极的一点 P' 称为南天极。

(2) 天球赤道。通过天球中心 O 与天轴 POP' 相垂直的平面称为天球赤道面,它与地球赤道面平行,

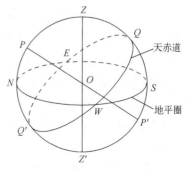

图 5.8 天球的基本点和圈 1

天球赤道面与天球相交的大圈 QQ' 称为天球赤道（简称天赤道）。

（3）天顶和天底。观测者处的天文垂线向上和向下的延长线分别与天球的交点 Z 和 Z' 两点，在观测者头顶上的 Z 点称为天顶，与天顶相对的 Z' 点称为天底。

（4）地平圈。通过天球中心 O 作一个平面和 ZZ' 垂直，这一平面叫作天球地平面，它与天球相交的大圆 $SENW$ 称为地平圈。

（5）子午圈。过测站铅垂线 ZOZ' 和北天极 P 的平面称为天球子午面，天球子午面与天球相交的大圆称为天球子午圈。也可以说通过测站天顶 Z 和南天极 P' 的大圆即为测站的天球子午圈。

（6）四方点。天球子午面与天球地平面垂直，它们的交线称为子午线。子午线与天球相交于 N、S 两点，靠近北天极 P 的那一点 N 称为北点，和它相对的另一点 S 称为南点。

天赤道 QQ' 与地平圈 $SENW$ 相交于 E 和 W 两点，观测者从天顶向下看，在地平圈上与北点 N 顺时针方向相距 $90°$ 的点 E 称为东点，逆时针方向相距 $90°$ 的点 W 称为西点。E、W、S、N 统称为四方点。

（7）垂直圈和卯酉圈。通过天顶 Z 和天底 Z' 的大圈称为垂直圈。过东点 E、西点 W 的垂直圈称为卯酉圈。

上述天球上的基本点和基本圈是与地球自转相关的。由于各地观测者所处的地方的重力方向各不相同，因而其天球也不一样，也就是说天顶、天底、真地平圈、子午圈、四方点、卯酉圈都具有"地方性"，上述各点、圈、面如图 5.8 所示。下面介绍的基本点和基本圈与地球公转有关，如图 5.9 所示。

（8）黄道。如图 5.9 所示，通过天球中心 O 作一个与地球绕太阳公转轨道面相平行的平面，称为黄道面，它延伸与天球相交的大圈，称为黄道。

（9）黄极。过天球中心 O 作一条垂直黄道面直线 $\pi O \pi'$，与天球相交于 π 和 π' 两点，靠近北天极的 π 点称为北黄极，靠近南天极的 π' 点称为南黄极。

黄道面与赤道面的夹角称为黄赤交角，一般用希腊字母 ε 表示。

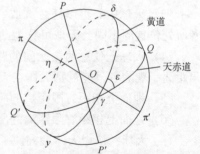

图 5.9　天球的基本点和圈 2

（10）二分点和二至点。天球上黄道与赤道相交于两点称为二分点。太阳在黄道上作周年视运动，每年 3 月 21 日前后由赤道之南向赤道之北所经过赤道的那一点称为春分点，每年 9 月 23 日前后由赤道之北向赤道之南所经过赤道的那一点称为秋分点。在黄道上距春分点和秋分点 $90°$ 的两个点称二至点，在赤道以北的那一点称为夏至点。在赤道以南的那一点称为冬至点。

（11）时圈。凡是通过南北天极的大圆，称为时圈。时圈有无数个，其中子午圈也是时圈。时圈也称赤经圈，它与赤道互相垂直。

（12）二分圈和二至圈。在天球上通过天极、春分点和秋分点的时圈，称为二分圈。在天球上通过天极、夏至点和冬至点的大圆，称为二至圈。

(三) 天体

天体包括：①行星，绕着恒星转，不发光；②恒星，如太阳，会发热发光；③彗星，例如哈雷彗星，彗星通常由冰块与土石混合而成，绕着太阳转；④卫星，如月亮，绕着行星转；⑤流星与陨石，流星通常是指彗星或小行星经过地球轨道附近并留下尘埃，被地球吸引后进入地球大气层，因产生高热而燃烧，大部分流星都会在大气层燃烧完毕，若尘埃过大无法燃烧完毕便会掉到地面上，此时称为陨石；⑥小行星，大多数为在火星和木星之间的行星。

1. 天体距离的分类

（1）天文单位：地球到太阳的平均距离，约为 1.5 亿千米。

（2）光年：光线在真空中一年时间内经过的距离，约为 10 万亿千米。

（3）秒差距（pc）：对地球公转轨道半长径的张角为 1″ 处的天体的距离。1pc = 3.26 光年。

2. 天体的亮度和星等

大地天文测量不关心天体的大小、远近以及物理化学性质等，所注意的仅为天体在天球上的视位置及其亮度，下面说明天体的亮度与星等。

夜空中的星星有亮有暗，这种明暗的程度就是星星的亮度。公元前 2 世纪，古希腊的天文学家依巴谷（Hipparchus 或译为喜帕恰斯）就绘制了一份标有 1000 多颗恒星位置和亮度的星图，并根据目视观察把恒星亮度划分为 6 等。1850 年，普森（Pogson）注意到依巴谷定出的 1 等星比 6 等星大约亮 100 倍，也就是说，星等每相差 1 等，其亮度之比约等于 2.5。即 1 等星比 2 等星约 2.5 倍，2 等星比 3 等星亮约 2.5 倍，以此类推至 24 等星止。比一等星还亮的星是 0 等，更亮的则用负数表示。设 E_1 为 1 等星的亮度，E_2 为 2 等星的亮度，其比例如为：$E_1 = \sqrt[5]{100} E_2$，$E_2 = \sqrt[5]{100} E_3$，$E_3 = \sqrt[5]{100} E_4$。

设星等分别为 m_1 与 m_2 的两颗星的亮度为 E_{m_1} 和 E_{m_2} 点，则星等和亮度关系为

$$\begin{cases} E_{m_1} = (\sqrt[5]{100})^{m_2 - m_1} E_{m_2} \\ m_2 - m_1 = 2.51g(E_{m_1}/E_{m_2}) \end{cases} \tag{5.34}$$

由此可见星等（magnitude）是衡量天体明暗程度即亮度的数值，并且星等的数值越大，代表这颗星的亮度越暗相反星等的数值越小，代表这颗星越亮。测量中肉眼能勉强看到的最暗的星是 6 等星，记为 6m。天空中小于 6m 的有 6000 多颗。满月时月亮的亮度相当于 −12.6 等（−12.6m），太阳是我们看到的最亮的天体，它的亮度可达 −26.7m。而当今世界上最大的天文望远镜能看到最暗的天体的星等约为 24m。

这里说的星等，事实上反映的是从地球上看到的天体的明暗程度，在天文学上称为"视星等"。太阳看上去比所有的星星都亮，它的视星等比所有的星星都小得多，这只是因为它离地球近。更有甚者，月亮自己根本不发光，只不过反射些太阳光，便成了人们眼中第二亮的天体。天文学上还有个"绝对星等"的概念，这个数值才能真正反映了天体的实际发光本领。

二、天球坐标系统

天球坐标系通常用球面坐标系表示，为了明确天球坐标系原点的位置，需要使用一个附加的修饰词，例如原点位于观测者的坐标系称为站心坐标系，位于地球中心成为地心坐标系，位于太阳中心称为日心坐标系。球面坐标系统包括基本圈（又称主圈）和基本圈上的一个起算点（原点），到基本圈距离处处为 90° 的点称为基本圈的极，与基本圈相垂直且经过起算点的圈称为辅圈。基本圈和辅圈的交点之一叫基本点或原点[17]。图 5.10 中，P 点为基本圈的极；G 点为基本点或原点；由 GR 所构成的圈为基本圈；由 RP 所构成的圈为通过天体 σ 的辅圈。GR 是自 G 到 R 的角距，通常自 G 点起按规定的方向计量。

（一）地平坐标系

地平坐标系是以地平圈为基本圈（横坐标圈），以子午圈为辅圈（纵坐标圈），以天顶 Z 为极点，以北点 N 为原点所构成的球面坐标系。

如图 5.10 所示，SMN 为地平圈，σ 为任意天体，通过 σ 和天顶 Z 及天底 Z' 作垂直圈 $Z\sigma MZ'$，交地平于 M，并且垂直于地平圈，为 σ 的地平经圈。通过天体 σ 作一个平行于地平圈的平面，它于天球交一个小圆 $L\sigma L'$，称为地平纬圈。

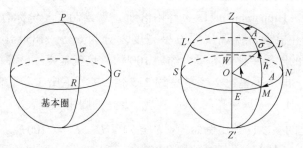

图 5.10 球面坐标基本框架

地平经度是地平坐标系在基本圈上量取的第一坐标，也叫方位角，以 A 表示。它从原点 N 开始在基本圈上量取至 M 点的大圆弧 NM，等于测站子午圈与过天体的地平经圈所夹的二面角 NOM，经常用以天顶 Z 为定点的球面角 NZM 来表示。地平经度是由原点 N 开始，沿地平圈向东（按顺时针方向）从 $0° \sim 360°$。有时也经常使用以南点 S 为原点，从原点 S 起沿顺时针方向 $0° \sim 360°$ 或 $0° \sim \pm 180°$ 量取。所以具体应用时要注意坐标原点的实际定义。

地平坐标系的第二坐标是地平纬度，也叫高度，以 h 表示。它自 M 点起沿地平经圈量至天体 σ 大圆弧 $M\sigma$，从地平向天顶方向量为正，向天底方向量为负，其值为 $0° \sim \pm 90°$。

地平纬度常以余弧 $Z\sigma$ 代替，称为天顶距 z，天顶距与高度的关系：

$$z = 90° - h \tag{5.35}$$

在同一地平圈上的天体，其高度相同，所以地平纬圈又称为等高圈。

因为建立地平坐标系的基准是观测者所在地的铅垂线，不同地方的铅垂线方向不同，地平坐标随观测地点的不同而不同，所以不同的观测站有各自的地平坐标系。

另外，即使同一观测站点，其铅垂线的空间方向也随着地球自转而随时改变着，所以天体的地平坐标又随着时间而变化。因此，地平坐标系不仅具有地方性而且具有时间性。这说明地平坐标能明显地反映出天体和观测站两个位置之间的密切关系，正是由于地平坐标与地面观测者的这种直接联系，才可以方便地在地面直接测量天体的地平坐标值。

进行天文观测时，通常使用北极星的高度和方位角先对测量仪器进行方向标定，之后按照天体地平坐标的预报值，寻找所要观测的天体，精确照准该天体后，记录天体的高度、方位角和时间。这是天文定位、定向观测中获取天体位置的第一步，然后将其转换为其他坐标值。

（二）时角坐标系（第一赤道坐标系）

取天赤道作为基本圈的天球坐标系称为赤道坐标系，因所取的基本点不同而分为第一赤道坐标系和第二赤道坐标系。

第一赤道坐标系又称为时角坐标系。它的基本圈为天赤道，极点为北天极，辅圈为子午圈，原点为天赤道与子午圈在地平圈以上的交点 Q（图 5.11）。

通过 σ 和北天极 P 以及南天极 P' 作半个大圆 $P\sigma TP'$，交天赤道于 T，并且垂直于天赤道，称为 σ 的赤经圈或时圈。通过天体 σ 作一个平行于天赤道的平面，它与天球交一个小圆 $L\sigma L'$，$L\sigma L'$ 称为 σ 的赤纬圈。

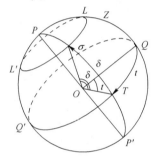

图 5.11 第一赤道坐标系

时角是第一赤道坐标系在基本圈上量取的第一坐标，以 t 表示。它从原点 Q 开始在基本圈上量取至 T 的大圆弧 QT，等于测站子午圈与过天体的时圈所夹的二面角 QOT，其值由原点 Q 开始沿天赤道向西（按顺时针方向）计量，从 0~24h 或从 0°~360°。有时也由原点 Q 沿天赤道向东、西分别计量，向西为正，向东为负，其值为 0~±12h 或 0°~±180°。

第一赤道坐标系的第二坐标是赤纬，以 δ 表示。它自 T 点起沿天赤道量至天体 σ 大圆弧 $T\sigma$，从天赤道向北天极方向量为正，向南天极方向量为负，其值为 0°~±90°。赤纬 $T\sigma$ 的余弧 $P\sigma$ 代替，称为天体的极距，以 p 表示。它们之间的关系为

$$p = 90° - \delta \tag{5.36}$$

在时角坐标系中，由于计量时角的原点是子午圈，不同观测站点的子午圈也各不相同，因此天体的时角 t 随不同地点而变化。另外，对于同一地点的观测者来说，天体的时角随地球自转而变化，地球自转一周，天体的时角变化 24h。因此，天体的时角在不同的测站和不同的观测时间不断发生变化。

由于时角坐标系不像地平坐标系那样是以观测者所在地的铅垂线为基准的，因此时角坐标系不能作为观测量直接获取。另外，由于时角 t 随着不同地点和时间而变化，因此时角坐标系也不适宜用于天体星表。通常时角坐标系的主要作用是建立天体位置间的联系和进行坐标换算等。

（三）赤道坐标系（第二赤道坐标系）

第二赤道坐标系通常称为赤道坐标系，其基本圈、极点的选取与第一赤道坐标系

完全相同，辅圈选为过春分点的赤经圈，原点选为春分点。

赤经是第二赤道坐标系在基本圈上量取的第一坐标，以 α 表示。它沿天赤道从春分点逆时针到通过天体的时圈的垂足的角度，即从原点开始在基本圈上量取至 T 点的大圆弧，其值由春分点开始逆时针方向计量，为 $0 \sim 24h$ 或 $0°\sim 360°$。赤经不取负值（图5.12）。

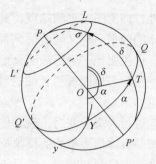

图 5.12 第二赤道坐标系

天体 σ 的第二坐标是大圆弧 $T\sigma$，它与第一赤道坐标系的第二坐标一样，是赤纬 δ。

春分点在天球上的位置并非绝对静止不动的，其运动的原因和规律后面将会阐述。不过春分点的这种运动，首先与任何观测者所在的位置无关，另外这种运动规律对第二赤道坐标的影响已为人们所掌握，并用理论计算加以修正。由于天体的周日视运动不会影响春分点与天体之间的相对位置，因此以天赤道、春分点为基准度量的赤经和赤纬不受周日视运动的影响，也不因观测者所在的位置的不同而不同。通常使用赤道坐标系编制各种基本星表和卫星定轨等。

三、天文定位三角形

由观测或计算得到天体在某一种坐标系的坐标，要想求该天体在另一种坐标系的坐标，就要建立同一天体在不同坐标系之间的关系，而不同天球坐标系的变换是通过解算球面三角形或进行矩阵变换实现的。

在北半球的观测者，取天球上以北天极 P、观测者天顶 Z 和所观测的天体 σ 为顶点构成的球面三角形 $PZ\sigma$，称天文定位三角形，也简称天文三角形或定位三角形。由图 5.13（天体在子午圈以东）知此三角形的三条边分别为天体的天顶距 z、天体赤纬的余角 $90°-\delta$ 和观测站纬度的余角 $90°-\varphi$。它在天极处的顶角为天体的时角 t，天顶处的顶角与方位角有关，为 A 或 $360°-A$（即 $-A$），天体处的顶角称星位角 q。

天文三角形建立了地平坐标系和赤道坐标系之间的联系，也把天体在天球上的位置与观测者的地理位置联系起来。应用球面三角公式可以根据定位三角形的任意三个元素求出另外三个元素，因此，天文三角形是建立测量中各坐标系之间的关系以及获得地面点的天文坐标的工具。尽管球面上解算不如矢量运算方便快捷，但是在对于一些概念性讨论和某些问题的推导中，球面上的三角表示方法更为直观。

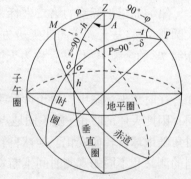

图 5.13 天文定位三角形

（一）球面三角形常用运算公式

1. 一般球面三角形的常用公式

图 5.14 之中 ABC 为一球面三角形，a、b、c 为其三边。它们之间有以下基本关系。

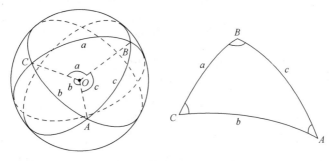

图 5.14 球面三角形

正弦公式——顶角与其对边的关系：

$$\frac{\sin a}{\sin A}=\frac{\sin b}{\sin B}=\frac{\sin c}{\sin C} \tag{5.37}$$

边的余弦公式——两边及其夹角与第三边的关系：

$$\begin{cases}\cos a=\cos b\cos c+\sin b\sin c\cos A\\ \cos b=\cos c\cos a+\sin c\sin a\cos B\\ \cos c=\cos a\cos b+\sin a\sin b\cos C\end{cases} \tag{5.38}$$

角的余弦公式——两角边及其夹边与第三个角的关系：

$$\begin{cases}\cos A=-\cos B\cos C+\sin B\sin C\cos a\\ \cos B=-\cos A\cos C+\sin A\sin C\cos b\\ \cos C=-\cos A\cos B+\sin A\sin B\cos c\end{cases} \tag{5.39}$$

第一五元素公式（边的五元素公式）——两边及夹角与第三边及其邻角的关系：

$$\begin{cases}\sin a\cos B=\cos b\sin c-\sin b\cos c\cos A\\ \sin a\cos C=\cos c\sin b-\sin c\cos b\cos A\\ \sin b\cos A=\cos a\sin c-\sin a\cos c\cos B\\ \sin b\cos C=\cos c\sin a-\sin c\cos a\cos B\\ \sin c\cos A=\cos a\sin b-\sin a\cos b\cos C\\ \sin c\cos B=\cos b\sin a-\sin b\cos a\cos C\end{cases} \tag{5.40}$$

第二五元素公式（角的五元素公式）——两角及夹边与第三个角及其邻边的关系：

$$\begin{cases}\sin A\cos b=\cos B\sin C+\sin B\cos C\cos a\\ \sin A\cos c=\cos C\sin B+\sin C\cos B\cos a\\ \sin B\cos a=\cos A\sin C+\sin A\cos C\cos b\\ \sin B\cos c=\cos C\sin A+\sin C\cos A\cos b\\ \sin C\cos a=\cos A\sin B+\sin A\cos B\cos c\\ \sin C\cos b=\cos B\sin A+\sin B\cos A\cos c\end{cases} \tag{5.41}$$

2. 直角球面三角形运算公式

球面三角形中，如果 $\angle A=90°$，称为球面直角三角形，基本公式可简化为

$$\begin{cases} \sin a = \cos b \cos c \\ \cos a = \cot B \cot C \\ \sin b = \sin a \sin B \\ \cos C = \cot a \tan b \\ \cos B = \sin C \cos b \\ \sin c = \tan b \cos B \end{cases} \quad (5.42)$$

3. 象限球面三角形

球面三角形中若有一条边为90°时，称为象限球面三角形，基本公式为

$$\begin{cases} \sin B = \sin A \sin b \\ \cos A = -\cos B \cos C \\ \cos A = -\cot b \cot c \\ \cos b = \sin c \cos B \\ \sin C = \tan B \cot b \\ \cos c = -\cot A \tan B \end{cases} \quad (5.43)$$

（二）天文三角形解算

1. 天文三角形一般解算

图 5.15（a）为天体在子午圈东的情形，时角为负值，因时角自子午圈向西为正。它的三条边分别是

$$\begin{cases} Z\sigma = z = 90° - h \\ P\sigma = p = 90° - \delta \\ PZ = 90° - \varphi \end{cases} \quad (5.44)$$

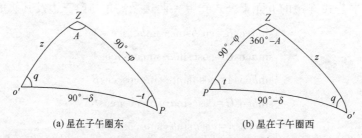

(a) 星在子午圈东　　　　(b) 星在子午圈西

图 5.15　恒星在子午圈以东、以西的定位三角形

$P\sigma$ 值由星表获得，$Z\sigma$ 用测量仪器直接观测，PZ 一般是要求的量。定位三角形的三个内角：

$$\angle PZ\sigma = A, \quad \angle ZP\sigma = -t, \quad \angle P\sigma Z = q$$

图 5.15（b）为天体在子午圈西的情形，它的三条边同天体在子午圈东的情形一样。三个内角为

$$\angle \sigma ZP = 360° - A, \quad \angle \sigma PZ = t, \quad \angle P\sigma Z = q$$

比较图 5.14 与图 5.15 的三顶点，命 P 为 A，σ 为 B，Z 为 C，运用边的余弦公式得

$$\sin h = \sin \varphi \sin \delta + \cos \varphi \cos \delta \cos t \quad (5.45)$$

比较图 5.14 与图 5.15 的三顶点，命 P 为 A，Z 为 B，σ 为 C，代入第一五元素公式，整理得

$$\cos h\cos A = \sin\delta\cos\varphi - \cos\delta\sin\varphi\cos t \tag{5.46}$$

由正弦定律公式得

$$\cos h\sin A = -\cos\delta\sin t \tag{5.47}$$

或书写为

$$\sin A = -\cos\delta\sin t\sec h \tag{5.48}$$

以式（5.47）除式（5.48）得

$$\tan A = \frac{-\sin t}{\cos\varphi\tan\delta - \sin\varphi\cos t} \tag{5.49}$$

可以证明，天体在子午圈东和在子午圈西得出的上述式（5.45）至式（5.49）是相同的，且它们都是天文定位三角形常用的公式。

2. 天文三角形特殊情形

天体在子午圈上，也就是天体中天时，这时的方位角 $A = 0°$ 或 $A = 180°$，$t = 0h$ 或 $t = 12h$。

当天体在东西大距时，其星位角 $q = 90°$，此时天文定位三角形为一个直角三角形。由直角球面三角形运算公式可得出大距时的常用公式，这是求天体大距时的天顶距、时角和方位角的公式。当天体在子午圈东时 t 为负，A 为正，在子午圈西 t 时为正，A 为负。

当天体出没地平圈时，此时的天体的高度角 $h = 0°(z = 90°)$，由象限球面三角形运算公式可得到出没地平的常用公式：

$$\begin{cases} \cos t = -\tan\varphi\tan\delta \\ \cos A = \sin\delta\sec\varphi \end{cases} \tag{5.50}$$

这是求天体出没地平圈时的时角和方位角的公式。当天体升出时，在东方 t 为负，A 为正；当天体落下时，在西方 t 为正，A 为负。

四、天文定位的基本原理和选星条件

（一）天文测量原理

在北半球 $0° \leq \varphi \leq 90°$ 地区，天体的天球坐标 (α, δ)、(A, h) 与测站的天文坐标 (λ, φ) 之间存着确定的数学关系，即

$$\begin{cases} \sin h = \sin\varphi\sin\delta + \cos\varphi\cos\delta\cos t \\ \cos h\cos A = \cos\delta\cos\varphi - \cos\delta\sin\varphi\sin t \\ \cos h\sin A = -\cos\delta\sin t \end{cases} \tag{5.51}$$

由上述公式可看出，若观测到天体某一瞬间的 h（或 Z）和 t，而 δ 已知，则由上式第一式可算出测站的天文纬度 φ。若已知测站的近似纬度 φ，观测到天体某一瞬间的天顶距 $z(z = 90° - h)$，则由第一式可算出其时角 t。若同时测出该天体的 UTC 时刻 $T_{观}$ 并化算为格林尼治恒时 S，则该测站的天文经度 λ 可用 $\lambda = \alpha + t - S$ 算出。在天文定位三角形中，通过观测恒星在地平坐标系中的坐标量，利用已知的恒星在赤道坐标系中的坐标

值，就可以直接解算出该地面点的天文经度、纬度和地面目标方向天文方位角，这就是天文测量的基本原理和基本计算公式。

测量中，一般都假定恒星星表给出的天体的天球坐标(α,δ)是无误差的，而测站的天文坐标存在着测量误差，天顶距和方位角(A,h)以及测站的地方时是直接观测量，微分式（5.51）的第一式并利用第二式、第三式，可导出

$$dh = \cos A(d\varphi) + \sin A\cos\varphi(dt) \tag{5.52}$$

式（5.52）就是高度角误差、天文纬度误差和时角误差的数学关系式。欲使所测量的误差受观测量的影响最小，就要考虑到各观测量在该测站的最有利条件，也就是选星条件。由于观测量和解算方法的不同，形成了各种不同的天文定位测量方法。较常用的有南北星中天等高法（太尔格特法）测纬度，东西星等高法（金格尔法）测经度，多星等高法同时测定经纬度等。

（二）测经度的原理和选星条件

1. 测定经度的基本原理

测站的天文经度是测站子午面与格林尼治天文台（平均天文台）子午面之间的夹角。测站的经度等于测站与格林尼治天文台在同一瞬间同类正确时刻之差，这就是测定经度的理论依据。其基本公式为

$$\lambda = s - S \tag{5.53}$$

由于测定两地同一瞬间时刻之差的方法不同，故测定精度有各种不同的方法。传统测量中多采用无线电法。无线电法测定经度就是通过收录时号的方法解决两地同一瞬间的时刻问题。设s'为用恒星时钟观测恒星σ钟面时，s'瞬间的精确地方恒星时为s，即钟差

$$u = s - s' \tag{5.54}$$

又由恒星时与星的时角和赤经的关系，则相应观测瞬间s'的正确恒星时

$$s = s' + u = \alpha + t \tag{5.55}$$

设测站纬度已知，由观测恒星用式的第一式算得时角t，并按下式算出其钟差：

$$u = \alpha + t - s' \tag{5.56}$$

设由已收录时号得到相应世界时T_0的钟面时X_0，由此得与T_0相应的格林尼治恒星时S，用时刻换算的方法把它化为相应的格林尼治恒星时：

$$S = S_0 + T_0 + T_0 u \tag{5.57}$$

便得出

$$\lambda = s - S = s' + u - (S_0 + T_0 + T_0 u) \tag{5.58}$$

由上可知，无线电法测经度主要包含收录时号确定世界时和T_0的钟面时X_0，观测恒星测定钟差两项工作。其主要包含两项误差，即收时（接收标准时间信号）误差和测钟差的误差，因此，其精度取决于收时和测钟差的精度。

2. 测定钟差的基本原理及选星条件

（1）恒星高度法。

设观测瞬间的钟面时为s'，s'相应观测瞬间的正确恒星时s及相应u的钟差则按式（5.55）及式（5.56）算得。

天文定位三角形中，如果已知观测者纬度 φ，天体的赤纬 δ，再观测天体的高度 h，即可计算出天体的时角 t，只要求得 t，即可求得 u，由

$$\cos t = \frac{\sin h - \sin\delta\sin\varphi}{\cos\delta\cos\varphi} \tag{5.59}$$

可知，只要知道测站的纬度 φ，观测得恒星的高度 h，就可求得时角 t，从而求得钟差 u，此为恒星天顶距法测定钟差的基本原理。

可由原理中的公式导出其钟差 u 的误差传播公式为

$$\mathrm{d}u = \frac{1}{\cos\varphi\sin A}\mathrm{d}h - \frac{1}{\cos\varphi\tan A}\mathrm{d}\varphi - \mathrm{d}s' \tag{5.60}$$

由此可说明恒星方位角 $A = 90°$ 或 $A = 270°$ 时，即所观测的恒星宜在卯酉圈上或极近于卯酉圈时观测其高度定钟差，可以得到误差最小的钟差结果。这就是恒星天顶距法测定钟差的最佳选星条件。在实际观测中往往较难找到卯酉圈上的恒星进行观测，为了加快观测速度，一般可以观测在卯酉圈两侧各 25° 范围以内的恒星。

（2）恒星中天法。

若在子午圈上观测一恒星，则其时角 $t = 0$，于是有

$$\begin{cases} 上中天: s = \alpha \\ 上中天: s = \alpha \pm 12h \end{cases} \tag{5.61}$$

设读记恒星中天瞬间的钟面时为 s'，相应钟差为 u，则 $s = s' + u$，可得相应中天瞬间钟面时 s' 的钟差为

$$\begin{cases} 上中天: u = \alpha - s' \\ 上中天: u = \alpha - s' \pm 12h \end{cases} \tag{5.62}$$

只要测出恒星中天瞬间的钟面时 s'，即可算出 s' 的钟差 u。这就是恒星中天法测定钟差的基本原理。因为 $\Delta u = \Delta s'$，故读取钟面时的误差 $\Delta s'$ 直接影响钟差误差 Δu，故必须精确测定恒星中天的钟面时 s'，这样对观测及仪器的精度要求就较高，需考虑多种仪器误差的影响。如仪器定向误差、视准轴倾斜误差、水平轴倾斜误差等。在精密天文测量中，一般用子午仪进行中天法测定钟差。

（3）双星等高法。

通过观测两颗高度相等的恒星，只需读记它们经过望远镜丝网各水平丝的钟面时 s'_1 和 s'_2，并设已知测站纬度，则无需测其高度便可以求出天文钟的钟差 u。这种测定钟差的方法，称为双星等高法定神差。

设在很短的时间内观测两颗等高的恒星 $\sigma_1(\alpha_1, \delta_1)$ 和 $\sigma_2(\sigma_2, \delta_2)$，其钟面时为 s'_1 和 s'_2，相应钟差为 u_1 和 u_2，则可列出下面两个方程式：

$$\sin h = \sin\varphi\sin\delta_1 + \cos\varphi\cos\delta_1\cos(s'_1 + u_1 - a_1)$$

$$\sin h = \sin\varphi\sin\delta_2 + \cos\varphi\cos\delta_2\cos(s'_2 + u_2 - a_2)$$

因为观测两颗星相隔的时间很短，所以可认为 $u_1 = u_2 = u$，即

$$\sin\varphi\sin\delta_1 + \cos\varphi\cos\delta_1\cos(s'_1 + u_1 - a_1) = \sin\varphi\sin\delta_2 + \cos\varphi\cos\delta_2\cos(s'_2 + u_2 - a_2)$$

由上式可解得唯一的未知数钟差 u，这就是双星等高法测定钟差的基本原理。

钟差的误差公式为

$$du = \frac{\sin A_2}{\sin A_1 - \sin A_2}ds'_2 - \frac{\sin A_1}{\sin A_1 - \sin A_2}ds'_1 - \frac{\cos A_1 - \cos A_2}{(\sin A_1 - \sin A_2)\cos\varphi}d\varphi \qquad (5.63)$$

由误差传播公式可以知道:在东西卯酉圈上($A_1 = 90°$, $A_2 = 270°$)观测一对等高的恒星,纬度误差对钟差无影响,而读钟误差计时差的影响最小。这时的计时误差对钟差影响的表达式为

$$du = -\frac{1}{2}ds'_1 - \frac{1}{2}ds'_2 \qquad (5.64)$$

由于计时误差直接以其半值影响钟差,因此减少了影响的程度。

(三) 测纬度的原理和选星条件

1. 恒星高度法测定纬度的基本原理及选星条件

恒星高度法测定纬度的基本理论公式第一式,即

$$\sin h = \sin\varphi\sin\delta + \cos\varphi\cos\delta\cos t \qquad (5.65)$$

式中:$t = s - \alpha = s' + u - \alpha$,$s'$为观测瞬间的钟面时,$u$为钟差。其中$\alpha$,$\delta$可从星表中得到,$u$可通过观测恒星得到,故只要测得$h$即可求得测站纬度。这就是恒星高度法(单高法)测定纬度的基本原理。

根据高度、天文纬度和时角的误差数学关系式和式,整理后可以得到高度误差dh、读表误差ds和钟差误差du对纬度的影响为

$$d\varphi = \sec A(dh) + \tan A\cos\varphi(ds' + du) \qquad (5.66)$$

由上式可知,要使纬度误差$d\varphi$最小,必须使$A = 0°$或$A = 180°$,即所观测的天体在子午圈上(中天时)或子午圈附近,方位角A接近$0°$或$180°$时,可得到误差较小的纬度值,这就是恒星高度法测定纬度的最佳选星条件。

2. 南北星中天高差法测定纬度的基本原理

恒星中天时有下面的关系。

南星σ_s:

$$\varphi = \delta_s + z_s \qquad (5.67)$$

北星σ_N:

$$\begin{cases} \varphi = \delta_N - z_N & \sigma_N \text{上中天} \\ \varphi = 180° - \delta_z - z_N & \sigma_N \text{下中天} \end{cases} \qquad (5.68)$$

根据式(5.68)可知,若观测一对南北星(σ_s, σ_N)的子午高度(h_s, h_N),则可以算得两个纬度值(φ_s, φ_N),取其平均值φ,则有

$$\begin{cases} \varphi = \frac{1}{2}(\delta_s + \delta_n) + \frac{1}{2}(h_n - h_s) & \sigma_N \text{上中天} \\ \varphi = 90° + \frac{1}{2}(\delta_s + \delta_n) + \frac{1}{2}(h_n - h_s) & \sigma_N \text{下中天} \end{cases} \qquad (5.69)$$

由式(5.69)可知,只要在子午圈上测出南星和北星的高度之差,就可以算得纬度值,这就是南北星中天高差法测定纬度的基本原理。此方法可消除指标差误差,减小大气折射的影响,故观测精度较高。

3. 双星等高法测定纬度的基本原理及选星条件

先后观测高度相等的两颗恒星，只需读记它们经过望远镜丝网的表面时 s'_1 和 s'_2，并设其相应的钟差为 u_1 和 u_2，则无须测出其天顶距便可求出测站的纬度。这种测纬度的方法称为双星等高法。

设观测两颗等高的恒星 $\sigma_1(\alpha_1,\delta_1)$ 和 $\sigma_2(\alpha_2,\delta_2)$，则可列出下面两个公式：

$$\sin h_1 = \sin\varphi\sin\delta_1 + \cos\varphi\cos\delta_1\cos(s'_1+u_1-a_1)$$
$$\sin h_2 = \sin\varphi\sin\delta_2 + \cos\varphi\cos\delta_2\cos(s'_2+u_2-a_2)$$

由于 $h_1=h_2$，上两式相减，可以消去 h，得

$$\tan\varphi = \frac{\cos\delta_1\cos(s'_1+u_1-a_1)-\cos\delta_2\cos(s'_2+u_2-a_2)}{\sin\delta_2-\sin\delta_1} \tag{5.70}$$

由式（5.70）可以计算出测站纬度，这就是双星等高法测定纬度的基本原理。

由误差公式可写出

$$dh = \cos A_1 d\varphi + \sin A_1 \cos\varphi(ds'_1+\Delta u_1) \tag{5.71}$$
$$dh = \cos A_2 d\varphi + \sin A_2 \cos\varphi(ds'_2+\Delta u_2) \tag{5.72}$$

将式（5.71）减式（5.72），消去 dh，得

$$d\varphi = \frac{\sin A_2 \cdot \cos\varphi}{\cos A_1 - \cos A_2}(ds'_2+du_2) - \frac{\sin A_1 \cdot \cos\varphi}{\cos A_1 - \cos A_2}(ds'_1+du_1) \tag{5.73}$$

由上式看出：选取子午圈上南、北等高的两颗星进行双星等高法测定纬度，可以得到最好的结果。由于适合于子午圈上等高条件的南北星很少，因此在选星时常采用 $A_1=180°-A_2$ 的条件，即选取同在子午圈之东（西）一边，而且它们距子午圈等距离的两颗南北星进行观测。由于此方法不需要观测两颗星的高度，因此避免了观测所带来的误差影响。

（四）多星等高法同时测定经纬度的基本原理

多星等高法同时测定经纬度，是在双星等高法的基础上提出来的。这一方法是利用收时号和测定若干个恒星通过同一等高圈的钟面时的时刻同时求得测站经纬度的。由于这种方法不需要测定恒星的天顶距仅靠使用特制的棱镜等高仪进行观测，故观测结果没有垂直度盘的刻画误差和读数误差等因素的影响，大气折射改正误差也很小，因此，此方法可以得到较高精度的观测结果，是导弹阵地测绘保障应用最为广泛的天文测量方法之一。

设在测站观测某一恒星 σ_1 经过某一地平纬度为 h 的等高圈的钟面时为 $T_观$，测站的经度 λ，如图 5.16 所示，通过收录时号可以算得相应时号世界时 T_0 的钟面时 X_0 的钟差：

$$u_0 = S_0 + T_0 + T_0\eta + \lambda - X_0 \tag{5.74}$$

从而得观测钟面时 $T_观$ 的钟差：

$$u = u_0 + \omega(T_观 - X_0) \tag{5.75}$$

式中：ω 是钟速。根据恒星时、钟差、时角和赤经的关系 $t=s-a$，$s=T+u$，观测恒星 σ_1 时的时角 t_1：

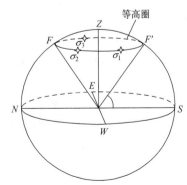

图 5.16 多星等高法定位

$$t_1 = T_{观} + u - a \qquad (5.76)$$

如果在测站又分别观测恒星 σ_2、σ_3,则由定位三角形可以写出

$$\begin{cases} \sinh = \sin\varphi\sin\delta_1 + \cos\varphi\cos\delta_1\cos t_1 \\ \sinh = \sin\varphi\sin\delta_2 + \cos\varphi\cos\delta_2\cos t_2 \\ \sinh = \sin\varphi\sin\delta_3 + \cos\varphi\cos\delta_3\cos t_3 \end{cases} \qquad (5.77)$$

上式有三个未知数 h、λ、φ,故测三颗星即可以求解上式。

为了保证观测精度,实际观测中,一般会根据测量等级的不同,测量不同数量的星数,如在某等级天文测量时需要测 12~24 颗星为一组,每点测 4~6 组,且要求所选测的星应该对称而且均匀分布在等高圈上。

第三节 GNSS 测量方法

全球卫星导航系统(GNSS)是以人造卫星为参考点的无线电导航系统,由于其具有高精度、全天候、全天时、全球覆盖、实时连续的独特优势,因此在各专业应用领域和大众消费市场得到了广泛应用,对人们的生产和生活方式产生了深远的影响,促进了国民经济发展和科技进步,是国家安全和国民经济不可或缺的基础设施。GNSS 技术具有定位精度高、作业速度快、费用省、相邻点间无须通视、不受天气条件的影响等诸多常规技术不可比拟的优点,因而在大地控制测量领域得到了广泛的应用,成为一种利用高新技术进行定位的大地测量方法[18]。

一、全球卫星导航系统分类

目前,世界已建和在建的主要有四大卫星导航系统:美国的 GPS、俄罗斯的 GLO-NASS、欧洲的 Galileo 系统和我国的北斗全球卫星导航系统。

(一)美国的 GPS

GPS 是美国导航卫星 NAVSTAR/GPS 的简称,又称作全球卫星定位系统,是由美国国防部负责研制,满足军民需求,用于地球表面及近地空间用户(载体)的精确定位、测速,可作为一种公共时间基准的全天候星基无线电导航定位系统[19]。

20 世纪 60 年代末,为了满足陆海空三军和民用部门越来越高的导航定位要求,美国军方开始着手研制一个可以全天候、全天时、连续实时提供精确定位服务的新一代全球卫星导航系统,20 世纪 70 年代开始发射试验卫星进行技术试验,研制建设过程历时 20 余年,耗资 320 亿美元,于 1994 年正式建成 GPS。

GPS 具有以下主要特点:

(1) 全球地面连续覆盖,卫星数目多且分布合理。在地球任何地方都可连续同步观测到至少 4 颗卫星,保障了全球、全天候连续实时导航与定位。

(2) 定位精度高。应用实践证明,GPS 系统相对定位精度在 50km 以内可达 10^{-6},100~500km 可达 10^{-7},1000km 可达 10^{-9}。在 300~1500m 精密定位中,1h 以上观测的解位置误差小于 1mm。

(3) 观测时间短。随着 GPS 的不断完善,软件的不断更新,目前 20km 以内相对

静态定位仅需 15~20min；进行快速静态相对定位测量时，当每个流动站与基准站相距 15km 以内时，流动站观测时间只需 1~2min，然后可随时定位，每站观测只需几秒。

GPS 由空间段、地面段和用户段三部分组成，如图 5.17 所示。

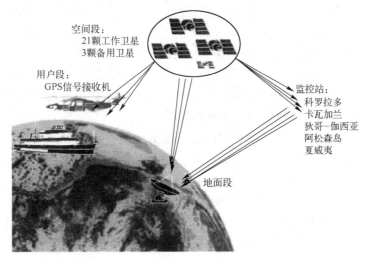

图 5.17　GPS 组成

（1）空间段。如图 5.18 所示，GPS 的空间段由 24 颗工作卫星组成，它位于距地表 20~200km 的上空，均匀分布在 6 个轨道面上（每个轨道面 4 颗），轨道倾角为 55°。此外，还有几颗有源备份卫星在轨运行。卫星的分布使得在全球任何地方、任何时间都可观测到 4 颗以上的卫星，并能在卫星中预存导航信息。

（2）地面段。地面段由主控制站、监测站、注入站组成，主控制站位于美国科罗拉多州，负责收集由卫星和其他地面站传回的信息，并计算卫星星历、相对距离、大气校正等数据。

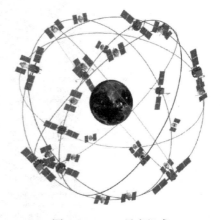

图 5.18　GPS 星座组成

（3）用户段。用户设备部分即 GPS 信号接收机。其主要功能是捕获按一定卫星截止角所选择的待测卫星，并跟踪这些卫星的运行。接收机捕获到跟踪的卫星信号后，就可测量出接收天线至卫星的伪距变化率，解调出卫星轨道参数等数据。根据这些数据，接收机中的微处理器就可以按定位解算方法进行定位计算，计算出用户所在地理位置的经纬度、高度、速度、时间等信息。接收机硬件和机内软件以及 GPS 数据的后处理软件包构成完整的 GPS 用户设备。GPS 接收机的结构分为天线单元和接收单元两部分。接收机一般采用机内和机外两种直流电源。设置机内电源的目的在于更换外电源时不中断连续观测。在使用机外电源时机内电池自动充电。关机后，机内电池为 RAM 存储器供电，以防止数据丢失。目前，各种类型的接收机体积越来越小，重量越来越轻，便于野外观测使用和大众消费应用。现有单频与双频两种，但由于价格因素，一般使用者所购买的多为单频接收机。

(二) 俄罗斯的 GLONASS

俄罗斯的 GLONASS 也是一种全球卫星导航系统，能够为地球表面任意区域或近地区域用户提供三维位置、速度或时间信息服务。该系统由俄罗斯国防部维护，第一颗 GLONASS 卫星于 1982 年 10 月 12 日正式发射，曾于 1995 年 12 月完成星座组网，1996 年 1 月建成并投入使用。但由于当时的技术水平不高，这些卫星寿命很短，仅为 3 年，致使星座维护成本过高，在俄罗斯经济恶化、不能及时发射补网的情况下，系统一直处于降效运行，基本上不能提供可靠服务。直到 2001 年，卫星再补网工作才陆续开始。目前，GLONASS 正处于现代化改造和恢复阶段。

GLONASS 由空间段、地面段和用户段三部分组成。

(1) 空间段。

如图 5.19 所示，GLONASS 星座由分布于 3 个轨道面内的 24 颗卫星组成，每个轨道面内的 8 颗卫星间隔 15°，轨道面相对赤道面倾角为 64.8°，轨道高度约为 19100km，卫星轨道周期近似为 11 小时 16 分。截至 2022 年 12 月，GLONASS 在轨卫星 26 颗，22 颗 GLONASS 卫星在轨工作，2 颗卫星正在整合到该系统中，1 颗处于备份状态，1 颗在进行飞行测试。

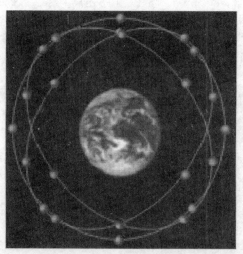

图 5.19 GLONASS 星座组成

(2) 地面段。

GLONASS 地面运控系统由分布于俄罗斯境内的 1 个主控站（SCC）、10 个监测站（MS）和 1 个遥测遥控站（TT&C）组成。10 个监测站中，3 个具有上行注入站功能，2 个具有激光测距站（SLR）功能，4 个具有遥测遥控功能。不同于 GPS，GLONASS 采用频分多址模式发送导航信号，定轨则采用以 L 波段伪码测距为主、激光为辅的方式。苏联解体后，乌克兰和哈萨克斯坦境内的控制站不再参与 GLOANSS 的保障工作，所有任务由俄罗斯境内的控制站承担。

(3) 用户段。

由于 GLONASS 一直运行得不是特别的稳定可靠，因此单独使用 GLONASS 的接收机较少，而 GPS/GLONSS 组合的接收机较多，特别是在高精度测量、授时等领域组合型接收机较多，如 TAHLAS 公司的 GG24 双模接收机，JAVAD 公司的 LEXON-GGD、JAVAD-JNS100 GPS GLONASS 接收机，TOPCON 公司的 HiPer Pro RTK 接收机。

(三) 欧洲的 Galileo 系统

Galileo 系统是以意大利著名物理学家 Galileo 的名字命名的欧洲全球卫星定位导航系统。1982 年，欧洲空间局提议要通过加强国际合作，建立一套以民用为主要目的全球卫星导航系统。1999 年 5 月，欧洲空间局开始进行 Galileo 系统空间和地面控制部分的研究，同年 6 月，欧盟批准 Galileo 系统研究计划。经过多年研究，2002 年 3 月 26 日，欧盟正式启动 Galileo 系统开发计划。

Galileo 系统具有以下特点：

(1) Galileo 系统是第一个民用的卫星定位和导航系统，其性能更为先进、高效和可靠。它将建立一套机制来实现对用户和经营者的服务承诺。该机制包括优先控制所有的危险、保证服务的实际应用与计划相符、赔付可能的损失、提供法律援助。

(2) Galileo 系统的数据率高，波段更宽，频点更多，加之其他改进的修正技术，Galileo 系统的精度要优于 GPS。对于某一特定的应用，Galileo 系统定位精度可达 1m，这样就可以更好地用于保障航空安全和其他精密应用。Galileo 系统的信号将至少使用 3 个频率，而 GPS 改进方案仅为 2 个类似频率加 1 个军用频率。

(3) Galileo 系统实现了全球完好性监控。

(4) Galileo 系统可提供真正意义上的开放服务，服务的不间断性也有保障。

(5) Galileo 系统在设计和论证时就充分考虑了和 GPS 的兼容问题，因此 Galileo 系统一旦建成，用户使用一台接收机就能够同时接收 GPS 和 Galileo 系统信号，全球卫星导航系统的精度和可靠性将会提高到一个新的高度，应用范围将更加广阔。

Galileo 系统由空间段、地面段和用户段三部分组成。

(1) 空间段。

Galileo 系统空间部分由总数为 30 颗卫星的星座组成，星座采用 Walker27/3/1 分布，如图 5.20 所示，分布在轨道高度约为 23616km、轨道倾角为 56°、相互间隔 120° 的 3 个倾斜轨道面上，每个轨道面等间隔部署 9 颗工作卫星和 1 颗在轨备份卫星（也发射信号）。

(2) 地面段。

地面段主要包括导航系统控制中心（NSCC）、分布在全球的无人控制轨道/同步监测站（OSS）和多个测控站（TT&C）。其中包括：①设在德国（地面控制）和意大利（地面任务）的 2 个 NSCC

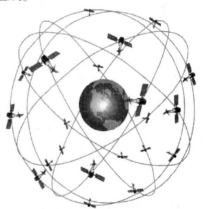

图 5.20　Galileo 星座组成

以及拟在西班牙建造的生命安全中心；②位于全球的 5 个测控站（分别部署在英国的牛津、智利的圣地亚哥、马来西亚的吉隆坡、意大利的福其诺和瑞典的基律纳）；③位于全球的 30 个 OSS（3m 天线）；④利用地面通信和甚小天线口径终端（VSAT）卫星链路，将所有地面站和地面设施连接起来的 Galileo 通信网。

(3) 用户段。

用户段指用户使用的各种 Galileo 系统接收机。

(四) 我国的北斗全球卫星导航系统

北斗卫星导航系统是中国正在实施的自主发展、独立运行的全球卫星导航系统。系统目标是建成独立自主、开放兼容、技术先进、稳定可靠的覆盖全球的北斗卫星导航系统，促进卫星导航产业链形成，形成完善的国家卫星导航应用产业支撑、推广和保障体系，推动卫星导航在国民经济社会各行业的广泛应用。

北斗卫星导航系统由空间段、地面段和用户段三部分组成。空间段包括 5 颗静止轨道卫星和 30 颗非静止轨道卫星；地面段包括主控站、注入站和监测站等若干个地面站；用户段包括北斗用户终端以及与其他卫星导航系统兼容的终端。

北斗卫星导航系统的建设与发展，以应用推广和产业发展为根本目标，不仅要建成系统，更要用好系统，强调质量、安全、应用、效益，遵循开放性、自主性、兼容性、渐进性等建设原则。中国正积极稳妥地推进北斗卫星导航系统的建设与发展，不断完善服务质量，并实现各阶段的无缝衔接。

就目前而言，GPS 无论在技术成熟度还是应用范围等诸多方面均保持领先地位，下面主要以 GPS 为对象进行 GNSS 测量方法及原理的介绍。

二、定位方法分类及其误差源

应用 GPS 卫星信号进行定位，可以按照用户接收机天线在测量中所处的状态，或者按照参考点的位置以及 GPS 定位测量的技术手段分类，定位方法可分为以下几种。

(一) 静态定位和动态定位

如果在定位过程中，用户接收机天线一直处于静止状态，或者待定点在协议地球坐标系的位置被认为是固定不动的，那么确定这些待定点位置的定位测量就称为静态定位。由于地球本身在运动，因此严格地说，接收机天线的静止状态是指相对周围的固定点天线位置没有可察觉的变化，或者变化非常缓慢，以至在观测期内察觉不出而可以忽略。

在进行静态定位时，由于待定点位固定不动，因此可以通过大量重复观测以提高定位精度。阵地大地测量所采用的基本方法就是静态定位测量。近年来，随着快速解算整周模糊度技术的出现，使得静态定位的时间大大减少，从而在地形测量和一般工程测量领域获得了广泛的应用。随着快速静态技术的不断成熟，必将在阵地测量工作中获得广泛的应用。

与以上相对应，如果在定位过程中，用户接收机的天线处于运动状态，这时待定点位置将随时间变化。确定这些运动着的待定点位置称为动态定位。例如，为了确定飞机、轮船和汽车以及航天器的实时位置，就可以在这些运动着的载体上安置 GPS 信号接收机，采用动态定位的方法获得接收机天线的实时位置。目前，我国广泛应用的车载 GPS 导航装备就是属于这种类型。

(二) 绝对定位和相对定位

根据参考点位置的不同，GPS 定位测量又可分为绝对定位和相对定位，如图 5.21 所示。

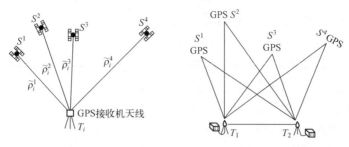

图 5.21 绝对定位和相对定位

绝对定位是以地球质心为参考点，测定接收机天线（或待定点）在协议地球坐标系中的绝对位置。由于定位作业仅需要一台接收机，所以又可称为单点定位。单点定位外业工作和数据处理都比较简单，但其定位结果受卫星星历误差和信号传播误差影响显著，所以定位精度较低。这种定位方式适用于低精度的测量领域，如实时导航等。近年来，国内外学者开展了基于国际 IGS 精密卫星轨道参数和卫星钟差的"非差相位精密单点定位"的研究，以实现单台双频接收机实时动态定位（Precise Point Position，PPP），这是一种非常具有应用前景的定位技术。

选择地面某个固定点为参考点，确定接收机天线相位中心相对参考点的位置，称为相对定位。由于相对定位至少使用两台接收机，同步跟踪 4 颗以上 GPS 卫星，因此相对定位所获得的观测量具有相关性，并且测量中所包含的误差也同样具有相关性。采用适当的数学模型可消除或削弱观测量所包含的误差，使定位结果达到相当高的精度。相对定位既可以作静态定位，也可以作动态定位，其结果是获得各待定点间的基线向量（三维坐标差）。目前，静态相对定位由于其精度可达 $10^{-6} \sim 10^{-8}$，所以它仍然是高精度（或精密）定位测量的基本模式。随着整周模糊度快速逼近技术取得进展，快速静态相对定位方法目前已经开始应用，并且在某些领域已经取代传统的相对定位方法。此外，还有一种准动态相对定位模式，也是一种快速定位技术，但由于其精度不理想，对作业环境的要求高，因此应用范围不广。

在动态定位技术中，差分定位受到了广泛的重视。在进行差分定位时，一台接收机被安置在参考点上固定不动，其余接收机则分别安置在需要定位的运动载体上。固定接收机与流动接收机可分别跟踪同一组 4 颗以上的卫星信号，并以伪距作为观测量。根据参考点的已知坐标，可计算出定位结果的坐标改正数或距离改正数，并通过数据传输电台（或数据链）发射给流动用户，以改进流动站定位结果，提高精度。RTK（Real Time Kinematic）GPS 测量技术就是基于这项技术开发的。它采用了载波相位作为基本观测量，因为载波相位的波长较短，所以这项技术可以达到厘米级的定位精度。在 RTK GPS 测量作业模式下，位于参考站的 GPS 接收机，通过数据链将参考站的已知坐标和载波相位观测量一起传输给位于流动站的 GPS 接收机，流动站的 GPS 接收机根据参考站传递的定位信息和自己的观测量，组成差分模型并进行基线向量的实时解算，可获得厘米级精度的定位结果。RTK GPS 测量极大地提高了 GPS 测量作业效率，为 GPS 测量开拓了更广阔的应用前景。移动近景摄影测量就基于这一原理测得摄影站的位置，从而确定影像上各点的位置。

(三) 伪随机码相位测量与载波相位测量

伪随机码相位测量原理：在进行伪随机码相位测量时，GPS 接收机利用码分多址技术与码相关锁相放大技术，同时对 4 颗以上卫星的测距信号进行伪距（站星真空距离）测定，再通过对伪距的多项修正后的站星几何距离解算测站坐标。伪距定位测量所采用的观测值为 GPS 伪距观测值，所采用的伪距观测值既可以是 C/A 码伪距，也可以是 P 码伪距。伪距定位的优点是数据处理简单，对定位条件的要求低，不存在整周模糊度的问题，可以非常容易地实现实时定位；其缺点是观测值精度低，C/A 码伪距观测值的精度一般为 3m，而 P 码伪距观测值的精度一般在 30cm 左右，从而导致定位成果精度低。另外，若采用精度较高的 P 码伪距观测值，还存在 AS 的问题。

载波相位定位所采用的观测值为 GPS 的载波相位观测值，即 L_1、L_2 或它们的某种线性组合。由于载波相位的波长很短，因此载波相位定位的优点是观测值的精度高，一般小于 2mm；其缺点是数据处理过程复杂，存在整周模糊度的问题。

需要强调的是，测量就必然带来误差，GPS 测量也不例外。现从误差来源分析，GPS 定位的主要误差源可以划分为如下三大类型：第一类是与卫星有关的误差，即卫星轨道误差、卫星钟差、相对论效应等；第二类是与传播途径有关的误差，即电离层延迟、对流层延迟、多路径效应等；第三类是与接收设备有关的误差，即接收机天线相位中心的偏移和变化、接收机钟差、接收机内部噪声等。

三、伪距测量原理

测量学中的交会法测量里有一种测距交会确定点位的方法。与其相似，GPS 的定位原理就是利用空间分布的卫星以及卫星与地面点的距离交会得出地面点位置。简而言之，GPS 定位原理是一种空间的距离交会原理。由距离交会定点的原理，在二维平面上需要两个边长就能确定另一点，而在三维空间里就需要三条边长确定第三点。GPS 的定位原理也是基于距离交会定位原理确定点位的。

利用固定于地球表面的三个及以上的地面点（控制站）可交会确定出天空中的卫星位置，反之利用三个及以上卫星的已知空间位置又可交会出地面未知点（接收机天线中心）的位置。这就是 GPS 卫星定位的基本原理。

如图 5.22 所示，设在地面上有三个已知点（可以更多）P_1、P_2、P_3 和一个待定点 P，在其上对卫星 S_1 进行同步观测，测得距离 S_{11}、S_{21}、S_{31} 和 S_{P1}，则可由三个距离 S_{11}、S_{21}、S_{31} 确定出卫星 S_1 的位置，同理可确定出卫星 S_2、S_3 的空间位置以及相应的距离 S_{P2}、S_{P3}，则待定点 P 的位置可由三个卫星（位置已知，可以更多）的距离 S_{P1}、S_{P2}、S_{P3} 交会而确定。

GPS 是一种基于卫星的无线电导航系统，用于计算精确时间和在地球上任意地点的三维位置。图 5.23 为 GPS 应用的典型实例。GPS 获取至少 4 颗卫星信号的到达时间（TOA）或伪距实现定位解算。当观测

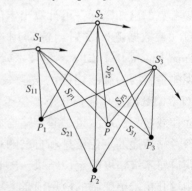

图 5.22 空间距离交会原理

N_{sat} 颗卫星时,原始伪距是沿着每颗卫星信号广播的视距方向所测得的距离。卫星 k 的伪距 ρ_k 可表示为

$$\rho_k = \sqrt{(x_k-x_u)^2+(y_k-y_u)^2+(z_k-z_u)^2}+c \cdot \Delta b_u, \quad k=1,2,\cdots,N_{sat} \quad (5.78)$$

式中:x_k,y_k 和 z_k 为卫星 k 在地心地固坐标系下的坐标;c 为光速;下标 u 表示用户;x_u,y_u 和 z_u 为用户在地心地固坐标系下的坐标用户,钟差 Δb_u 为接收机参考时间和未知的 GPS 时间之间的偏差量。

利用(至少)四个这样的方程,可迭代解算用户的位置和时钟偏差。

设想在地面待定位置上安置 GPS 接收机,同一时刻接收 4 颗以上 GPS 卫星发射的信号。通过一定的方法测定这 4 颗以上卫星在此瞬间的位置以及它们分别至该接收机的距离,据此利用距离交会法解算出测站 P 的位置及接收机钟差 δt。

如图 5.23 所示,设时刻 t_i 在测站点 P 用 GPS 接收机同时测得 P 点至四颗 GPS 卫星 S_1、S_2、S_3、S_4 的距离 ρ_1、ρ_2、ρ_3、ρ_4,通过 GPS 电文解译出四颗 GPS 卫星的三维坐标 (X^j,Y^j,Z^j),$j=1,2,3,4$,用距离交会的方法求解 P 点的三维坐标 (X,Y,Z) 的观测方程为

$$\begin{cases} \rho_1^2=(X-X^1)^2+(Y-Y^1)^2+(Z-Z^1)^2+c\delta t \\ \rho_2^2=(X-X^2)^2+(Y-Y^2)^2+(Z-Z^2)^2+c\delta t \\ \rho_3^2=(X-X^3)^2+(Y-Y^3)^2+(Z-Z^3)^2+c\delta t \\ \rho_4^2=(X-X^4)^2+(Y-Y^4)^2+(Z-Z^4)^2+c\delta t \end{cases} \quad (5.79)$$

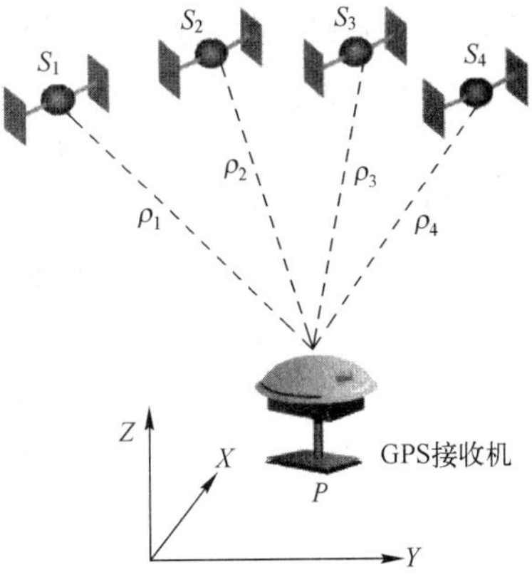

图 5.23 GPS 定位原理

式中:c 为光速;δ_t 为接收机钟差。

通过以上分析可知,GNSS 定位中,要解决的问题是两个:一是观测瞬间 GNSS 卫星的位置。GNSS 卫星发射的导航电文含有 GNSS 的卫星星历,通过卫星星历可以实时确定卫星的位置信息。二是观测时刻测站至 GNSS 卫星之间的距离。站、星之间的距离是通过测定 GNSS 卫星信号在卫星和测站之间的传播时间延迟来确定的。距离测量主要采用两种方法:一种是 GNSS 卫星发射的测距码信号到达用户接收机的传播时间,即伪距测量;另一种是测量具有载波多普勒频移的 GNSS 卫星载波信号与接收机产生的参考载波信号之间的相位差,即载波相位测量。因此,GNSS 在实际定位中又有多种不同的定位方法。

用户钟差是一个随时间变化的量,它会影响所有伪距测量值。钟差主要由如下因素引起:①本地振荡器的漂移和偏差;②卫星有效载荷滤波器(模拟和数字)传输延迟;③天线和接收机传输/处理延迟。

就原理上而言,通过解前面提到的方程组可以得到高精度的解算结果。然而,GPS 通常还有其他几个主要的误差源,其中包括由电离层和对流层引起的两个未知的大气层延迟或误差。这些误差效应导致视距信号的实际到达时间比上述伪距方程预测的要晚。多径传播是另一个主要的伪距误差源,多径信号(通常不希望存在)来自地面或附近其他障碍物的反射。相对于直接影响视距信号到达时间的大气层效应,多径会导致 GPS 接收机对信号到达时间的错误测量。

四、载波相位测量原理

载波相位测量是测量接收机接收到的具有多普勒频移的载波信号,与接收机产生的参考载波信号之间的相位差,通过相位差来求解接收机位置。由于载波的波长远小于码长,C/A 码码元宽度为 293m,P 码码元宽度为 29.3m,而 L_1 载波波长为 19.03cm,L_2 载波波长为 24.42cm,因此在分辨率相同的情况下,L_1 载波的观测误差约为 2.0mm,L_2 载波的观测误差约为 2.5mm。而 C/A 码观测精度为 2.9m,P 码为 0.29m。载波相位观测是目前最精确的观测方法[20]。

载波相位观测存在的主要问题是,无法直接测定卫星载波信号在传播路径上相位变化的整周数,存在整周不确定性问题。此外,在接收机跟踪 GPS 卫星进行观测过程中,常常由于接收机天线被遮挡、外界噪声信号干扰等原因,还可能产生整周跳变现象。有关整周不确定性问题,通常可通过适当数据处理来解决,但这会使数据处理复杂化。

载波相位观测的观测量是 GPS 接收机所接收的卫星载波信号与接收机本振参考信号的相位差。以 $\varphi_k^j(t_k)$ 表示 k 接收机在接收机钟面时刻 t_k 时所接受到的 j 卫星载波信号的相位值,$\varphi_k(t_k)$ 表示 k 接收机在钟面时刻 t_k 时所产生的本地参考信号的相位值,则 k 接收机在接收机钟面时刻 t_k 时观测 j 卫星所取得的相位观测量可写为

$$\varphi_k^j(t_k) = \varphi_k^j(t_k) - \varphi_k(t_k) \tag{5.80}$$

相位测量或相位差测量通常只测出一周以内的相位值,在实际测量中,如果对整周进行计数,则自某一初始取样时刻(t_0)以后就可以取得连续的相位观测值,如图 5.24 所示。

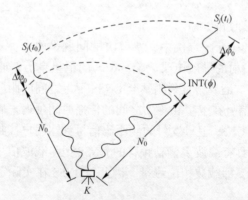

图 5.24 载波相位观测量

t_0 时刻和 t_k 时刻的相位观测值可以分别写成

$$\varphi_k^j(t_0) = \varphi_k^j(t_0) - \varphi_k(t_0) + N_0^j \tag{5.81}$$

$$\varphi_k^j(t_k) = \varphi_k^j(t_k) - \varphi_k(t_k) + N_0^j + \text{int}(\varphi) \tag{5.82}$$

接收机在跟踪卫星信号时,不断测定小于一周的相位差,并利用整周计数器记录从 t_0 到 t_k 时间内的整周数变化量 $\text{int}(\varphi)$,在这一时间段内,要求卫星信号没有中断。如果在这一过程中卫星失锁了,那么需采取其他方法进行处理。

载波相位观测量是接收机和卫星位置的函数,只有得到了它们之间的函数关系,才

能从观测量中求解接收机的位置。

前述的相位差观测量都是时间的函数,那么如何引入接收机和卫星位置?

卫星信号从卫星传播到接收机需要一定时间,称为传播延迟 $\tau_k^j(T)$。在地固坐标系中,传播延迟是接收机与卫星位置的函数,也是时间的函数:

$$\tau_k^j(T) = \tau_k^j[t_k + \delta t_k - \tau_k^j(T)] = \frac{1}{c}\{\rho_k^j[t_k + \delta t_k - \tau_k^j(T)]\}$$

将载波相位观测量方程展开,表达为时间、卫星至接收机的距离、载波频率的函数,同时考虑电离层和对流层对卫星信号传播的影响,并做一定简化,可以得到载波相位测量的观测方程:

$$\varphi_i \lambda = \sqrt{(X^j - X_k)^2 + (Y^j - Y_k)^2 + (Z^j - Z_k)^2} + c(V_{t_t} + V_{t_t^s}) - N_i \lambda - (V_{\text{ion}})_i - (V_{\text{trop}})_i \quad (5.83)$$

式中:φ_i 表示卫星载波信号的相位值,由整周计数 $\text{int}(\varphi)_i$ 和不足一周的部分 $F_r(\varphi)_i$ 组成;λ 为卫星载波信号的波长;X^j,Y^j,Z^j 为第 j 颗卫星的在轨位置;X_k,Y_k,Z_k 为测站 k 的三维位置;V_{tk} 为接收机钟差;$V_{t_t^s}$ 为卫星钟差;N_i 为整周模糊度;$(V_{\text{ion}})_i$ 为电离层传播延迟改正数;$(V_{\text{torp}})_i$ 为对流层传播延迟改正数。

分析上式可知,采用载波相位测量进行定位测量时,确定整周模糊度 N_i 是其中一项重要工作,由前面介绍的测量定位原理可知,当整周模糊度确定后,卫星与接收机之间的距离随之确定,进而可以根据距离交会测量定位原理实现定位测量。由于整周模糊度的精确计算比较复杂,这里不对其进行详细分析,仅从分类的角度进行介绍。常用的方法有下列几种。

1. 伪距法

伪距法是在进行载波相位测量的同时又进行了伪距测量,将伪距观测值减去载波相位测量的实际观测值(化为以距离为单位)后即可得到。但由于伪距测量的精度较低,所以要有较多的伪距测量值取平均值后才能获得正确的整波段数。

2. 将整周未知数当作平差中的待定参数——经典方法

把整周未知数当作平差计算中的待定参数加以估计和确定有两种方法。

(1)整数解。整周未知数从理论上讲应该是一个整数,利用这一特性能提高解的精度。短基线定位时一般采用这种方法。具体步骤如下:

首先根据卫星位置和修复了周跳后的相位观测值进行平差计算,求得基线向量和整周未知数。由于各种误差的影响,解得的整周未知数往往不是一个整数,称为实数解。然后将其固定为整数(通常采用四舍五入法),并重新进行平差计算。在计算中整周未知数采用整周值并视为已知数,以求得基线向量的最后值。

(2)实数解。当基线较长时,误差的相关性将降低,许多误差消除得不够完善。所以无论是基线向量还是整周未知数,均无法估计得很准确。在这种情况下再将整周未知数固定为某一整数往往无实际意义,所以通常将实数解作为最后解。

采用经典方法解算整周未知数时,为了能正确求得这些参数,往往需要一个小时甚至更长的观测时间,从而影响了作业效率,所以只有在高精度定位领域中才应用。

3. 多普勒法(三差法)

由于连续跟踪的所有载波相位测量观测值中均含有相同的整周未知数,所以将相邻两个观测历元的载波相位相减,就可将该未知参数消去,从而直接解出坐标参数。这就是多普勒法。但两个历元之间的载波相位观测值之差受到此期间接收机钟及卫星钟的随机误差的影响,所以精度不太好,往往用来解算未知参数的初始值。三差法可以消除许多误差,所以使用较广泛。

4. 快速确定整周未知数法

这种方法的基本思路是,利用初始平差的解向量(接收机点的坐标及整周未知数的实数解)及其精度信息(单位权中误差和方差协方差阵),以数理统计理论的参数估计和统计假设检验为基础,确定在某一置信区间整周未知数可能的整数解的组合,然后依次将整周未知数的每一组合作为已知值,重复地进行平差计算。其中使估值的验后方差或方差和为最小的一组整周未知数,即为整周未知数的最佳估值。

思考与练习题

1. 简述电磁波测量基本原理。
2. 分析电磁波测距的误差来源并推导精度表达式。
3. 简述地平坐标系、时角坐标系以及赤道坐标系的定义。
4. 什么是天文定位三角形?
5. 简述伪距测量原理。
6. 简述 GNSS 载波相位测量原理。

第六章 时间系统

时间测量与其他一些物理量的测量一样，是为满足科学发展和技术进步的需要发展起来的。在一定意义上也可以说，它的发展是以当时科学技术水平为基础的。迄今为止，人们选择了3种周期运动作为标准去测量时间。这些选择看上去是自然的，但是它在人类认识和计量学发展史上，耗尽了许许多多杰出科学家的毕生精力[21]。本章简要回顾时间测量的历史进程，以及在这一进程中科学家们的思考、抉择和贡献。

第一节 时间的概念

一、时间的本质

时间是最基本的物理量，也是测量精度最高的物理量。时间在科学、技术、国防、文化、民生及其他领域中扮演着十分重要的角色。可以说人类文明是在时钟的"嘀嗒"声中不断进步的。人类对时间的认知程度和测量水平决定着人类的科技水平。

时间是什么？这不仅是一个科学问题，也是一个哲学和宗教问题。古罗马基督教思想家圣·奥古斯丁（Aurelius Augustinus，354—430）在他的《忏悔录》中写道："没人问我，我很清楚；一旦问起，我便茫然。"这充分说明了时间的概念是多么复杂。时间问题是近现代西方哲学中的核心问题之一。对时间本质问题的回答，在哲学上始终存在两大阵营："时间是真实的"或"时间是非真实的"。

人类的时间概念源于对事件先后顺序的排列，对昼夜交替和季节变迁的认识和对因果关系的了解。时间是一维的绵延，空间是三维的广延。绵延与广延都属于延展。然而绵延与广延不同，它还有"流逝"的含义。绵延的这种"流逝性"，在物理学上表现为自然过程的不可逆性，表现为热力学第二定律，迄今人们都不知道如何对流逝性进行度量。《论语》云："子在川上曰：逝者如斯夫，不舍昼夜。"孔夫子把时间比作永恒流逝的河流，他强调流逝，也是在强调时间的不可逆性。流逝性的存在使得时间概念比空间概念更为复杂，因此引起了更多哲学家和科学家的注意。

柏拉图认为真实的"实在世界"是"理念"，我们感受和接触到的万物和宇宙都不过是"理念"的"影子"。理念完美而永恒，它不存在于宇宙和时空中。时间是"永恒"的映象，是"永恒"的动态相似物；时间不停地流逝，模仿着"永恒"。柏拉图的学生亚里士多德则认为真实存在的不是"理念"而是万物和宇宙组成的客观世界，"时间是运动的计数"，是"运动和运动持续量的量度"。亚里士多德把老师的理论完全颠倒过来，他为此十分痛苦，后来说了一句千古流芳的佳话："吾爱吾师，吾尤爱真理。"

牛顿认为存在不依赖于物质和运动的绝对时间，"绝对的、真实的和数学的时间，按其固有的特性均匀地流逝，与一切外在事物无关，又名绵延；相对的、表观的和通常的时间，是可悉知和外在的对运动之延续之度量，常常用来代替真实的时间，如一小时、一天、一个月、一年"。牛顿认为时间是绝对均匀的，有方向的，没有起点和终点的"河流"。但是，他也认识到"可能并不存在一种运动可以用来准确地测量时间"。我们通常谈论、测量的时间都不是真实的绝对时间，而只是绝对时间的一种替代品（表观时间），是"运动延续的度量"。"所有的运动可能都是加速的或减速的，但绝对时间的流逝却不会有所改变"。

同时代的德国数学家莱布尼茨（Gottfried Wilhelm Leibniz，1646—1716）对时空的看法与牛顿完全不同，他认为并不存在绝对的时间和绝对的空间，时间和空间都是相对的。空间是物体和现象有序性的表现方式，时间是相继发生的现象的罗列。时间和空间都不能脱离物质客体而独立存在。

德国哲学家康德则认为，"时间关系仅在永恒中才是可能的，因为同时或连续是时间中唯一的关系，也就是说，永恒是时间自身的经验表象的根基，一切的时间规定，只有在这种根基中才可能的""时间不过是内感官的形式，即我们自己的直观活动和我们内部状态的形式。因为时间不可能是外部现象的任何规定；它既不属于形状，又不属于位置等，相反，它规定着我们内部状态中诸表象的关系""我在直观的感觉中产生时间本身"。他认为时间与空间不同，时间应该属于精神世界。

时间是客观的实在，还是主观感觉，迄今并没有圆满的答案。从相对论的角度看，时间既有绝对的客观性，也有和观者之间的相关性（相对性）。

二、时间的度量

不管时间的概念和本质如何，在科学和技术层面上人们总可以在一定的精度下对时间进行度量。著名美籍犹太裔物理学家、诺贝尔物理奖获得者费曼（Richard Phillips Feynman，1918—1988）曾说过，并不是时间本身让物理学家感兴趣，而是如何去测量它。

英国著名哲学家洛克（John Locke，1632—1704）指出：时间的绵延只能用周期运动作单位进行度量，然而"绵延中任何两部分我们都不能确知是相等的"。我们只有在假定每个周期都是相等的情况下，才能对时间进行度量。18世纪著名数学家欧拉提出了用运动定律来确认周期相等的方法。他在《时间和空间的沉思》一书中写道：如果以某个给定的循环过程为单位时间，如果牛顿第一定律成立，那么这个过程就是周期性的。也就是说，每次循环都经历相同的时间，或者说各个时间周期相等。

法国科学家庞加莱（Jules Henri Poincare，1854—1912）认为时间的测量应分为两个问题，一个是如何确定"异地时钟"的同时，另一个是如何确定"相继时间段"的相等。他认为这两个问题的解决不能靠"直觉"，而应靠"约定"。1888年庞加莱在《时间的测量》一文中提到，应该把"光速各向同性而且是一个常数"作为一条公理（即约定）。他提出了用交换光信号来确定两地时间"同时"的想法。1905年，他在《科学的价值》一书中再次强调"光具有不变的速度，尤其是光速在所有方向都是相同的。这是一个公设。没有这个公设，便不能试图测量光速"。庞加莱的光速约定为爱因斯坦相对论的建立奠定了基础。

三、时间频率技术

单位时间内振动的次数称为"频率"，因此频率与时间单位等价[22]。

时间频率的测量、比对、传递和同步技术统称为时间频率技术。时间频率技术可简单概括为"测时""守时""授时""用时"四个方面，如图 6.1 所示。"测时"和"守时"的目的在于实现统一的时间频率基准（标准时间），并确保基准的稳定性和准确性；"授时"也可以称为"时间发播"，目的是实现标准时间向用户的传递，"用时"是指用户通过时统设备根据授时信息实现所用时间的统一或频率的校准。

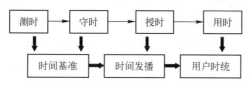

图 6.1 时间频率技术体系构成

时间频率技术的发展有力地促进了科学技术的发展。通信、互联网和卫星导航技术的发展都是以原子钟技术的发展为前提的。皮秒至飞秒量级的精密时间频率测量在一系列尖端科技探索领域，诸如寻找上帝粒子、捕捉引力波等高精度物理观测实验中，发挥着举足轻重的作用。在诺贝尔物理学奖中与时间频率有关的约占 10%。因此有人说时间频率是离诺贝尔奖距离最近的学科领域，未来的科学和技术发展水平在很大程度上取决于人类对时间的认知水平和测量精度。

时间频率技术涉及人类生活的各个方面。从用户角度看，时间的应用主要体现在"时"（时间统一）、"频"（频率校准）、"相"（相位同步）三个方面。不同行业对时间频率的精度指标需求千差万别，表 6.1 反映了时间频率在部分行业中的指标要求。

表 6.1 时间频率应用的概要指标

行　业	应用方向/应用领域	指标要求
电力	运行调度、故障定位	$0.5\mu s \sim 1ms$
通信	移动通信基站、个人位置服务（定位手机、计算机等）	$0.1 \sim 3\mu s$
交通	道路导航、道路救援、车辆管理、智能收费、货物跟踪管理	$0.1 \sim 1s$
防震减灾	数字地震观测、地震前兆观测、地震现场调查、勘测	$0.1\mu s \sim 1ms$
公安	道路交通安全预警、交通控制、交通管理效能分析评价	$1ms$
林业	森林调查、森林防火、飞播造林、病虫害、数字林业	$1\mu s$
导航	导航定位、精密授时、地面站同步	$0.1 \sim 10ns$

四、时间基准与授时服务

一个国家或一个系统统一使用的时间参考称为时间基准（Time Standard）。时间基准的选择不仅要求所选择的物质运动具有连续性、周期性、均匀性和可复制性，而且要求时间单位的定义符合人类的生活习惯（习惯性）[23]。

人们日出而作，日落而息。太阳的周日视运动（东升西落）和周年视运动（季节变化）自古就是人类时间计量的基准。18世纪以后，由于天文学和物理学的发展，人们逐渐发现"太阳时"不仅与地理位置有关，而且是不均匀的，于是在19世纪末出现了平太阳时（Mean Solar Time Or Universal Time，UT），并形成了世界时和区时的概念。石英钟出现以后，人们发现平太阳时也不是足够均匀的，因此在20世纪60年代前后天文学家又引进了以地球公转为参考的历书时（Ephemeris Time，ET）。与平太阳时相比，历书时尽管在理论上更为均匀，但由于测量精度的限制，其测量不确定度仅由平太阳时的10^{-8}提高到10^{-9}量级。真正使时间计量精度得到快速、大幅度提升的是以量子物理学为基础的原子时系统（Atomic Time，AT）。

从20世纪50年代第一台实用型铯原子钟出现至今，时间频率技术飞速发展，测量不确定度提高了一百万倍以上，平均5~10年就提高1个数量级。目前国际计量局保持的国际原子时的不确定度已好于1×10^{-15}。

仅有时间基准是不够的，必须把时间基准传递给用户才能得到广泛应用。授时，也称为时间服务（Time Service），是指采用广播的方式将标准时间发送至用户，实现本地时间与标准时间统一的过程。古代的授时方法主要是利用人类的视觉和听觉，如打更报时、晨钟暮鼓、午炮报时、落球报时等。相对于听觉授时，视觉授时的传播距离更远，速度更快，但受限于障碍物遮挡。

现代授时技术受益于无线电技术的发展。常用的授时手段主要包括短波无线电授时、长波无线电授时、电话授时、电视授时、网络授时和卫星授时等，如图6.2所示。不同授时技术在覆盖范围、设备价格、抗干扰能力、实时性、便捷性、授时精度等方面各具优缺点，实际应用中可根据工程需求、环境条件等因素选择合理的授时技术。其中，全球卫星导航系统（GNSS）授时具有覆盖面广、精度高、设备廉价、应用广泛的显著特点。北斗卫星导航系统（BDS）具有单向授时和双向授时两种模式。单向授时不确定度好于50ns，双向授时不确定度好于10ns。

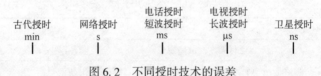

图6.2 不同授时技术的误差

将时间频率从一点传递到另一点的过程，称为时间频率传递（Time and Frequency Transfer）。目前高精度时间频率传递的手段主要包括卫星双向时间频率传递（TWSTFT）技术、GNSS卫星共视（SCV）技术、GNSS精密单点定位（PPP）技术和光纤时间频率传递技术。其时间传递的不确定度达到纳秒，甚至几十皮秒量级。

五、时间频率量基本概念

时间很早就被人们所认识，通常所说的时间有两种含义：一种指事件发生的瞬间，即时刻，如某脉冲信号在t_1时刻出现上升沿，在t_2时刻出现下降沿，时刻往往与年月日时分秒相关联；另一种指两个时刻之间的间隔，通常表示事件持续的时间，如上述脉冲信号出现上升沿和下降沿的时间间隔 $\Delta t = t_2 - t_1$。

时间虽然是人们非常熟悉的概念，但要给时间作一个非常确切的定义却是十分困难的事，至今还没有一个被人们普遍接受的定义。美国哥伦比亚大学名誉教授比拉在为《时间》一书作的序中写道："时间是什么？似乎小孩都知道，但是即使水平最高的理论物理学家也很难为它下一个令人满意的定义，然而时间是一切科学的基础，因为科学家们所能研究的仅仅是随着时间的流逝改变的是什么。"因为时间与人们生活密切相关，所以人们对时间的认识与计量在不断地变化、发展和提高。我国古代发明了日晷，日晷是利用太阳的位置来计量时间，但日晷依赖天气，在阴雨天气或者晚上就不能实现时刻的测量。后来有了漏壶，漏壶也叫漏刻，是古代利用滴水量来计量时间的仪器，在古代埃及、巴比伦等文明古国也都发明了漏壶计时仪器，但日晷、漏壶计时的误差较大。公元 1088 年，北宋天文学家苏颂等发明了水运仪象台，这是中国古代集观测天象浑仪、演示天象浑象、计量时间漏刻和报告时刻机械装置于一体的综合性观测仪器，其每天的计时误差为 100s；1675 年，荷兰科学家惠更斯利用伽利略发现的单摆周期十分稳定的原理制成了世界上第一台摆钟，其每天的误差为 10s 左右；1795 年，英国哈利森制成精密航海钟，其每天的误差为 0.1s 左右；1920 年，英国肖特制作的双摆天文钟达到了机械钟精度的顶峰，每天误差为 1ms 左右；1927 年，美国科学家马里森利用石英晶体的压电效应发明了电子式石英钟，其精度达到每天误差小于 0.1ms。人们在不断提高石英晶体稳定性的同时，也在不断寻找周期更为稳定的天体运动，目前世界上最准确的计时工具就是原子钟，它是 20 世纪 50 年代出现的，原子钟的发明进一步提高了人们对时间的认识，也迎来了时间标准的一系列变革。

频率与时间密切相关，是用来描述周期性运动事物变化快慢的物理量，通常用 f 表示，可将其定义为单位时间内事物周期性变化的次数，是描述周期运动频繁程度的物理量，即

$$f = \frac{N}{T_s} \tag{6.1}$$

式中：T_s 为时间；N 为时间 T_s 内事物周期性运动变化的次数。频率的基本单位为赫兹（Hz）。

周期和频率密切相关，是指周期性运动的事物重复出现的最小时间间隔，通常用 T 表示，是用来描述事件重复出现时间长短的物理量。周期与频率互为倒数关系，即

$$T = \frac{1}{f} \tag{6.2}$$

周期的基本单位是秒（s）。

周期性现象，在数学上可以使用周期函数来表示，即

$$f(t) = f(t + nT) \tag{6.3}$$

式中：n 为正整数；T 为事物运动变化的周期。

在现行国际单位制中，有 7 个基本单位，它们是长度单位米（m）、质量单位千克（kg）、时间单位秒（s）、电流单位安或安培（A）、热力学温度单位开或开尔文（K）、物质的量单位摩或摩尔（mol）、发光强度单位坎或坎德拉（cd）。在这 7 个基本单位

中，时间单位的定义和测量是历史最悠久、情况最复杂、目前测量精度最高的一个基本单位。

时间是连续流逝的物理量，它的测量依靠物质的连续运动，原理上，任一连续运动的物理过程或物理量，都可以表征成以时间 t 为自变量的函数：$F=f(t)$。如果这个过程的变化是可测的，那么我们就可以以它为标准进行时间测量。$f(t)$ 的基本简单的形式是线性函数。严格地说，在自然界中很难找到完全表现为线性函数形式的物理运动过程。一般情况下，这个函数可以写为

$$F = a + bt + \Phi(t) \tag{6.4}$$

式中，a、b 为常数；$\Phi(t)$ 为非线性部分。

对于时间测量而言，要求 $\Phi(t)$ 尽量小，在一定精度范围内可以忽略；或者 $\Phi(t)$ 具有某种特定形式，可以在记录 F 的变化中加以扣除。

式（6.4）为时间测量的原理方程。我们先忽略 $\Phi(t)$ 来考察它的意义，这时，式（6.4）可写为

$$F = a + bt \tag{6.5}$$

显然，当 $t=0$ 时，$F=a$。常数 a 表征 F 的起始状态，指示了时间测量系统的起点，或者说它规定了时刻的起算点。按天文学术语，它规定了时间测量系统的历元（epoch）。常数 $b = dF/dt$，它表示 F 在单位时间内的变化。当规定以 dt 作为某种时间单位，即令 $dt=1$ 时，$dF=b$。这表明只要精细地把 F 的变化记录下来，实际上就给出了时间间隔的单位。

人类在进行时间测量的过程中，按式（6.1）选择物理运动过程时，总是选取某种周期性运行过程，迄今为止，人类用以测量时间的周期运动过程大体可以分为三类。

（1）转动体的自由旋转。例如地球自转，由此导出了恒星时系统和平太阳时系统，后者演变为应用广泛的世界时系统。

（2）开普勒运动。即伴星体在引力作用下绕主星体轨道运动，如地球绕太阳的运动、月球绕地球的运动等，由此导出了历书时系统。

（3）谐波振荡。绝大多数机械钟和电子钟所依据的振荡运动都属于此类，包括原子在量子-机械系统中辐射或吸收电磁波的振荡运动。

第（1）类和第（2）类周期运动是天文学时间测量的基础。第（3）类谐波振荡运动产生了一般意义上所说的各种时钟，其中原子钟最为精确，它使我们得到了原子时概念和原子时测量系统。

为了更精确地测量时间，必须以一种公认的有权威性的时间测量仪器（或方法）作为时间测量的基准。这种基准一般应按两方面来选择。

（1）周期运动的稳定性。在不同的时期内该基准所给出的运动周期必须是相同的，不能因为外界条件的变化而有过大的变化。

（2）周期运动的复现性。周期过程在地球上任何地方、任何时候都应该能够在实际中通过一定的实验（或观测）予以复现，并付诸应用。

当然，稳定性和复现性同其他任何物理参数一样，不可能是绝对的，总是针对一定的精度指标而言的。也就是说，在某一历史阶段内，它只是人类科学技术水平所能达到

的最佳值，并以此作为当时选择的依据，随着科学技术的发展和新仪器、新方法的不断涌现，人类依据这两个条件去寻找新的时间测量基准。到目前为止，这种基准主要有三种：①地球的自转，表现为世界时；②地球的公转，表现为历书时；③原子跃迁频率，表现为原子时。

六、时间的概念和意义

1. 时间的定义

时间是事物存在或延续的过程，它与长度、质量一同称为宏观世界的三个基本量，是四维空间的一维（时间和三维位置）。时间具有绝对和相对两个方面的特性，即包含"时刻"和"时间间隔"两种含义。时刻在天文学中也称为历元。

对于时间的描述，可采用一维的时间轴，包括作为计量时刻的原点（初始历元）和计量时间间隔的单位（尺度）两大要素，原点可根据需要进行指定，度量单位采用时刻和时间间隔两种形式。时刻是时间轴上的坐标点，是相对于时间轴的原点而言的，是指事物在运动或变化过程中的某一瞬间；时间间隔是两个时刻之间的差值，是指事物在运动或变化过程所持续时间的长短，如图 6.3 所示。

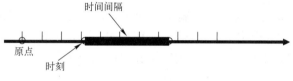

图 6.3 时间的定义

天文测量中通常说的时间测量，实际上就包含了既有差别又有联系的这两个内容，即时间间隔的测量和时刻的测定。

2. 时间系统的建立

时间系统的建立包括作为计量时刻的原点（初始历元）和计量时间间隔的单位（尺度），只要确定了这两个要素就可以建立起相应的时间系统。

理论上说，任何一个周期运动，只要它的周期是恒定的而且是可以观测的，就可以作为时间尺度。历史上人们创造了各式各样的测量时间的基准，但是为了更精确地测量时间，必须采用一种公认的有权威性的方法作为时间测量的基准。这种基准需要满足下列条件：①运动是连续的、周期性的；②运动周期必须充分稳定；③运动周期具有复现性。

当然，"充分稳定"和"复现性"与其他物理参数一样，不可能是绝对的，总是针对一定的精度指标而言的，在某一历史阶段内，它只是人类科学水平所达到的最佳值。

采用不同的时间原点和尺度，就产生了不同类型的时间系统。以地球自转周期为基准，由此量得的时间单位为"日"，这种时间计量系统有恒星时和太阳时，它是世界时时间基准的基础，稳定度为 10^{-8}。以地球或行星公转周期为基准，由此量得的时间单位为"年"，这种时间计量系统为历书时系统，是力学时时间基准的基础。以原子内部电子在能级跃迁时所辐射或吸收的电磁波频率为基准，用此量得的时间单位为

"原子秒",这种时间计量系统为原子时系统,是原子时时间基准的基础,稳定度可达 10^{-15}。

时间的国际标准单位为秒(s),派生出的单位有毫秒(ms,10^{-3}s)、微秒(μs,10^{-6}s)、纳秒(ns,10^{-9}s)等。

3. 日期、历法和时间

人类最早认识的第一个时间单位不是年,也不是月,而是日。在原始群居的渔猎时代,没有任何东西能够像黎明降于大地的光明和温暖,以及日落带来的黑暗和寒冷更影响人类的生存。太阳东升西落,周而复始,循环出现。这一次日出到下一次日出,或者这一次日落到下一次日落,这种天然的时间变化周期,使人们逐渐产生了日的概念。

有了"日"这一概念之后,人们便开始计数日期。计数日期既是古人与大自然抗争的需要,也是认识史上合乎逻辑的发展。在中国,有据可考的最早的记日方法是殷商时代的甲骨文干支表。鲁隐公三年(公元前722年)二月己巳日"日有食之"的记录是干支记日的最早证据。

现代天文学和时间测量中有一些资料需要用连续记日法来记录,不过使用的不是干支记日法,而是儒略日期,这种方法由斯里格(J. J. Scaliger)在16世纪提出,它从公元前4713年1月1日起连续记日。儒略日开始于格林尼治平正午,即世界时12h,用JD表示,后因数字太大而引进约化儒略日 MJD(Modified Julian Date)。它的起计日期为公元1858年11月17日世界时0h。MJD与JD的关系为

$$JD - MJD = 2400000.5(d) \tag{6.6}$$

例如公元2000年1月1日世界时0h,MJD=51545.0d。

日的较大数字的积累是年。人类最初根据物候和天象认识并产生了年的概念。年的四分产生四季。最早对年进行四分的是古代的希腊和中国。

月亮的出没以及它的圆缺变化也是人类最早认识的天象之一。中国古代很早以前就有了朔望月概念。年、月概念的产生孰先孰后,至今尚无明确说法。

年、月、日的各种巧妙编排就产生了历法。凡是文化古国,例如中国、埃及、巴比伦、印度等,都有悠久的编历历史。在中国,自秦汉以来,大概有100多种古代历法。其中较为完整的古历当推汉代的"太初历",又称"三统历"。

以太阳周年视运动作为基本周期编制的历法称为太阳历或阳历。以月相变化作为基本周期编制的历法称为太阴历或阴历。中国古历一般既考虑月亮运动周期,又考虑太阳周年视运动周期,即把朔望月与回归年协调起来,所以中国古历一般为阴阳合历。

回归年是平太阳连续两次过平春分点的时间间隔。1回归年约为365.2422日,1朔望月约为29.5306日,1回归年大约包含12.368个朔望月。19个回归年里包含有235个朔望月。而按每年12个月计算,19年中只有228个朔望月,这样19个回归年中的朔望月数就少了7个。所以中国古历编制通则为19年7闰法,即在19个回归年中设置7个闰月,使朔望月总数保持为235。

现在全世界普遍采用的历法是格里历,又称为公历。它是在古罗马历法基础上发展起来的。公历纪年以臆想中的耶稣诞生之年作为开始,即把罗马纪元的754年(西方人说耶稣就是在这一年诞生的)作为公历元年,也叫公元1年。格里历的平均历年长

度与回归年长度十分接近，简单易行，为世界上越来越多的国家所接受，以致变成现在通用的所谓"公历"。需要指出的是，公历纪年以耶稣诞生之年为公元 1 年，此前的 1 年为公元前 1 年，没有公元零年。

将日再细分是时间测量史上的一大进步。最先把 1 天分为 24 小时的是古埃及人。中国古代有 12 时辰的划分和百刻制。

把 1 小时划分为 60 分、1 分划分为 60 秒是公元 1345 年左右出现的。大约在公元 1550 年前后，时钟的钟面上才出现分针，到了 1760 年才有秒针。在这一进程中，摆钟的发明发挥了重大作用，它开辟了精密计时的新时代。

第二节 天文时间系统

古往今来，人们总是用天体的视运动来说明时间的推移，无论是一昼夜中的 24 小时，还是历法和年代学计算中所涉及更长的间隔，通常都与天体的运动紧紧地联系在一起，世界时就是人们最早选用以地球相对于太阳的公转与自转为基础建立的时间基准。过去的时间单位是由天体运动的稳定周期来定义的，需要靠天文观测，所以守时和编算历书也是由天文台完成的。现在的时间单位改成了由原子跃迁定义，但由于人们的日常作息与天文现象息息相关，并且大地天文测量、天文导航和宇宙飞行体的跟踪测量等需要知道任意瞬间地球自转轴在空间的角位置，即世界时时刻。因此建立时间系统便成为天文学所特有的一个研究课题。另外，尽管天文学时间已经不是时间测量的标准，但是天文学时间系统中的世界时作为地球自转信息的载体，至今仍然具有重要应用价值，它与目前世界各国统一采用的协调世界时 UTC 密切相关。历书时是处理天文观测资料时所需的动力学时间尺度。

一、以地球自转为基础的时间测量

（一）真太阳时

在古代，人们把日看成被太阳照亮的时间。通过观测太阳视运动（例如利用圭表）测得的时间叫真太阳时。在天文学上，把真太阳连续两次通过观测地点子午线（一天中太阳视运动最高位置，又称上中天）的时间间隔称为一个真太阳日，它的 1/86400 便为一个真太阳时秒。真太阳日的起点为真子夜，即真太阳下中天时刻。从上中天开始，真太阳时角从 0h 开始增大，其变化规律为时角增大 1h，真太阳时也增大 1h。因此，真太阳时 $m_\odot$ 与真太阳时角 $t_\odot$ 的关系为

$$m_\odot = t_\odot + 12h \tag{6.7}$$

真太阳在黄道上运动是不均匀的。这种不均匀运动投影到赤道上计算时角时，时角必然不均匀，加之存在黄赤交角，因此真太阳时的日长是不均匀的。最长日和最短日相差可达 51s。

真太阳时不均匀大约是在 18 世纪初发现的，当时的时间测量精度已经达到秒级。

（二）平太阳时

发现真太阳时不均匀以后，人们便寻求更均匀的时间计量系统。这一问题的初步解

决是法国科学家在19世纪完成的。

公元1789年，法国制宪会议针对当时度量衡中存在的混乱状况，决定在法国科学院成立特设科学家委员会，研究确定新的计量标准。该委员会于1820年提出秒长定义：全年中所有真太阳日平均长度的1/86400为1s。这就是说，把全年中所有真太阳日加起来后除以365，得到一个平均日长，人们通常称它为"平太阳日"。当时认为这样得到的平太阳日有固定不变的日长。人们把这样得到的时间叫作"平太阳时"。表面上看，问题似乎得到了解决。但在实际操作中，这种秒长是不能实时得到的，必须利用1年的观测，经过取平均值才能得到。

为了解决这个问题，美国天文学家纽康（S. Newcomb）在19世纪末提议用一个假想的太阳代替真太阳，作为测定日长的参考点。他提出：

（1）在黄道上引进第1辅助点。它在黄道上均匀运动，其速度等于真太阳的平均速度，并与真太阳同时过近地点和远地点。

（2）在赤道上引进第2辅助点。它在赤道上均匀运动，其速度等于第1辅助点的速度，并与第1辅助点同时过春分点。这个第2辅助点就叫"假想平太阳"，简称"平太阳"。

（3）定义平太阳连续两次下中天的时间间隔为1平太阳日。它的1/86400为1平太阳时秒。以平太阳作为参考点求得的时间称为平太阳时。按定义，平太阳时 m 与平太阳时角 t_m 的关系为

$$m = t_m + 12h \tag{6.8}$$

纽康的方法非常巧妙，它把平太阳日的长度与地球自转联系在一起。1886年，在法国巴黎召开的国际讨论会同意用纽康方法定义平太阳日，从而产生了真正科学意义上的平太阳时秒长。

（三）时差

真太阳周年视运动不均匀。平太阳在赤道上均匀运动。因此，真太阳时与平太阳时不是完全相等的。它们之间的差称为时差，记为 η。按定义有

$$\begin{aligned} \eta &= m_\odot - m \\ &= (t_\odot + 12h) - (t_m + 12h) \\ &= t_\odot - t_m \end{aligned} \tag{6.9}$$

在1年中的大多数日子里，$t_\odot \neq t_m$，如图6.4所示。时差在1年中是变化的。它在1年中有四次等于零，即平太阳时等于真太阳时，其日期为4月16日、6月14日、9月2日、12月25日；有四次达到极值（极大或极小），它们所在日期和极值分别为：2月12日（-14^m24^s），5月15日（$+3^m48^s$），7月26日（-6^m18^s），11月3日（$+16^m24^s$）。

时差只与观测日期有关，同观测者在地球上的位置无关。我们有时凭眼睛通过观测太阳来判断时间，这时就需要注意这些差数。

（四）恒星时

地球上的观测者观测天球上的某些固定点，就可以得到以地球自转运动为基础的时间测量系统。我们称这些固定点为参考点。当把参考点选为春分点时，就得到恒星时。

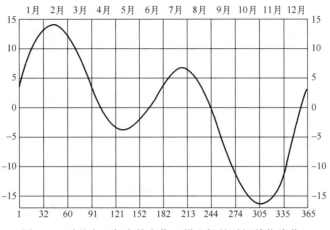

图 6.4 时差在一年中的变化（纵坐标的时间单位为分）

在天文学上，春分点有真春分点、平春分点、似真春分点之分，与之对应的有真恒星时、平恒星时、似真恒星时。春分点在天球上没有明确标志，是观测不到的。人们只能观测某些恒星来推算春分点的位置。纽康提出平太阳的定义后，平太阳时和平恒星时就不再是独立的时间测量系统，可以用严格的分析表达式把它们联系起来，进行精确地相互转换。

1. 恒星时定义

春分点连续两次上中天的时间间隔为 1 恒星日。由此得到的时间叫恒星时，记为 ST。恒星时在数值上等于春分点的时角，即

$$ST = t_\gamma \tag{6.10}$$

恒星时的测量是通过观测恒星实现的。已知恒星赤经 α 时，观测该恒星的时角 t，可以求出当地的恒星时 s：

$$s = t_\gamma = \alpha + t \tag{6.11}$$

如果观测恒星上中天时刻，此时 $t=0$，所以

$$s = \alpha \tag{6.12}$$

采用恒星时可以方便地知道哪些恒星在观测瞬间将位于子午圈上，所以天文学上常用恒星时记时，并通过恒星时推算平太阳时。

2. 平恒星时与平太阳时的转换

取格林尼治的平太阳时为 UT，格林尼治的平恒星时为 ST，根据定义有

$$UT = t^{mG} + 12^h \tag{6.13}$$

$$ST = t_\gamma^{mG} \tag{6.14}$$

式中：t^{mG} 和 t_γ^{mG} 分别表示平太阳和平春分点在格林尼治的时角。于是

$$ST - UT = t_\gamma^{mG} - t^{mG} - 12^h = A^m - 12^h \tag{6.15}$$

所以

$$\begin{aligned} ST &= UT + A^m - 2^h \\ &= UT + 6^h 38^m 45^s.836 + 8640184^s.542T + 0^s.0929T^2 \end{aligned} \tag{6.16}$$

在这里，A^m 为平太阳赤经，纽康给出

$$A^m = 18^h 38^m 45^s.836 + 8640184^s.542T + 0^s.0929T^2 \qquad (6.17)$$

T 是从 1900.0 年起算的儒略世纪数（1 儒略世纪含 36525 平太阳日），当 UT = 0 时，格林尼治平太阳时 0^h 的平恒星时为

$$ST = 6^h 38^m 45^s.836 + 8640184^s.542T + 0^s.0929T^2 \qquad (6.18)$$

这就是天文年历中曾用来计算格林尼治平太阳时 0^h 的平恒星时基本公式。

（五）地方时与时区

1. 天文测时的地方性

真太阳时、平太阳时和恒星时，分别以真太阳、平太阳和春分点为参考点，均以这些参考点过观测者子午圈的时刻作为起算点。地球上的观测者，处于不同的地理经圈，即对应于不同的天子午圈。因此，参考点过不同天子午圈的时刻就不同。所以上述时间均具有地方性，人们称它们为地方时。

可以证明，地方时之差等于两地地理经度之差。

设地球上有 A、B 两个观测者，他们的天顶分别为 Z_A 和 Z_B，如图 6.5 所示。

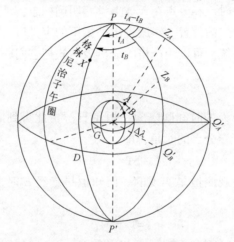

图 6.5 地方时之差等于两地地理经度差

由图 6.5 可见，A 和 B 的天子午圈分别为 $PZ_AQ'_AP'$ 和 $PZ_BQ'_BP'$；它们的地理经度分别为 λ_A 和 λ_B，两地的地理经度差 $\lambda_A - \lambda_B = Q'_BQ'_A = \Delta\lambda$。

A、B 共同观测天球上某参考点 X。A 测得 X 的时角 $t_A = Q'_AD$，B 测得 X 的时角 $t_B = Q'_BD$。A、B 两观测者测得参考点 X 的时角差为

$$t_A - t_B = Q'_AD - Q'_BD = Q'_BQ'_A = \Delta\lambda \qquad (6.19)$$

因此，地面上经度不同的两个观测者同时观测同一天体得到的该天体的时角差等于这两个观测者的地理经度差。若观测的天体是平太阳，则测得的平太阳时时刻差等于两地经度差，即

$$m_A - m_B = t_{mA} - t_{mB} = \lambda_A - \lambda_B = \Delta\lambda \qquad (6.20)$$

若观测的是春分点，则

$$s_A - s_B = t_{\gamma A} - t_{\gamma B} = \lambda_A - \lambda_B = \Delta\lambda \qquad (6.21)$$

2. 本初子午线

天文测时具有地方性，各地使用自己的地方时系统，在步行为主的时代，或许不致

引起混乱，但是，随着铁路运输和航海事业的兴起，计时领域各自为政的局面就给人们造成很多的困难。加之现代守时和授时技术的发展，它使时间工作中的国际协调和合作变成了一桩势在必行的大事。

为此，1884 年在美国华盛顿举行了一次国际会议。会议确定采用英国伦敦格林尼治天文台子午仪所在的子午圈为本初子午圈，又称零子午圈。这里的地理经度记为零度。从它开始向东和向西计量，并分别称为东经和西经，它们各自从 $0°$ 变化到 $180°$。在零子午线上测得的从平正午起算的平太阳时叫格林尼治平时，记为 GMT。

3. 世界时区

在 19 世纪中叶，欧美一些国家开始采用一种全国统一的时间。这种时间多以本国首都或重要商埠的地方子午线为标准。这个办法行于一国之内，或许尚无不便，但对于国际交往，则频添麻烦，必须寻求一个折中办法，把世界各国的地方时间联系起来。这一思想是美国人伍德（C. H. Wood）在 1870 年首先提出的，后经加拿大铁路工程师费莱明（S. Fleming）等完善得到具体实施方案。这就是在全世界划分时区。华盛顿会议采纳这一方案，并把这种按时区计量的时间称为"区时"。

世界时区的划分以本初子午线为起点，从西经 $7.5°$ 到东经 $7.5°$（经度间隔为 $15°$）为零时区。从零时区的两条边界分别向东和向西，每隔经度 $15°$ 划一个时区，东西各划出 12 个时区，东 12 时区和西 12 时区重合，全球共 24 个时区。各时区均以自己的中央子午线地方平时作为本时区的标准时间。相邻两时区的时间一般相差 1h。时区边界线原则上按地理经度划分，但在具体实施中，又往往视各国的政区或自然边界来确定。

目前，世界上多数国家都采用区时，并保持与格林尼治时间相差整小时数。但有些国家仍沿用其首都的地方时作为本国的统一时间。这样，他们的标准时间与格林尼治时间的差数就不一定是整数。还有些国家则按其需要和民族传统，使其标准时间与格林尼治时间相差半小时。

中国幅员辽阔，从西向东跨越 5 个时区，1901 年曾采用过东 8 时区的时间作为沿海通用时间，当时称其为"海岸时"。后于 1919 年在全国分别采用 3 个标准时区和两个半小时时区的时间。

3 个标准时区是：

中原时区　以东经 $120°$ 的经线为中央子午线；
陇蜀时区　以东经 $105°$ 的经线为中央子午线；
新藏时区　以东经 $90°$ 的经线为中央子午线。

两个半小时时区是：

长白时区　以东经 $127.5°$ 的经线为中央子午线；
昆仑时区　以东经 $82.5°$ 的经线为中央子午线。

中华人民共和国成立以后，全国采用首都北京所在的东 8 时区（即中原时区）的时间作为全国统一的标准时间，并称其为"北京时间"。北京时间实际并非北京的地方平时，而是东经 $120°$ 经线上的地方平时。北京的地理经度为东经 $116°21'30''$，因而北京时间与北京地方平时相差约 14.5min，北京时间比格林尼治时间（世界时）早 8h，即

$$北京时间 = 世界时 + 8h \qquad (6.22)$$

4. 日期变更线

地球由西向东自转。子夜、黎明、正午、黄昏由东而西依次周而复始地在各地循环出现。地球上新的一天从哪开始、到哪里结束？这是必须协调解决的又一个问题。为此，华盛顿会议规定，在太平洋中靠近180°经线的地方从北到南划一条日界线，又称"国际日期变更线"。地球上每一个新日期从这条线的西侧开始，然后顺序西移，回到这条线东侧时结束。此线两侧的日期不同。为了避免在一个国家或政区内在同一时刻出现两个日期，日界线作了必要调整，所以它不是严格按180°经线走向划出。旅行者由东向西过日界线，日期要加上1天，例如要将10月2日改为10月3日；由西向东过日界线，日期要减去1天，例如要将12月28日改为12月27日。

（六）世界时

在历史上，世界时曾经被定义为真太阳时的简单平均。纽康引进假想平太阳以后，世界时有了严密的科学定义，成为以地球自转运动为基础的科学的时间测量系统。从19世纪中叶到20世纪60年代，在差不多100年的时间内，它为人类社会活动和科学技术发展作出了独特的贡献。

1. UT1 的概念定义

世界时有不同的形式。现在我们来讨论与地球自转直接相联系的 UT1 的概念定义。

相对于天球参考系（不转动的地心参考系），地球参考系（随地球一起转动）的转动就是地球自转。令地球旋转矢量为 $\boldsymbol{\omega}(t)$，它的模为 $\omega(t)$，这时有

$$d(\mathrm{UT1})/dt = \omega(t)/\omega_0 \tag{6.23}$$

式中：ω_0 为相应于 $d(\mathrm{UT1})/dt$ 的地球自转角速度常数。

上式积分得

$$[\mathrm{UT1}](t) = [\mathrm{UT1}](t_0) + \omega_0^{-1}\int_{t_0}^{t}\omega(t)dt \tag{6.24}$$

式（6.24）给出了 UT1 的概念定义。这里介绍几个有用的关系式。因为 UT1 在 TAI（或 UTC）时刻的值是以改正形式给出的，所以由 $\Delta\omega = \omega - \omega_0$ 可将式（6.24）转化为

$$[\mathrm{UT1} - \mathrm{TAI}](t) = [\mathrm{UT1} - \mathrm{TAI}](t_0) + \int_{t_0}^{t}[\Delta\omega(t)/\omega_0]dt \tag{6.25}$$

这样就可以根据

$$\omega(t) = [1 + d(\mathrm{UT1} - \mathrm{TAI})/d(\mathrm{TAI})]\omega_0 \tag{6.26}$$

判断以 UT1−TAI 给出的 $\omega(t)$。

人们常用日长增量 $D(t)$ 来代替 $\omega(t)$。$D(t)$ 是用原子时 TAI 秒表示的 UT1 的日长增量，因此有

$$D(t) = [\omega_0/\omega(t)] \times 86400s \tag{6.27}$$

2. UT1 的实际定义

UT1 的时刻反映地球旋转轴在空间中的方位变化。下面讨论确定方位角 $A(t)$ 问题。这里有两种可供选择的计算方法。

（1）利用非转动原点。取 $A_s(t)$ 为 $A(t)$ 与 UT1 具有线性关系的角。在天文学中，常用过原点半径的大圆表示天球。天球上天体方向是过原点 O 指向该天体的径向方向，赤道在天球上是个大圆，在时刻 t，$A_s(t)$ 以大圆弧表示。

首先讨论在地球参考系中 $A_s(t)$ 原点情况。简化起见，取 x^3 轴在时刻 t_0 与极位置 P_0 方向一致。用 Ω_0 表示地球参考系中经度起点，在时刻 t，极由 P_0 沿轨迹 C 运动到 P（图 6.6），P 的赤道为 ΩN。为了选取经度瞬时起点，假定球面直角 $\triangle OP\Omega$ 在 P 运动期间相对于 OP 没有瞬间旋转（图中未标出原点 O）。如果用极坐标表示 P 的位置，则可得到 $s = \Omega N - \Omega_0 N$，即

$$s = \int_c (\cos d - 1) dE \tag{6.28}$$

Ω 的方位与地球旋转运动过程有关。这个过程是难以掌握的，又是不可避免的，不过在这种情况下 s 很小，因为 d 不超过 $1''$；在地球参考系中，人们常取 $s=0$，但在天球参考系中，情况完全不同。在天球参考系中处理同样问题需要在赤道上确定一个非旋转起点 σ（图 6.6 中未标出），而这时 P 具有大约每年 $20''$ 的周期运动，其幅度也接近 $20''$。因此，在这种情况下不能取 $s=0$，事实上，相应于岁差

$$s_P = 36''.28(t-t_0)^3 - 0''.04(t-t_0)^4 + \cdots \tag{6.29}$$

式中：$(t-t_0)$ 以千年为单位。

采用 Ω 和 σ 之后，我们来确定 $A_s(t)$ 和 $\Omega\sigma/2\pi$。在非旋转原点的定义下，$A_s(t)$ 可以直接用式（6.24）的积分表示，由于 UT1 正比于 A_s，因此利用每天 UT1 为 0h 的 A_s 可以方便地推出 UT1 与 A_s 的关系式。令 d'_u 为 2000 年 1 月 1 日 UT1 12h 的 UT1 的天数，再取 $T'_u = d'_u/36525$，可以得到 UT1 为 0h 的 A_s

$$A_s = 24110^s.54841 + 8639877^s.31738 T'_u \tag{6.30}$$

推出上式时取

$$\omega_0 = 7.292115146706 \times 10^{-5} \text{rad/s} \tag{6.31}$$

为了获得某时刻的 A_s，应该用该时刻的 UT1 天数的小数 du，以及用秒表示的 T_u，即取 T'_u 的系数为 $86400 \times 36525s$，于是有

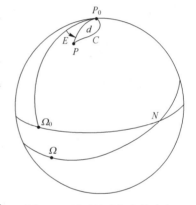

图 6.6 瞬时经度起点的确定

$$A_s = 0^s.779057273264 + 1^s.002737811911354 du \tag{6.32}$$

（2）利用春分点。目前，天文学家仍然习惯于在天球参考系中用传统方法通过春分点 γ 来确定 UT1。弧 $\Omega\gamma$ 为格林尼治恒星时，它与 UT1 的关系比与恒星时角的关系更复杂。为了求得格林尼治平恒星时 ST，人们有时不得不忽略某些周期项，然后按 T'_u 定义，根据 IAU 有关规定，求得在 UT1 为 0h 的 ST 为

$$ST = 24110^s.54841 + 8640184^s.812866 T'_u +$$
$$0^s.093104 T'^2_u - 6^s.2 \times 10^{-6} T'^3_u \tag{6.33}$$

式（6.33）是目前天文年历中计算世界时 0h 的格林尼治平恒星时的基本公式。这是根据 S. Aoki 和 B. Guinot 等提出的世界时新定义，并考虑新岁差常数、春分点改正和自行改正求得的联系世界时和平恒星时的新表达式，它与 KF5 春分点一致，所包含的世界时的参考点与纽康假想平太阳概念无关，真实地反映了地球在其轨道上绕太阳运动的独立性。

3. 世界时的其他形式

当知道地极瞬时方位时，就可以根据 $1\mu s$ 估算出世界时，这种形式的世界时记为 UT0，它与 UT1 的关系为

$$UT1-UT0 = (x\sin\lambda + y\cos\lambda)\tan\varphi \tag{6.34}$$

式中：λ，φ 为观测者的地理经度和纬度；x，y 为极坐标。

在 UT1 中引进地球自转速率季节性变化改正 ΔT_s，得到的世界时称为 UT2，它与 UT1 的关系为

$$\begin{aligned}UT1-UT1 &= \Delta T_s \\ &= 0^s.022\sin 2\pi t - 0^s.012\cos 2\pi t - \\ &\quad 0^s.006\sin 4\pi t - 0^s.007\cos 4\pi t\end{aligned} \tag{6.35}$$

式中：t 以年为单位，从贝赛尔年岁首起算。

式（6.35）只是经验性改正，$UT2-UT1 \approx \pm 30ms$。因此，UT2 并不反映地球自转运动情况，UT1 才具有独立的物理含义。后来，人们还在 UT1 中加上区域性潮汐效应改正（周期为 35d，改正量小于 2ms），得到 UT1R 以及加总潮汐改正（周期约 18.6 年，振幅约 $0^s.16$），得到 UT1R′。

二、恒星时与平时的关系及时的换算

1. 太阳时和恒星时

恒星时、平太阳时都是以地球自转为周期的计量的时间，但是它们是两个不同的时间计量系统，其不同点：一是时间单位不同，也就是 1 个恒星日和一个 1 个平太阳日的长度不同；二是起始点不同，分别采用上中天和下中天。因此，两个时间计量系统的时间间隔不同，时刻也不同。

恒星时和太阳时不同的原因是地球公转，太阳视位置每日向东移动约 1°，太阳连续两次经过上中天的时间，较春分点连续两次经过上中天的时间，约长 4min。图 6.7 中的 O 及 O' 代表地球在相邻两日的位置，OA 为观测者的子午圈。当地球在轨道上 O 点时，太阳经过观测者的子午圈。地球自转一周，即一个恒星日后，地球位置进到 O' 点。这时观测者的子午圈为 $O'A$ 与 OA 平行。但太阳的正射方向为 CA''。必须等地球自转再增加 $A'O'A''$ 角度后，约需要 4min，太阳再经过观测者的子午圈，为一个太阳日。由图 6.7 还可看出太阳公转一周所需的太阳日数较其恒星日数少一天，即一个太阳年约 365.2422 平太阳日或 366.2422 恒星日。显然，平太阳赤经每天的变化量为 59.14 秒，也就是一个太阳日比一个恒星日长 3 分 56.5554 秒。

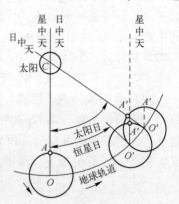

图 6.7 太阳时与恒星时

2. 恒星时段与平太阳时段的关系

对于任一时间段，可用恒星时单位来表示，也可用平时单位来表示。如何将同一时段用两种不同的时间来表示，首先需要建立恒时单位与平时单位间的数学关系，才能完

成这两种时间单位所表示的同一时间段的换算。

1 回归年 = 365.2422 平太阳日 = 366.2422 恒星日,因此

$$\mu = 1/365.2422 = 0.00273791 \tag{6.36}$$

$$v = 1/366.2422 = 0.00273043 \tag{6.37}$$

$$1 \text{ 平太阳日} = \frac{366.2422}{365.2422} \text{恒星日} = \left(1 + \frac{1}{365.2422}\right) \text{恒星日}$$

$$= (1+\mu) \text{恒星日} = 1.00273791 \text{ 恒星日}$$

$$1 \text{ 恒星日} = \frac{365.2422}{366.2422} \text{平太阳日} = \left(1 + \frac{1}{366.2422}\right) \text{平太阳日}$$

$$= (1-v) \text{平太阳日} = 0.9972696 \text{ 平太阳日}$$

恒星时单位的长度比平时单位的长度短一些。量度同一时间段,用恒星时单位量度出来的数值比用平时单位量度出来的数值大些。现设量度同一时间段,用恒星时单位量得的恒星时单位数值为 Δs,用平时位量得的平时单位数值为 Δt,按可得

$$\begin{cases} 1 \text{ 平时单位} = (1+\mu) \text{恒时单位} \\ \Delta s = (1+\mu)\Delta T = \Delta T + \Delta T\mu \end{cases} \tag{6.38}$$

或

$$\begin{cases} 1 \text{ 恒时单位} = (1-v) \text{平时单位} \\ \Delta T = (1-v)\Delta s = \Delta s - \Delta sv \end{cases} \tag{6.39}$$

3. 恒星时刻与平太阳时刻的换算

对于任一瞬间的时刻,即可用恒星时时刻来表示,也可用平时时刻来表示。生活中一般使用平时时刻,恒时与我们日常使用的时间联系并不紧密。而在天文测量中,很多地方使用恒时,例如天体位置计算、星表预报等都涉及到恒时时刻及其相互间的换算。因为恒星时单位的长度比平时单位的长度短,而且其起算点不同,故在某一瞬间这两种时刻也不相同。

设平太阳的赤经和时角分别为 α_σ、t_σ。按地方恒星时 $s = \alpha_\sigma + t_\sigma$,若以 T 代表地方平时,则有

$$t_\sigma = T \pm 12\text{h} \tag{6.40}$$

$$S = \alpha_r + T \pm 12\text{h} \tag{6.41}$$

式(6.41)为恒星时与地方平时之间的关系式。如已知地方平时,用式(6.41)可求地方恒星时,反之亦可。

两种时间计量系统都是从各自的 0h 瞬间开始计量的,因此,进行时刻换算必须考虑同一瞬间某一种时间的 0h 对应的另一种的时刻。即必须知道当天平时 0h 瞬间所对应的恒星时 S_0,即世界时零点对应的恒星时 S_0,以平时日期为准该日恒星时 0h 瞬间所对应的平时 T_0,只要知道某地 D 日平时 0h 所对应的恒星时 S_0,即可进行某地平时 T 与恒星时 s 的换算。在天文年历"世界时和恒星时"表内列出了每日世界时(T_0)0h 相应的格林尼治恒星时 S_0 和格林尼治恒星时(S)0h 相应的世界时 T_0。阵地天文测量中一般使用下式直接计算 S_0。

$$\begin{cases} S_0 = 6\text{h}41\text{m}50.54841\text{s} + 8640184.812866s T_G + 0.093104s T_G^2 \\ -6.2 \times 10^{-6} T_G^3 + \Delta\varphi\cos\varepsilon/15 \end{cases} \tag{6.42}$$

式中：$\Delta\varphi\cos\varepsilon/15$ 为赤经章动；T_G 为格林尼治 D 日的儒略世纪数。

根据时段换算公式，格林尼治恒星时 S 与世界时 T 之间存在下列关系：

$$S-S_0=(T-T_0)(1+\mu) \tag{6.43}$$

或

$$T-T_0=(S-S_0)(1-v)$$

（1）格林尼治时刻换算。

① 已知格林尼治 D 日恒星时 S，求格林尼治平时（世界时）T_0。

已知格林尼治 D 日恒星时 S，求其相应的格林尼治平时（世界时）T_0 的计算式为

$$T_0=(S-S_0)(1-v) \tag{6.44}$$

式中：S_0 为 D 日世界时 0h 的格林尼治恒星时，实际计算时，常先求出某日世界时 0h 所对应的格林尼治恒星时 S_0，求法为按式计算。再按式求出 T_0。

② 已知 D 日格林尼治平时（世界时）T_0，求格林尼治恒星时 S。

已知 D 日格林尼治平时（世界时）T_0，求其相应的格林尼治恒星时 S 的公式：

$$S=S_0+T_0(1+\mu) \tag{6.45}$$

（2）任一地方（经度为 λ_E）的时刻换算。

对于任一地区的时刻换算，首先将地方时间转换到格林尼治时间，然后进行格林尼治时刻换算，最后将其换算到地方时。

① 已知某地方的平时 T，求相应的地方恒星时 s。

首先利用式计算或查表求出 S_0，再按 $T_0=T-\lambda_E$ 将本地平时 T 化算为相应的世界时 T_0。时刻换算按下列步骤进行计算。

使用 $T_0=T-\lambda_E$ 将本地平时 T 化算为相应的世界时 T_0，求出 T_0 所对应的格林尼治恒星时：

$$S=S_0+T_0(1+\mu)$$

将格林尼治恒星时 S 化算为本地的恒星时：

$$S=S_0+T_0(1+\mu)+\lambda_E \tag{6.46}$$

② 已知某地方的恒星时 s，求相应的地方平时 T。

已知某地方的恒星时 s，求相应的地方平时 T 的换算过程如下。

（a）按下式将本地恒星时 s 化算为相应这瞬间的格林尼治恒星时，即

$$S=s-\lambda_E$$

（b）按下式将格林尼治恒星时 S 化算为相应这瞬间的世界时，即

$$T_0=(S-S_0)-(S-S_0)v$$

（c）将世界时 T_0 化算为相应这一瞬间的地方平时：

$$T=T_0+\lambda_E=(S-S_0)-(S-S_0)v+\lambda_E \tag{6.47}$$

若算出的 $T<\lambda_E$，则用前一天的 S_0。

三、以地球公转为基础的时间测量

（一）地球自转的不均匀性

长期以来，人们把地球自转看成是均匀的。近代天文学奠基人哥白尼（N. Copernicus）

也接受这一结论。1695 年，哈雷（E. Halley）在计算古代和中世纪的交食时发现月球运动长期加速现象。1752 年，德国柏林科学院主席莫珀图斯（Maupertuis）提出这样的疑问：地球周日运动速度在所有时间里都是一样的吗？如果不是，用什么办法来证实？地球运动速度不均匀的原因何在？康德（I. Kant）在 1754 年提出海洋潮汐摩擦会使地球自转速度减慢的假说，试图对莫珀图斯的问题作出回答。康德的想法是正确的。但在当时，这一想法因无法证实而不为世人接受。梅耶（Mayer）指出，潮汐摩擦理论推算出的地球自转长期减慢，可以解释哈雷发现的月球运动长期加速现象。但是，拉普拉斯（P. S. Laplace）在 1825 年对此提出质疑：如果把月球加速解释为地球自转减慢，那么为什么在其他行星运动中没有发现同样的加速现象？这个怀疑是有道理的。1927 年，德·西特（de Sitter）研究并证实了月球长期加速的现象。1939 年，琼斯（S. Jones）研究了几个世纪的太阳和行星的观测资料，发现太阳、水星、金星也有类似现象。这样，康德假说便得到了证实。现在我们已经知道，地球自转速率不均匀包括 3 个部分：①长期减慢，它使太阳时日长大约每世纪增加 0.0016s；②不规则起伏，它使日长时而增加，时而减少几毫秒；③周期变化，其周期有两年的、1 年的、半年的、月的、半月的等。其中周年项和半年项合称为季节变化，使日长在 1 年内有 ±1ms 的变化。

如果以上反推法的结论还不能令人信服，那么在石英钟发明以后，斯切伯（A. Scheibe）和斯托伊科（N. Stoyko）等于 1936 年在两个实验室独立地用石英钟测定平太阳时日长的实验结果，就使问题的答案变得确凿无疑了。他们的实验以石英钟为参考，测得地球自转速率每年的变化为 60ms。后来，利用原子钟测得的结果更加精细，如图 6.8 所示。

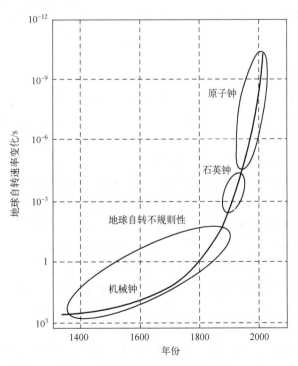

图 6.8 地球自转不均匀性的测定

地球自转的这些不均匀性直接导致平太阳时（世界时）日长的不规则变化。经过必要的处理，在消除了季节性等波动影响后，平太阳时秒长在 1 年中仍然包含有 $\pm 1\times 10^{-7}$s 的不确定性。这样，以地球自转为基础的时间测量系统（平太阳时）便不宜作为时间标准，必须寻求其他运动形式作为测量时间的标准。

（二）历书时秒定义

要建立一个动力学上的秒定义，只要有一个均匀特殊运动现象的连续时间记录就够了。因此，任何一个在牛顿万有引力理论基础上建立起来的天体运行历表都可以近似给出这样的秒。IAU 在 1950 年选用纽康给出的反映地球公转的太阳历表作为定义新时间基础时并未出现异议。因为人类生活在地球上，选择地球运动（不管是自转还是公转）作为标准是很自然的。另外，此前时间标准世界时以平太阳作为基本参考点。平太阳的严格定义来自纽康太阳历表，以此定义新时间无疑更便于实现世界时与新时间的换算，以及世界时向新时间系统的过渡。但是，在讨论参考对象的选择时却产生了意见分歧。在 1952 年召开的 IAU 大会上，有人提出应参考恒星年作为基础导出新时间秒定义。持此观点的学者认为，太阳在黄道上相对于同一恒星运动一周的时间间隔（一个恒星年）几乎是一个常量，由它定义的秒长比较固定。但是通过讨论人们很快认识到，平太阳连续两次过平春分点的时间间隔（一个回归年），虽然有缓慢变化（每千年大约减少 5.36d），但它更容易由直接观测得到。实际上，天文学上直接观测到的首先是回归年，加上春分点黄经岁差改正后才能得到恒星年。因此，如果采用恒星年作为基础，势必涉及岁差常数值问题。众所周知，当年岁差常数采用值是不够令人满意的，存在着更改的必然趋势。若采用恒星年，则天文常数系统一旦发生改变，就会反过来要求更改时间定义。我们知道，作为一个基本定义，它应该尽量避免修改。因此，1956 年国际计量委员会（CIPM）根据 1954 年召开的国际计量大会（CGPM）的授权，给出如下新时间测量标准的秒定义。

在 1900 年附近，太阳几何平黄经为 $279°41'48''.04$ 瞬间为历书时 1900 年 1 月 0 日 $12^h.0$ 正，历元 1900.0 的回归年长度的 31556925.9747 分之一为一个历书时秒。

这样定义的时间测量系统被称为历书时（简写为 ET）。1960 年召开的第十届 CGPM 大会正式采纳了这一定义。因此，从 1960 年起，测量时间的标准是历书时秒。对于历书时的上述定义，我们可以作如下解释。

历书时定义的基础是纽康给出的反映地球公转运动的太阳历表。纽康在导出平太阳赤经时，首先得到的是太阳几何平黄经的分析表达式：

$$L = 279°41'48''.04 + 129602768''.13T + 1''.089T^2 \tag{6.48}$$

式中：T 是从 1900 年 1 月 0 日格林尼治平正午起算的儒略世纪数。

显然，式（6.48）的物理量 L 与时间测量基本方程式的形式是一致的。式中的 $\Phi(t)$ 在这里具体地表示为 $1''.089T^2$。按照前面的讨论，相应于式（6.4）中的常数 a，具体对应

$$a = 279°41'48''.04 \tag{6.49}$$

它决定了历书时的起始历元，而纽康得到这一数值的对应时刻是 1900 年 1 月 0 日格林尼治平正午（UT 12h）。现在把它定义为历书时 1900 年 1 月 0 日 12 时，这就保证了历书时和世界时时刻的衔接。

式（6.4）中的常数 b，在太阳几何平黄经的分析计算中具体表现为
$$b = dL/dT = 129602768''.13 + 2''.178T \tag{6.50}$$
它决定了历书时的时间单位，这可以由式（6.50）直接推出。因为
$$dT = dL/(129602768''.13 + 2''.178T)$$
而太阳平黄经每增加 360° 为一回归年，所以一个回归年内所包含的历书时秒数为
$$N = \frac{360 \times 60 \times 60'' \times 36525 \times 86400^s}{129602768''.13 + 2''.178T} \tag{6.51}$$
$$= 31556925^s.9747 - 0^s.5303T$$
在 1900.0，$T=0$，于是一个回归年所含历书时秒数为
$$N = 31556925^s.9747 \tag{6.52}$$
因此在历书时定义中，基本单位采用 1900 年 1 月 0 日 12ET 瞬间的回归年长度的 1/31556925.9747 为一历书时秒的长度。由此可以看出，这样定义的历书时秒长实际上等于理想化了的平太阳时秒长。

（三）历书时和世界时的关系

理论上，历书时应该通过观测太阳的方位来确定，但是，太阳在天球上运动角速度约为 $0''.04/s$；太阳又是有视圆面天体，确定其视圆面中心也很困难；大气不稳定也会引进测量误差。如果观测太阳的误差为 $\pm 0''.1$，则算得的历书时就会有 $\pm 2^s.5$ 误差。因此，在实际工作中，人们是通过观测月亮测定历书时和世界时的差值
$$\Delta T = ET - UT \tag{6.53}$$
然后由世界时转换得到历书时。根据对太阳、月球和行星长期观测结果的研究，ΔT 可表示为
$$\Delta T = 24^s.394 + 72^s.318T + 29^s.950T^2 + 1.82144B \tag{6.54}$$
式中：T 为从 1900 年 1 月 0 日 12 时 UT 起算的儒略世纪数；B 为月球黄经变化项。如果地球自转速率只有长期分量，则不存在 $1.82144B$ 项。这时可以由式（6.54）等号右边前 3 项将 UT 转换为 ET。但是，地球自转有不规则变化，因此，式（6.54）中最后一项需要由实际观测确定。

观测月亮确定历书时，依据的是月历表。使用改良月历表求得的历书时记为 ET0；在改良月历表中加较差改正得到的历书时记为 ET1。1972 年以后使用经过太阳摄动改正的改进月历表，求得的历书时记为 ET2。

四、脉冲星时间

（一）观测事实

脉冲星是在 1967 年发现的，人们接收到它们发射的周期稳定的射电脉冲。这些脉冲基本上是由中子星构成的，脉冲星在高度压缩状态中相对于组成它们的物质而言的固定的辐射波束。因此，在地球上接收的周期稳定的脉冲反映了脉冲星的稳定的自转。

自 1967—1982 年期间发现的所有脉冲星差不多都具有秒级自转周期。在地球上接收的脉冲星的脉冲频率受观测者到脉冲星之间距离变化的影响，尤其受随地球轨道运动

影响。在经过必要的修正后,相对于原子时,这些脉冲的频率稳定度为 $10^{-10} \sim 10^{-11}$。但是从1982年起,天文学家们又发现了具有几毫秒周期的脉冲星,人们估计这些天体的直径为二十多千米,其质量约为太阳质量的1.4倍。第一颗由 D. C. Backer 和他的研究组借助300m直径固定天线发现的脉冲星 PSR1937+21 具有 1.6ms 周期。图 6.9 给出了接收到的这颗脉冲星的脉冲轮廓。人们发现这些脉冲到达时间的不确定性为几十微秒,并注意到脉冲星的自转在逐渐减慢,它的频率的长期稳定度至少与当时最好的原子钟的频率稳定度相当(约为 10^{-14})。

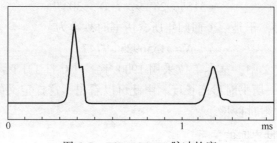

图 6.9　PSR1937+21 脉冲轮廓

后来又陆续发现了几十颗这类脉冲星,它们中的某一些还拥有一颗或几颗伴星。于是,国际上随之出现了利用大口径射电望远镜在 GHz(10^9Hz)波段观测测定脉冲星时间的计划。之所以要求大口径射电望远镜,是因为被测信号太弱(在目前最大天线上约为 10^{-16}W)。这个计划并不要求连续观测,因为频率稳定度允许每隔几个星期(甚至几个月)观测一次,而不至于有失去周期的危险。

(二) 可能贡献

较多的毫秒脉冲星被发现以后,有些人认为,通过观测毫秒脉冲星可以使时间测量重新回到天文学范畴,就是说可以用毫秒脉冲星时间取代原子时作为时间测量标准。另有一些学者认为,持这种观点的人疏忽了这样的事实:脉冲星时间测量受到脉冲星自转缓慢减慢的限制。我们知道,脉冲星(包括毫秒脉冲星)辐射的能量是靠消耗它自身的自转能而来的,因此它的自转周期必然会缓慢变长,自转速率缓慢减慢。例如,对于 PSR1937+21,周期 P 的增加率 10.5×10^{-20}s/s,则周期的相对变化为

$$(dP/dt)/P \approx 7 \times 10^{-17} \text{s}^{-1} \tag{6.55}$$

这种相对减慢比地球自转速率的相对减慢要大得多。即使 dP/dt 可以认为是不变的,但它的确切值也不可能像原子钟频率那样以足够的精度为人们所知晓。另外,相对于质心坐标系 TCG,地基观测者自身也具有轨道运动。这种运动的不确定性将影响对脉冲星的定位,影响对脉冲星自行的确定,影响对拥有伴星的双脉冲星轨道运动的确定,因而也就影响对脉冲星自转相位变化的确定。加之遥远的脉冲信号经过复杂的电离层介质传播,介质的时空变化必然影响信号传播的到达时间。因此,在比较长的时期内,脉冲星自转不可能像地球自转那样作为建立测量标准的基础,人们还不可能构成脉冲星时钟去实现理论上的 TCG 时间尺度。

脉冲星时间的频率稳定度如图 6.10 所示。该图是示意图,对于天文时只给出量级示意,对原子时来说则反映目前所达到的实际水平。

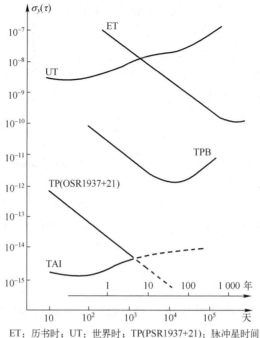

ET：历书时；UT：世界时；TP(PSR1937+21)：脉冲星时间
TPB：观测双脉冲星得到的时间；TAI：国际原子时。

图 6.10 各类时间尺度的稳定度比较

那么，毫秒脉冲星观测对于时间测量的可能贡献是什么呢？一般的看法是，首先可以利用毫秒脉冲星频率校准原子时的频率稳定度。在这一意义上，可以组成原子时和毫秒脉冲星时间的混合时间尺度。但遗憾的是，脉冲到达时间的偶然误差导致这种校准比对的取样时间很长，例如，如果原子时频率的年稳定度为 10^{-14}，要使混合尺度提供 $0.3\mu s$ 的时刻精度，取样时间需要约 1 年。随着原子时频率稳定度的提高，取样时间可能会要求更长。这实际上等于取消了建立这种混合时间尺度的可能性。然而，通过对多颗毫秒脉冲的联合观测，借助于算法设计，可以得到毫秒脉冲星时间。将该时间与原子时进行比对，或许能够得到其他新发现。

其次，利用毫秒脉冲星多普勒效应的观测，有可能改善 ET 的测量精度。

最后，毫秒脉冲星的最大贡献在于天文学领域。毫秒脉冲星是具有强磁场快速旋转的中子星，通过观测双脉冲星轨道运动的多普勒效应，可以验证广义相对论中引力波的存在。事实上，R. A. Hulse 和 J. H. Taylor 正是由于从事这一验证研究才荣获了 1993 年诺贝尔物理学奖。

第三节 原子时（AT）

一、原子时秒定义

根据物理原理，世界时和历书时又称为天文时。它们提供的历元意义明确。明显的缺点是，尺度单位"秒"的实现准确度不高，只能达 $10^{-8} \sim 10^{-9}$ 量级，时间尺度的均匀性不好。这大大影响了时间在计量学上的应用，尤其是飞速发展的无线电电子学及频谱利用方面对时间和频率计量的高精度要求。

20 世纪 60 年代初研制成功的量子频率标准——原子钟，给时间频率计量带来了十分光明的前景。原子钟的振荡频率取决于原子的量子特征，是由量子跃迁的理论公式决定的，即

$$hf_0 = W_P - W_Q \tag{6.56}$$

式中：h 为普朗克常数（$h = 6.62 \times 10^{-34} \text{J} \cdot \text{s}$）；$W_P$，$W_Q$ 为原子的某 2 个能级，它取决于所选用原子自身的物理特征。

原子及其能级选定后，在一定物理条件下实现能级跃迁时其辐射频率（f_0）应当是定值。一旦这种物理过程被严格定义，其频率就应该可在任何时间、地点被严格复制出来。这也是原子时被选为时间测量基准的必备的重要条件。

1955 年，英国国家物理实验室（NPL）的埃森和帕利研制成功了世界上第 1 台铯束原子频率标准。从 1955 年 6 月开始，美国海军天文台（USNO）和英国国家物理实验室（NPL）联合测定了以历书时秒长表示的铯原子束谐振器的频率值 f_E。测定的步骤是：

① 将铯束谐振器与守时的石英振荡器进行连续比对，先得出相对于世界时秒长的频率 f_U，同时用天文测时方法不断地测定该石英振荡器钟面时刻的修正值；

② 用天文观测方法测定在比对期间的世界时 UT2 与历书时的差值，即 $\Delta T = ET - UT2$；

③ 令 $D\Delta T$ 表示相邻 2 年 ΔT 的变化值，则有

$$f_E = f_U - \frac{D_{\Delta T}}{31556925.9747} = f_U - 3.1589 \times 10^{-8} D_{\Delta T} \tag{6.57}$$

根据 1954—1958 年的实测，得到每一历书时秒长包含铯束谐振器的振荡次数平均为（9192631770±10）次。这就是说，如果取 f_0 为该频率值，则该原子钟的秒长正好与历书时秒长一致。

1967 年 10 月，第 13 届国际计量会议通过了新的秒定义："秒是铯 133Cs 原子基态的 2 个超精细能级间跃迁辐射振荡 9192631770 周所持续的时间。"

二、原子时时间尺度

原子时秒长一经确定，利用铯原子谐振器加上适当的电子分频电路便可直接按要求输出标准频率和每秒 1 次的秒脉冲（1pps）及经过累积的秒、分、时等时间记数，这就是地地道道的原子钟了。原子钟时间又称为钟时，因为其秒长是原子时秒，所以从产生原理上也被称为原子时，只是以后原子时作为一个新产生的计时系统后，才成为一类时间尺度的专门定义。由于电子学系统提供的方便，原子钟时间秒以后的计数虽然与标频信号的瞬时相位成正比，却不必用相角等难以理解的单位来表达，而可直接以十进制的"毫秒""微秒""纳秒"等来表述，量纲依然是时间。这种方便使用的时间表示有时被称为相位时间。钟和钟之间或不同时间尺度之间的相位时间差，便是它们的钟面时

间差[24]。

经过频率校准的原子钟可以累积时间,但原子钟并不能直接提供正确的历元,因此用它计时或守时起点应进行校准。这也是用原子钟产生的原子时和天文时不同的地方。一旦起点进行过校准或定义,其运行所依赖的周期又非常准确和稳定,再有可靠性作保证,就可提供完整的时间尺度。当然,一种定义的时间尺度对准确度、稳定度(均匀性)、连续性及可靠性的要求都是非常高的,一般由1个钟组甚至分布在广大地域的多台原子钟共同实现,这便是后来代替历书时成为新的时间标准的原子时系统。

事实上,在原子钟的研制和提高过程中,一些实验室便在进行原子时累积工作,称为各实验室或国家的地方原子时。由国际时间局等国际机构建立和保持的原子时尺度称为国际原子时。原子时的构成方法也根据实验室拥有原子钟的性能和数量,大体分为2类:

① 由若干台独立的高性能原子钟构成平均时间尺度(原子钟至少为3台,形成循环比对);

② 相对于高性能的实验室型原始标准定期校准1组守时原子钟。

在原子时工作的早期,第②种方法采用较多,因为当时的钟尚难十分连续、可靠地运行。有些实验室型铯基准研制十分出色的实验室,以后也有长期采用此方法的。这样做的好处是可以充分发挥实验室基准好的准确度,以提高原子时尺度单位的准确度和均匀性。

对一般守时实验室而言,第①种方法简单易行,可较方便得到一个比单一的钟更加均匀可靠的时间尺度,但准确度一般难以有大的提高。为了达到好的效果,考虑到原子钟已是精密设备,影响技术指标的因素很多,因而守时环境要求做得非常讲究,如对原子钟频率能产生影响的环境温度、温度、磁场、气压、负载以及供电情况等都要进行控制。各原子钟间应进行隔离,避免互相干扰,尽量做到统计独立。如对于HP5061A型铯原子钟来说,环境温度变化1℃,频率变化在$1×10^{-13}$左右是常见的。

在1个钟组中间,即便是同一种物理原理的原子钟,也不可能具有相同的性能。将它们"平均"时,品质差的钟显然要影响钟组的水平。因此要对原子钟进行连续的比对记录,并要对结果进行分析。通常要用统计的方法分析原子钟数据的数学模型,找出合适的计算方法,确定计算间隔,并通过分析对原子钟进行筛选,在计算中赋予不同的"权重",以决定不同性能的钟在平均钟或平均时间尺度里所起的作用。计算也应考虑到在原子钟组成发生变化(如发生增减)时及原子钟具有长期性能变化因素时,应采取的应对措施,以确保所计算时间尺度的均匀性和长期稳定性,避免发生频率或时间的阶跃。这一类工作称为时间尺度算法,它和原子钟组、环境保障、测量比对系统一样,都是时间尺度的重要的组成部分和必要的保障。

全世界连续进行守时工作的实验室约有50个,大约有14个实验室保持着自己实验室或国家的独立原子时。表6.2中列出了10个主要的独立原子时实验室。

表6.2 10个主要的独立原子时实验室

尺度名称	实 验 室	国　　家
AT1	国家标准与技术研究院(NIST)	美国
TA(AUS)	澳大利亚实验室集团	澳大利亚

(续)

尺度名称	实验室	国家
TA(CH)	瑞士实验室集团	瑞士
TA(CRL)	通信综合研究所	日本
TA(CSAO)	中国科学院陕西天文台	中国
TA(F)	法国国家时间委员会	法国
TA(KRIS)	韩国标准和科学研究院	韩国
TA(PTB)	德国物理与技术研究院	德国
TA(SU)	时空计量研究院	俄罗斯
TA(USNO)	美国海军天文台	美国

三、国际原子时系统

鉴于时间标准及其应用的重要性和普遍性，为了得到一个权威的，比任何一个地方时间尺度更准确、更均匀、更能为大家共同承认和接受的时间尺度，守时工作的国际协调是必要的。设在法国巴黎天文台的国际时间局（BIH）承担了建立和保持国际原子时尺度并进行时间工作国际协调的任务。大体分为3个阶段。

（一）A3 系统

这是 BIH 在 1958 年初用美国国家标准局（NBS）、瑞士钟表研究所（N）和英国国家物理实验室（NPL）3 个实验室的铯原子钟数据计算和保持的原子时尺度。各实验室之间通过共同接收某一甚低频无线电台发播的标准频率信号进行比对，得到各自原子钟频率相对该甚低频率标准频信号的频差，BIH 则利用这些频差值换算出各实验室间铯钟的频差，再解算出 3 个实验室的平均频率，由平均频率和适当选取的起点构成平均原子时。计算时参考巴黎天文台的主钟，给出主钟的改正量。

由于利用甚低频比对的精度从原理上受到信号传播特性等限制，不可能做得很高，因此 A3 系统的精度也是有限的。此系统维持到 1968 年。

（二）AT(BIH) 系统

从 1969 年 1 月 1 日开始，BIH 利用西德 PTB、美国 USNO 和法国时间委员会 F 3 个独立的地方原子时尺度 $AT(i)$，采用加权平均的方法建立了一个新的原子时尺度，称为 AT(BIH) 系统。其定义为

$$AT(BIH) = \frac{1}{\sum P_i} \sum P_i [AT(i) + A_i + B_i(t-t_0)] \quad (6.58)$$

式中：A_i、B_i 为 $AT(i)$ 与 AT(BIH) 之间系统差的 2 个常数；t_0 为 1969 年 1 月 1 日 0 时 0 分 AT(BIH)；P_i 为权重，按组成 $AT(i)$ 的铯钟的数目来确定。

组成 AT(BIH) 的各实验室之间通过接收罗兰-C 信号进行互相比对。计算法中对原子钟的增减、钟频率权重的变化，经罗兰-C 信号的比对读数差等都做了规定。AT(BIH) 的起点由搬运钟确定。

AT(BIH) 的建立有 2 个明确的目的：一是提供一个均匀的时间尺度，在力学上给出最佳参考系；二是为国际间高精度时间同步提供一个依据。BIH 对参加 AT(BIH) 的实

验室条件做了明确的限定。以后又有 4 个实验室陆续参加，共 7 个实验室的地方原子时的加权平均组成了国际时间局的 AT(BIH) 系统。

(三) TAI 系统

1970 年国际计量委员会（CIPM）通过决议并经 1971 年国际计量大会（CGPM）确认，正式确定了 TAI 的定义：TAI 是由国际时间局根据各个实验室按照国际单位制系统时间单位秒的定义运转的原子钟的读数建立的时间参考坐标。

TAI 的起点规定为在 1958 年 1 月 1 日 0 时与 UT1 符合。从 1973 年 6 月底开始，BIH 开始用 ALGOS 算法直接由世界各国守时实验室的原子钟读数计算 TAI。其主要特点是：吸收世界各地合作的实验室参加，有了更广泛的基础；由于用各守时实验室的钟的原始数据进行计算而不再是各地方原子时的平均，避免了因实验室间保持水平差异而带来的影响；国际间比对采用了飞机搬运钟、罗兰-C 以及以后又引进屡加改进的 GPS 及 GLONASS 共视法（Common-view）比对及卫星双向法（TWSTFT）比对等，比对精度不断提高；计算分 2 个阶段，先用钟的数据计算自由时标（EAL），计算中的限制性加权方法经研究后也屡加改进更趋于合理，提高了 TAI 的中短期稳定度，第 2 阶段是利用世界上公认的经过严格评定准确度最高的实验室型原始铯频率标准对初步计算的时间尺度的速率进行政正和控制，使得 TAI 的尺度单位更趋近于定义的国际单位制秒。由于比对精度的提高和数据交换的加快，TAI 的计算间隔由 2 个月缩短为 1 个月。

随着原子钟精度的不断提高和比对技术不断改进，TAI 也适时不断改进、发展。TAI 曾有过明显的调整，如曾发现相对原始频率标准的测量在 1969—1973 年间 TAI 秒长比 SI 秒有 -1×10^{-12} 的偏差，因此 1977 年 1 月 1 日 00:00 对 TAI 的频率作了 $+1\times10^{-12}$ 的调整。目前参加 TAI 合作的各国守时实验室有近 50 个，原子钟近 280 台。其达到的精度为：当取样时间为 20~40 天时，用阿仑方差表示 EAL 的中期稳定度为 0.6×10^{-15}。

TAI 的准确度是由 TAI 的尺度间隔的持续时间相对于由数台在旋转大地水准面上的原始频率标准产生的 SI 秒的相对偏差及其不确定度来估算的。从 2000 年 8 月起 TAI 的频率测量由包括美国 NIST 和德国 PTB 的 2 个铯喷泉在内的 8 个原始频率标准提供。由于 2000 年 8 月各个测量的全球处理导致了 TAI 尺度单位相对于大地水准面上 SI 秒 $0.5\times10^{-14}\sim0.7\times10^{-14}$ 范围的相对偏差，其标准不确定度为 0.2×10^{-14}。进行阶跃调整以消除此偏差，据说不会影响 TAI 的稳定度。可见 TAI 尺度单位的准确度及稳定度均可达到 10^{-15} 量级。

四、协调世界时（UTC）

原子时的定义越来越严格，实现精度越来越高，确实为很多科学研究领域和技术应用部门带来很大的方便和好处。但是，尽管原子时的起点可以在某一时刻定义和实现得与 UT1 相一致，原子时秒长和 UT 秒长的差异经一定时间累积后便会表现出明显的时刻差异，达到一定程度后，关心和使用世界时的部门就难以接受了。

为了照顾不同的需求，国际无线电科学协会和国际天文学联合会分别在 1960 年和 1961 年提出了一个国际协调方案，即在标准频率和时间信号发播时：

(1) 加入载频补偿，即根据前 1 年原子钟相对于地球自转的平均日差，在时号发播时将载波频率调偏，以使得发播时刻尽量靠近世界时时刻。

(2) 必要时引进时刻阶跃。因为上一年的相对速率外推和本年的速率偏差必然造成时刻偏差累积，地球自转速率可能也会有突然的变化，因此规定当偏差过大时进行 1 次 0.1s 时刻阶跃调整，使时号与标准时刻相差不超过 0.1s。

上述调整由 BIH 事先通知。按这种方式进行时号发播的时间系统称为协调世界时（UTC）。

这种方法照顾到了时刻的使用，但频率置偏方法显然对标准频率的使用带来很大的不便。

国际天文联合会（IAU）和国际无线电咨询委员会（CCIR）先后在 1970 年和 1971 年提出并确定了一种新的 UTC 方案，并在 1972 年付诸实施，其技术要点是：

(1) 从 1972 年 1 月 1 日 0 时 UT 起，频率调偏值为零，UTC 秒长和原子时秒长完全一致。

(2) 时号发播的时刻与世界时 UT1 时刻之差保持在 ±0.7s 之内，必要时用时刻阶跃的方式调整。

(3) 必要时的时刻阶跃必须是 1 整秒，称为闰秒，秒计数增加 1s（插入 1s）称为正闰秒，减少 1s（扣除 1s）称为负闰秒。

(4) 闰秒时间只能在 12 月 31 日和 6 月 30 日 UT 的最后 1s 进行。正闰秒发生时 23:59:60 后才是次日的 00:00:00，负闰秒发生时 23:59:58 后便是次日的 00:00:00。

(5) 在时号发播中，以加重等方式给出 0.1s 精度的 DUT1（UT1 与 UTC 的差）信息，$DUT1 = (n \times 0.1)s$。

(6) 1971 年 12 月 31 日末作一次 $-0.1077580s$ 的阶跃，使得 $AT - UTC = -10s$。

按上述特征发播的时号称为新 UTC 时号。CCIR 的 460 号建议书对协调世界时 UTC 给出了定义：

UTC 是 BIH 保持的一种时间尺度，它是标准频率和时间信号协调发播的基础，其速率与 TAI 完全一致，但与它有一个整数秒的差值。可用插入秒或取消秒的方法（正闰秒或负闰秒）调整 UTC 尺度，以确保与 UT1 近似一致。

为了适应地球自转变化，IAU 和 CCIR 大会后来又对 460 号建议书中的某些条款作了修订。将 DUT1 的极限范围由 ±0.7s 扩展到 ±0.9s，置闰的执行日期也增加了 2 个，即 3 月 31 日和 9 月 30 日的最后 1s，并说明如有必要，每个月的月末最后 1s 都可实施闰秒。上述修订从 1975 年 1 月 1 日起施行。

从 1979 年起，UTC 不仅在各国授时台标准频率和时间信号发播中被采用，而且被世界各国作为各自标准时间的基础。

思考与练习题

1. 试述时间与频率的关系。
2. 什么是世界时？它有哪些表现形式？
3. 什么是历书时？试述它的特点与不足。
4. 简述原子时秒的定义。
5. 试述协调世界时的定义及特点。

第七章 时间标准与频率标准

时间是最基本的物理量之一。在所有的物理中，时间与频率标准具有最高的准确度和稳定度。时间和频率是两个密切相关的物理量，用来描述同期性运动现象的两个不同侧面，在数学上互为倒数关系，所以时间和频率共用一个基准，只是在具体应用中根据情况分别采用时间或频率来表示，常将其合称为时频。时频计量的一个明显发展趋势也表现在尽可能地把不同的量值转换为频率或者时间量进行测量[25]。

在所有的物理量中，时间频率是目前实现测量精度最高的物理量，而其他许多物理量常常通过被转化成为时间及频率后进行精度测量。有学者建议将其他几个基本物理量（如长度）转化为时间进行计量，以提高其计量精度。所以，时间频率的精度测量在高科技领域具有相当重要的地位和应用。时间和空间是物质存在的基本形式。一切物质都在不停地运动、变化着，而运动和变化都是在时间和空间进行的。大量的物质变化过程和规律的研究，大量的同时或交替发生的时序过程的观察和研究，都需要有科学的方法测量和记录，测量和记录乃至分析、研究必须依据精确的四维时空坐标。这些观测和记录也许是一定范围和有限期间的事，有些观察也许需要旷日持久地进行，甚至需要在广大地域跨系统、跨行业乃至国际间协同进行。这样，坐标参量的规范和统一便是一件十分重要的事情。时间，我们十分熟悉，与我们的生活息息相关，在计量学中又是一个重要的基本物理量，一个目前计量精度最高的物理量——国际单位制（SI）系统中的"秒"。现在我们对时间的概念和作用应该有更进一步的认识：一定意义上的标准时间单位按严格科学定义和方法累积的时间尺度——时间坐标，已成为度量和规范这众象纷纭、瞬息万变的大千世界的精密四维度规的重要支柱。在通信网同步、电力网同步、测控网同步等重大系统工程中，时间尺度是同步的基础。

第一节 时间和时间标准

一、时间和时间标准的含义

一切知识来源于人类的生产和生活实践。时间应该是最早的天文学概念，也许是最早的科学概念之一。因为它不仅与人类的生存、生活密切相关，更与生产活动密切相关。地球绕日公转引起的寒暑往来、四季更替，提示人类春耕夏种、秋收冬藏；太阳周而复始的东升西落，指示人们日出而作，日落而息。正午时日影的特征成为深刻在千万代人大脑中的时刻烙印，各种精巧的计时方法和器具，只有1日间隔的精确内插。《汉语大词典》这样描述时间：

① 对空间而言，由过去、现在、将来构成的连续不断的系统；

② 有起点和终点的一段时间；
③ 时间里的某一点。

第①点讲的是时间的连续性，其余两点正是我们注意到的时间的 2 个含义：表征事件持续或间隔长短的"时间间隔"，及表征事件发生在 1 日之中精确量化细分后某个位置标识的"时刻"。两者都和"日"长的细分计量有关。

在世界上的多种语言中，时间一词有几种不同的含义。国际电信联盟（ITU-R）在其所推荐的有关时间频率的术语中这样解释和定义时间："在英语中，时间一词用于说明在一个选定的时间尺度上的一个瞬间（1 天当中的时刻）。在一种时间尺度中，它指的是 2 个事件之间的或 1 个事件所持续时间的时间间隔的量度。时间是一种显然不可逆的顺序事件的连续集。"这和汉语中有关时间的解释不谋而合。

至于"时间标准"（Time Standard），ITU-R 作了如下定义和解释：①用于实现时间单位的设备；②用于实现一个时间尺度的连续运转设备，该时间尺度符合于秒定义和一个适当选择的原点。

显然，其定义的"时间标准"指的是"设备"。这显然是与无线电计量中的"频率标准"类比而言的。本章所要阐明的"时间标准"，自然少不了作为重要的基本物理量之一的国际单位制"秒"的计量学意义上的时间，另外，时间的另一重大形态——连续计数的时刻形成的时间坐标和时间尺度，不管是从其产生的渊源的复杂性（频率标准产生的尺度单位和天象决定的时刻的协调），还是从实际应用的方便性（时间尺度方便于量值传递），均已远远超出上述设备含义而形成一个重要的研究和应用领域了。

二、时间标准和标准时间

正因为时间和人类各种活动息息相关，所以不同场合、不同层次的表达、使用也千差万别，甚至难以理解。不同地方的"正午"各不相同，计量单位不一致对时间间隔的描述也大相径庭。文明的发展、科学的进步，需要制定供大家仿效、引用的规范，即制定在一定范围内统一的标准。在时间的标识和使用上，地区、国家甚至国际上应有共同的科学表达、科学实现及科学验证方法，即定义时间标准和标准时间。

时间标准的出现也许是很早的事情。尽管不会像国际单位制"秒"的定义和实现那样复杂严格，但人类对时间计量的需求是共同的，实现手段也多种多样，诸如沙漏、水漏等，但规范化时都会不约而同地以各种方式与太阳的升落现象——日长联系起来，从古至今，概莫能外。

标准时间的统一，人们认识较晚，与人类认识世界的水平有关。即使有了广泛的需求，协调起来也比较麻烦。19 世纪中期，欧美一些发达国家开始使用全国统一的时间。这种时间多以本国首都或重要商埠的子午圈为标准，如法国使用巴黎时间，英国使用格林尼治时间等。一国之内，自成一统，倒也方便。但在国际交往时，尤其是随着铁路及海上航运的发展，各国标准不一，便带来诸多不便。必须寻找一种方法，既不给任何一国增加太大麻烦，又方便国际间的时间换算。1870 年，美国人伍德提出，加拿大工程师费莱明完善，建议采用一个统一标准，将全球分为若干个标准时区，世界各国按它所在的时区实行分区计时。这种方法被许多国家相继采用。

1884 年在美国首都华盛顿召开了一次国际子午线会议。对于近代计时的标准化来说，这是一次非常重要的会议，几项决定影响深远。会议约定采用英国伦敦格林尼治天文台子午仪所在的子午线作为地球经度计量的起算子午线，称为本初子午线，其经度值为零。由本初子午线向东、向西分别计量，各称为东经和西经，数值从 0°～180°。在零子午线上测得的从平正午起算的平太阳时称为格林尼治平时，记为 GMT。会议采纳了分区计时的方案，将这种时间称为"区时"。世界时区的划分以本初子午线为标准线，东西各 7.5° 为 1 个时区，该区为零时区。由此向东向西经度每隔 15° 为 1 个时区，东西各 12 个时区，全球共分 24 个时区。各时区均以本区的中央子午线的地方平时作为本时区的标准时间。相邻时区时差一般为 1h。时区界限原则上按地理经线划分，实施中考虑到行政区划与自然界限。

会议还规定在太平洋中靠近 180° 经线的地方划一条日界线，称为国际日期变更线。地球上每一个新日期从这里开始，此线两侧日期不同。为避免跨线国家或地区的日期矛盾，日界线并非直线，而是折线。人们跨线旅行或跨线进行科学实验，要注意这日期差异。由东向西跨线要增 1 日，反之要减 1 日。

目前，世界上多数国家都采用了区时，并保持与格林尼治时间相差小时整倍数。也有些国家仍然根据自己的习俗方便选用时间，差值不一定是整数，有的就和标准区时差半小时。欧洲国家的时区分为 3 组，分别采用格林尼治时间（零时区）、中欧时间（东 1 时区，如德国）和东欧时间（东 2 时区）。美国幅员辽阔，在其疆域内采用了 8 个时区的时间。我国同样版图广大，由西到东跨越东 5、东 6、东 7、东 8 和东 9 共 5 个时区。解放前曾采用多区时体制，其中中原时区以东经 120° 经线为中央经线。解放以后，全国采用以首都北京所在的东 8 时区的时间为标准时间，称为北京时间。北京时间实际上是东经 120 经线的区时，并不是北京（地理经度约为东经 116°21′30″）的地方时。北京时间比格林尼治时间早 8h，即

$$北京时间 = 世界时（格林尼治时间）+ 8h$$

欧美一些国家在第一次世界大战期间为了节约燃料，以法律形式规定将其标准时间在夏季提前 1h，冬天又恢复到原来的标准时间。这种夏季提前的时间称为法定时，又称夏令时。国际旅行或国际合作时应引起注意。

第二节 时间频率的测量

一、时间测量与频率测量的关系

时间同长度、质量和温度这些可以测量的物理量相比，主要区别在于它的力学性质与后者不同，时间不可能保持不变，就是说，它永不停息，绝无终止。

一个时钟可以停止，从而在时间尺度上指示出一点或瞬间，即停止的那个时刻。但时间将继续流逝，如果停止的恰巧是我们手边唯一的时钟，那么我们将失去由这个时钟所提供的时间尺度。倘若重新启动这个时钟，则它必然要滞后一段时间，究竟滞后多少，这只能凭借在它停止期间一直保持运转的其他时钟的帮助才能确定。

在这里，我们已经使用了时间这个词的两种含义，即在一个具有确定原点的时间坐

标轴上某一点的时刻以及时钟停止的时间间隔。在日常生活中，时间的这种双重含义可以用下面两个语句来加以说明：

① "是上班的时间了" ——指的是时刻。
② "离过年还有一段时间" ——指的是时间间隔。

与时间有关的一个量是周期，生活中的周期现象早已为人们所熟悉。例如，地球的自转或日出日落是一种周期现象，单摆或平衡轮的摆动、电子学中的电磁振荡都是周期现象。自然界中类似上述周而复始出现的实物或事件还有很多，周期过程重复出现一次所需要的时间称为周期，记为 T。在数学中，将这类具有周期性的现象概括为一种函数关系的描述，即

$$F(t)=F(t+mT)$$

式中：m 为整实数；t 为描述周期过程的时间变量；T 为周期过程的周期。

如前所述，频率是单位时间内周期性过程重复、循环或振动的次数，记为 f。周期和频率之间互为倒数关系。对于简谐振动、电磁振荡这类周期现象，可利用更加明确的三角函数关系进行描述。设该函数为电压函数，则可写为

$$u(t)=A\sin(2\pi ft+\varphi)$$

式中：A 为电压的振幅；φ 为初始相位。

整个电磁频谱具有各种类型的划分。在微波技术领域中，通常按波长分为米、分米、厘米、毫米、亚毫米波。在无线电广播中，则分为长、中、短三个波段。在电视中，将 48.5~223MHz 按每频道占据 8MHz 的带宽分为 1~12 个频道。在电子测量技术中，通常以 100kHz 为界，以下称为低频测量，以上称为高频测量。

常用的频率标准是晶体石英钟，它一般用在电子设备与系统中。由于石英具有很高的机械稳定性和热稳定性，而且它的振荡频率受外界因素影响小，因此比较稳定，可以达到约 10^{-10} 的频率稳定度，加之石英振荡器结构简单，制造、维护使用都比较方便，其精确度已能满足大多数电子设备上的需要，所以它已经成为人们青睐的频率标准源。

近代最准确的频率标准是原子频率标准，简称为原子频标。原子频标有许多种，其中铯束原子频标的稳定性、制作重复性较好，因而高标准的频率标准源大多采用铯束原子频标。原子频标的原理是：原子处于一定的量子能级，当它从一个能级跃迁到另一个能级时，将辐射或吸收一定频率的电磁波，由于原子本身结构及其运动具有永恒性，所以原子频标比天文频标和石英频标都稳定。铯 133 原子的两个能级之间的跃迁频率为 9192.631770MHz，利用铯原子源辐射出的原子束，在磁间隙中获得偏转，在谐振腔中激励起微波交变磁场，当其频率等于跃迁频率时，原子束将穿过间隙，向监测器汇集，从而获得铯束原子频标。原子频标的准确度可以达到很高的程度，广泛应用于航天飞机的导航、监测、控制[26]。

需要明确的是，时间中秒的定义是铯 133 原子基态的两个超精细能级在零磁场中跃迁振荡 9192631770 周所持续的时间，虽然产生的机理比较复杂，但可以理解为将频率进行计数，计数 9192631770 个周期就是 1s。这里强调的是时间标准和频率标准的同一性，可以由时间标准导出频率标准，也可以由频率标准导出时间标准。一般情况下不再区分时间标准和频率标准，而统称为时频标准。同样，在电子学测量阶段，时间测量和频率测量是结合在一起的，统称为时间频率测量，简称时频测量[27]。

本书主要讲述时间频率信号的电子测量方法,在不加说明的情况下,测量专指电子测量。

二、时间频率测量的重要性

时间频率测量作为电子测量的重要领域,已越来越受到重视。时间频率信号具有的独特性质使得时间频率测量技术作为科学技术发展的技术基础具有不可忽略的意义。

首先,时间频率信号可以通过电磁波将国家时间频率标准传递到需要的地方,这是时间频率传递与其他分级传递物理量显著不同的方面,这也极大地扩展了时间频率的比对和测量空间。时间频率测量技术是时间频率传递必不可少的组成部分,对于标准时间的传递极其重要[28]。

其次,时间作为七个国际基本单位之一,是目前能够实现的测量精度最高的一个量。现代量子频标的出现和电子技术的进步,极大地提高了时间频率计量测试的稳定度和准确度,使其遥遥领先于其他量值的计量水平。极高的测量精度和直接传递的特性使时频计量成为其他量值计量向着量子基准转化的先导。在1983年第17届CGPM会议的决议中重新定义了"米长"(光在真空中1/299792458s所传播的距离)。长度和时间的这种密切关系已被用于导航系统,全球定位系统(GPS)尤其令世人瞩目。完成这种转换而重新定义的量值还有电压单位——伏特和电阻单位——欧姆。德国的ACAM公司开发出基于时间间隔测量的电容和电阻传感器,极大地提高了电容和电阻的测量精度。由此可见,时间频率已成为当今物理量准确计量的基础。

再次,时间和频率是人们日常生活和工作中最常用的两种基本参量。时间和频率的应用范围十分广泛,从重大的科学实验到与钟和振荡器相关的大量消费产品,钟和振荡器控制着许多系统的活动。计时、工业控制、邮电通信、大地测量、现代数字化技术、计算机以及人造卫星、宇宙飞船、航天飞机的导航定位控制都离不开时间频率技术和时间频率测量。

最后,社会的发展使得人们对信息传输和处理的要求越来越高,需要更高准确度的时频基准和更精密的测量技术。自20世纪50年代初原子钟发明至今,许多国家(包括我国)都在原子频标的研究上不断取得重大进展。传统的铯、氢、铷原子频标成为了时间频率领域中最为成熟、实用的原子频标,它们的秒级稳定度都在10^{-13}量级及以上。除此之外,自20世纪80年代起,欧美国家便开始研制新型冷原子频标,如光抽运铯束频标、原子喷泉、离子阱频标和光频标等。这些新型的冷原子频标的准确度和稳定度都在传统的原子频标之上。高稳晶体振荡器、原子频标等频率源的研制和应用范围的不断扩大,已向更精密的测量技术提出挑战。今天,时间和频率的测量分辨率已分别达到了ps和10^{-16}量级,不确定度则下降到10^{-16}量级。

因此,可以说时间频率的高精度测量促使着科学技术的进步,而科学技术的进步又将时间频率的测量精度提高到了一个新的高度。时间频率测量水平的提高对整个科学技术发展水平的提高具有极其重要的促进作用。

第三节　频率标准的主要技术指标

一、频率准确度

频率标准称为"标准",可见频率准不准、准到什么程度自然成为最主要的标志,它是由频率准确度来度量的。

$$A = \frac{f_x - f_0}{f_0} \tag{7.1}$$

式中：A 为频率准确度；f_x 为被测频率标准的实际频率；f_0 为标称频率。

频率标准的实际频率,由于受频率标准内在因素和外部环境的影响,实际上并不是一个固定不变的值,而是在一定范围内起伏的值。为了测量 f_x,需要一个尽可能恒定的环境,并尽可能用较长的平均时间来测量,以减少起伏的影响。f_0 是频率标准的标称频率,通常为 5MHz、10MHz、100MHz 等。

频率准确度从其定义看,是描述频率标准输出的实际频率与标称频率的相对偏差。但在测量时,无法直接测量实际频率与标称频率偏差,而是以参考频率标准的实际频率作为标准来测量被测频率标准的实际频率的。因此要求参考频率标准的准确度应比被测频率标准高 1 个数量级以上。

从式（7.1）可知,被测频率标准的频率 f_x 偏离 f_0 越大,A 值就越大。所以频率准确度的确切叫法应为"频率不准确度",不过由于习惯上的原因,就一直这样称呼下来了。如果频率标准 A 的准确度绝对值比频率标准 B 的小,则称频率标准 A 的准确度比频率标准 B 高。

无须将频率准确度与参考频率比较,仅需根据理论分析和实验验证就可估算的频率标准称为频率基准（Primary Frequency Standard）。国际公认的频率基准是实验室型铯束频率基准,其准确度已达 10^{-15} 量级,这种准确度通常用频率不确定度来描述。对于需要参考频率基准来确定准确度的那些频率标准称为频率标准（Secondary Frequency Standard）[29]。

频率标准准确度量值的传递除了直接用比对的方法外,还可以用无线电波、光波作为载体实现无线传递,极大地方便了频率标准的应用,时间统一系统正是由于借助于这种量值传递的特点,才实现了远距离频率量值的统一。

常见频率标准的准确度如表 7.1 所列。

表 7.1　常见频率标准的准确度

类　别		准　确　度
石英晶体振荡器	普通型	10^{-5}
	温度补偿型	$10^{-5} \sim 10^{-8}$
	单层恒温型	$10^{-7} \sim 10^{-9}$
	双层恒温型	$10^{-8} \sim 10^{-10}$

(续)

类　　别		准　确　度
原子频率标准	铷原子频率标准	$10^{-10} \sim 10^{-11}$
	氢原子频率标准	10^{-12}
	商品型铯原子频率标准	$10^{-12} \sim 10^{-13}$
	实验室型铯原子频率标准	$10^{-14} \sim 10^{-15}$

二、频率偏差

频率偏差是指两个频率标准输出频率的相对偏差，其定义为

$$D = \frac{f_A - f_B}{f_0} \tag{7.2}$$

式中：D 为频率偏差；f_A，f_B 分别为频率标准 A 和 B 的输出频率；f_0 为两个频率标准的标称频率。

比较式（7.1）和式（7.2）可知，频率准确度是"绝对"的概念，它描述的是频率标准的频率准到什么程度；而频率偏差是"相对"的概念，它描述的是两个频率标准的频率相差的大小。如果两个频率标准的准确度是已知的，就可算出它们之间的频率偏差。但在工程应用中，有时并不关心准确度是多少（何况测量准确度往往是很费事的），但频率偏差的大小却是十分关键的指标。例如，相距遥远的两台雷达对目标进行主从式多普勒频率测量时，作为两台雷达本振信号源的频率标准就是这种状况。

三、时域频率稳定度

1. 频率稳定度与准确度

频率标准作为一种电子设备，输出信号不可避免地受到内部各种电子噪声的影响，使其频率不是一个固定值，而是在一定范围内随机起伏的。频率稳定度就是用来描述频率标准输出频率受噪声影响而产生的随机起伏的。所谓时域频率稳定度，就是把受噪声影响的输出频率用一个时间函数来描述，从时域的角度分析噪声对输出频率的影响。

频率标准的准确度与稳定度之间的关系，可以用射击打靶来形象地描述。图 7.1 为射击后在靶上看到的 4 种结果。(a) 为又准又稳，弹着点都集中在靶心附近很小的范围内；(b) 为准而不稳，弹着点总的来看都在靶心周围，但散布在一个较大的范围内；(c) 为不准但稳，弹着点明显偏离了靶心，但散布在很小的范围内，表明虽然不准，但很稳定；(d) 为不准且不稳，弹着点既未对准靶心，又散布在很大的范围内。

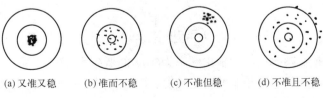

图 7.1　准确度与稳定度

频率标准的准确度和稳定度的关系相当于测量中系统误差和随机误差的关系，准确度相当于系统误差，稳定度相当于随机误差。要减少测量误差应努力减少测量的系统误差和随机误差，一个好的频率标准其频率应该又准又稳。

2. 从标准方差到阿仑方差

一个频率标准的输出信号可以表示为

$$V(t) = [V_0 + \varepsilon(t)] \sin[2\pi f_0 t + \varphi(t)] \tag{7.3}$$

式中：V_0为标称振幅；$\varepsilon(t)$为振幅的起伏，对于频率标准$|\varepsilon(t)| \ll V_0$；f_0为标称频率，或长期平均频率；$\varphi(t)$为相位起伏，对于频率标准$|\dot\varphi(t)| \ll 2\pi f_0$。

由式（7.3）可知信号的瞬时相位为

$$\phi(t) = 2\pi f_0 t + \varphi(t) \tag{7.4}$$

瞬时角频率是相位的时间导数，即

$$2\pi f(t) = \dot\phi(t) \tag{7.5}$$

因而瞬时频率为

$$f(t) = f_0 + \frac{1}{2\pi}\dot\varphi(t) \tag{7.6}$$

瞬时相对频率起伏为

$$y(t) = \frac{f(t) - f_0}{f_0} = \frac{\dot\varphi(t)}{2\pi f_0} \tag{7.7}$$

由噪声引起的瞬时相对频率起伏$y(t)$是随机函数，它正是频率稳定度所要研究的对象。从时间域研究$y(t)$就是频率标准的时域频率稳定度，而从频率域研究$y(t)$就是频率标准的频域频率稳定度。

如果能得到频率标准相对频率起伏$y(t)$的表达式，频率稳定度的研究就成了非常简单的一件事。但是从理论分析看，由于$y(t)$表示的是由噪声引起的随机函数，它不可能是一个简单的解析表达式，因此只能用统计分析的方法来研究它。另外，从频率稳定度的测量来看，我们无法测量一个信号的瞬时频率，而只能测量一段时间的平均频率。这两点决定了时域频率稳定度研究的特点。

为了观察频率标准输出频率的随机起伏，设测量平均频率的取样时间为τ，两次测量的间隙时间为$T-\tau$，即测量平均频率的周期为T，第i次测得的平均频率为f_i，共测量了N次，如果频率标准的噪声是正态分布的平稳随机过程，则频率起伏的标准方差为

$$\sigma^2 = \lim_{N \to \infty} \frac{1}{(N-1)f_0^2} \sum_{i=1}^{N}(f_i - \bar f)^2 \tag{7.8}$$

平均频率为

$$\bar f = \lim_{N \to \infty} \frac{1}{N} \sum_{i=1}^{N} f_i \tag{7.9}$$

σ值的含义是：频率标准的输出频率为$\bar f \pm \sigma \bar f$的概率为67%。

σ值的大小反映了输出频率的稳定程度，因此，过去一直以输出频率的标准方差作为频率标准时域频率稳定度的定义。

近年来，随着对频率标准噪声深入研究发现，频率标准除存在常见的傅里叶频率较

高的热噪声和散弹噪声外，还存在着傅里叶低频分量很丰富的调频闪变噪声和频率随机游动噪声。由于它们的存在，使得在用式（7.8）测量标准方差时，测量次数 N 越多，标准方差就越大，理论上当 $N\to\infty$，$\sigma\to\infty$，即 N 增大时，σ 不是收敛的，而是发散的。因此，用标准方差来描述频率标准的稳定度是不合适的，因为作为一个有用的统计量，应该是测量次数越多，求出的结果越精确，误差越小。为了解决这一问题，世界各国学者提出了各种频率标准时域频率稳定度的表征方法，目前采用最多的是由美国学者阿仑（D. W. Allan）提出的表征方法，即所谓阿仑方差。

广义阿仑方差的表达式为

$$\sigma^2(N,T,\tau) = \lim_{m\to\infty} \frac{1}{m}\sum_{j=1}^{m}\left[\frac{1}{(N-1)f_0^2}\sum_{i=1}^{N}(f_i-\bar{f}_N)^2\right]_j \tag{7.10}$$

式中：$\sigma^2(N,T,\tau)$ 为参数分别为 N、T、τ 时的广义阿仑方差；N 为取样次数；T 为取样周期；τ 为取样时间；m 为测量组数；$\bar{f}_N = \frac{1}{N}\sum_{i=1}^{N}f_i$。

从广义阿仑方差的表达式与标准方差的表达式中，不难发现这两个表达式十分相似。当频率标准存在调频闪变噪声和频率随机游动噪声时可以证明，当 $N\to\infty$ 时，标准方差是发散的，而当 $m\to\infty$ 时，广义阿仑方差是收敛的。为什么会造成两种截然不同的结果呢？仔细比较两种方差的表达式可以发现，在取样周期 T 和取样时间 τ 都不变的情况下，标准方差要求取样次数 $N\to\infty$，因为在正态分布的平稳随机过程里，当 $N\to\infty$ 时，$\bar{f}_N$ 趋近于真值。但由于那两种噪声存在，因此这一条件已不存在，造成了标准方差的不收敛。但广义阿仑方差却与标准方差不同，在测量时 N 值是固定的，即对每组测量，N 是常数。它需要进行很多组测量，即要求 $m\to\infty$。当 $m\to\infty$ 时就得到了广义阿仑方差 $\sigma^2(N,T,\tau)$。

比较标准方差的定义和广义阿仑方差的定义，可以发现这两个公式表面上很相像，但是它们所表达的物理含义是不同的。标准方差描述的是频率标准输出频率相对于其平均频率的起伏方差。如果标准方差是存在的，则在某一时间测量的标准方差，都可以用来表达今后任何时候输出频率相对于平均频率起伏的大小。但由于存在上述两种噪声，因此平均频率的表达式是不存在的，这可以理解为不同时间测得的平均频率是不一样的，这样标准方差就失去了其存在的物理基础。但是广义阿仑方差却不同，广义阿仑方差描述的是频率标准输出频率相对于取样次数固定为 N 的平均频率的起伏方差，由理论可以证明，即使有上述两种噪声的情况下广义阿仑方差是存在的，那么在某一时候测量的广义阿仑方差，可以用来表达今后任何时候输出频率相对于那时取样次数为 N 的平均频率的起伏方差。不过要注意，那时的平均频率已与测量广义阿仑方差时的平均频率不一样了。这就表明广义阿仑方差描述的是不同时候的输出频率相对于不同时候平均频率 $\bar{f}_N$ 的起伏方差。也就是说，广义阿仑方差的值是一样的，但不同时候的平均频率 $\bar{f}_N$ 是变化的。平均频率 $\bar{f}_N$ 的变化，不是由于频率标准的老化漂移所引起的，而是由频率标准内部存在的调频闪变噪声和频率随机游动噪声中的慢变化成分造成的。

3. 狭义阿仑方差

广义阿仑方差是对频率标准频率稳定度的一种较好的表征方式，但从广义阿仑方差的定义不难发现，广义阿仑方差的数值与取样次数 N、取样周期 T 和取样时间 τ 这 3 个参数有关。这意味着，要比较不同频率标准的频率稳定度，在测量时 3 个参数 N、T、τ 必须取同样的值，或者说如果 3 个参数 N、T、τ 中有一个不一样就没有可比性。可想而知，这对频率标准的实际应用会带来很多不便。为了简化频率稳定度的测量，也使不同频率标准的频率稳定度具有可比性，引入狭义阿仑方差的概念：取广义阿仑方差最极端的特例，即取样次数 $N=2$，取样周期等于取样时间 ($T=\tau$)，其表达式为

$$\sigma_y^2(\tau) = \lim_{m \to \infty} \frac{1}{m} \sum_{j=1}^{m} \left[\frac{1}{(2-1)f_0^2} \sum_{i=1}^{2} (f_i - \bar{f})^2 \right]_j$$

$$= \lim_{m \to \infty} \frac{1}{m} \sum_{j=1}^{m} \frac{1}{f_0^2} \left[\left(f_1 - \frac{f_1 + f_2}{2} \right)^2 + \left(f_2 - \frac{f_1 + f_2}{2} \right)^2 \right]_j$$

$$= \lim_{m \to \infty} \frac{1}{m} \sum_{j=1}^{m} \left[\frac{1}{2f_0^2} (f_1 - f_2)^2 \right]_j \tag{7.11}$$

由式（7.11）可以看出，狭义阿仑方差描述的是取样时间为 τ 的无间歇测量（$T=\tau$）的相邻两个频率的起伏值。因此有人称狭义阿仑方差为邻频方差，这是很形象的。

可以证明，两种不同方式测量的狭义阿仑方差的结果是一样的，可以分别表示为

$$\sigma_y^2(\tau) = \lim_{m \to \infty} \frac{1}{2mf_0^2} \sum_{i=1}^{m} (f_{i+1} - f_i)^2 \tag{7.12}$$

$$\sigma_y^2(\tau) = \lim_{m \to \infty} \frac{1}{2mf_0^2} \sum_{i=1}^{m} (f_{i_2} - f_{i_1})^2 \tag{7.13}$$

式（7.12）表示所有的测量值 f_i 之间必须全都是无间歇的；而式（7.13）表示每一组测量值（f_{i_2}，f_{i_1}）之间是无间歇的，而对组与组之间是否有间歇不作要求，如图 7.2 所示。显然，组与组之间允许有间歇的测量方式要比全部是无间歇的容易实现得多。

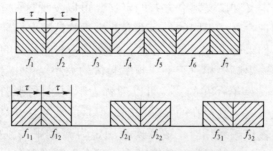

图 7.2 狭义阿仑方差两种不同的测量方法

狭义阿仑方差的定义要求测量组数 m 为无穷多。这在现实中是无法做到的，因此实际应用中采用狭义阿仑方差的估算公式，即

$$\sigma_y^2(\tau) \approx \frac{1}{2mf_0^2} \sum_{i=1}^{m} (f_{i+1} - f_i)^2 \tag{7.14}$$

$$\sigma_y^2(\tau) \approx \frac{1}{2mf_0^2} \sum_{i=1}^{m} (f_{i_2} - f_{i_1})^2 \tag{7.15}$$

m 为有限值时估算的阿仑方差的不确定度（σ）约为 $1/m^{1/2}$，因此通常取 $m=100$。这时的不确定度约为 10%，这对于阿仑方差的测量应该说是可以接受的。对于原子频

率标准往往需要测量取样时间 τ 很长的频率稳定度，若取 m 为 100，则由于整个测量所用时间太长，而往往取 m=30 或更少。

4. 阿仑方差与噪声

频率标准是由电子元器件等组成的电子设备。研究表明，影响频率稳定度的噪声主要有以下几种。

（1）散弹噪声。散弹噪声是由大量带电粒子（主要是电子）的随机波动而产生的噪声，它的幅度分布是高斯型，其频谱与频率无关。

（2）热噪声。热噪声是带电粒子由于热扰动造成的随机运动而产生的噪声，其功率与绝对温度成正比。它的幅度分布也是高斯型，频谱与频率无关。

散弹噪声和热噪声由于其频谱均与频率无关，因此常将这两种噪声通称为白噪声。

（3）闪变噪声。闪变噪声是与有源器件表面处理情况有关的一种低频噪声，它的幅度服从于高斯分布，由于其频谱正比于 f^{-1}，因此有时也称为 f^{-1} 噪声。最早是在电子管中观测到这种噪声的，因为它似乎源于阴极电子发射的闪变现象，所以称为闪变噪声。它不像散弹噪声和热噪声普遍存在，有的器件只要进行适当处理，即可减少，而有的器件则不存在这种噪声，这种噪声的低频分量较丰富。

（4）随机游动噪声。这是一种频率更低的噪声，以往发现有周期大于 1 年的这种噪声的存在。随机游动噪声也称为扩散噪声，这种过程的研究源于物理学中的分子扩散过程。随机游动噪声的特点是：

① 噪声过程的无后效性，即在 t_0 后所处的状态与 t_0 前的状态无关；

② 其变化是连续的，并在任何时刻都具有有限的变化率。

我们关心的是这些噪声对频率标准输出的标准频率信号的相位或频率的影响。由于频率标准内，不同部件的噪声对信号的相位或频率的作用机制不同，因此这些噪声对相位和频率的影响通常有以下 5 种情况：

① 调相白噪声；

② 调相闪变噪声；

③ 调频白噪声（或称为相位随机游动噪声）；

④ 调频闪变噪声；

⑤ 频率随机游动噪声。

研究发现，在上述不同的噪声作用下，狭义阿仑方差与取样时间有不同的关系，即有

$$\sigma_y^2(\tau) = \sum_{\alpha=-2}^{2} k_\alpha \tau^\mu \tag{7.16}$$

式中：$\sigma_y^2(\tau)$ 为狭义阿仑方差；k_α 为与不同噪声过程对应的系数；T 为取样时间；τ 为与不同噪声过程有关的指数，$\mu=-\alpha-1$，当 $\alpha=1$ 或 2 时，$\mu=-2$。

5 种噪声过程对应的 α 值如表 7.2 所列。

表 7.2 不同噪声过程的 α 值

噪声过程	α 值
调相白噪声	2

(续)

噪声过程	α 值
调相闪变噪声	1
调频白噪声（相位随机游动噪声）	0
调频闪变噪声	−1
频率随机游动噪声	−2

式（7.16）表明，狭义阿仑方差可以表示为 5 种独立的噪声过程作用的叠加。如果在某段取样时间 $\tau_1 \sim \tau_2$ 内，$\sigma_y^2(\tau)$ 与 τ 有明显的对应关系，例如，若 $\tau_1 \sim \tau_2$ 内 $\sigma_y^2(\tau)$ 与 τ 值无关（即 $\sigma_y^2(\tau) \propto \tau^0$），则可以认为，在这段取样时间内主要的噪声过程是调频闪变噪声（α=−1）。这就给我们提供了一种可能，即画出 $\lg \sigma_y(\tau)$ 与 $\lg \tau$ 的对应曲线，根据其斜率可以推断出不同取样时间段的主要噪声过程，如图 7.3 所示。

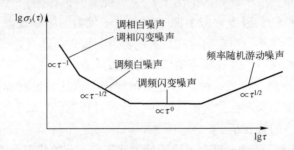

图 7.3　$\lg \sigma_y(\tau)$-$\lg \tau$ 曲线斜率与频率标准内噪声的对应关系

5. 阿仑方差的换算

广义阿仑方差 $\sigma^2(N,T,\tau)$ 在 N 为 ∞ 时即是标准方差的表达式；当 N 为有限值时，表示的是取样次数为固定 N 次时的输出频率的起伏方差。在特殊条件下（$N=2$，$T=\tau$），广义阿仑方差成为狭义阿仑方差 $\sigma_y^2(\tau)$，但这时如果测量设备无法实现无间隙（$T=\tau$）的测量，则得到的是有间隙的狭义阿仑方差 $\sigma^2(2,T,\tau)$。这些方差在不同的应用场合都是有意义的，并且可以用巴纳斯（Barnes）函数来换算。

广义阿仑方差与有间隙的狭义阿仑方差的换算用巴纳斯 1 函数，即

$$\sigma^2(N,T,\tau) = B_1(N,r,\mu)\sigma^2(2,T,\tau) \tag{7.17}$$

式中：$B_1(N,r,\mu)$ 为巴纳斯 1 函数，其中 $r=T/\tau$；μ 为与噪声过程有关的系数。

狭义阿仑方差与有间隙的狭义阿仑方差的换算用巴纳斯 2 函数，即

$$\sigma^2(2,T,\tau) = B_2(r,\mu)\sigma_y^2(\tau) \tag{7.18}$$

式中：$B_2(r,\mu)$ 为巴纳斯 2 函数。

由式（7.17）和式（7.18）可得广义阿仑方差与狭义阿仑方差的换算式，即

$$\sigma^2(N,T,\tau) = B_1(N,r,\mu)B_2(r,\mu)\sigma_y^2(\tau) \tag{7.19}$$

巴纳斯函数可从有关的参考文献中查得。

由式（7.17）~式（7.19）可知测量所用的 N、T、τ、r 是已知参数，换算的关键是 μ 值。而 μ 值是与噪声过程相关的值。我们可以通过本小节中介绍的方法来确定 μ 值，即通过观察 $\lg \sigma_y(\tau)$-$\lg \tau$ 曲线的斜率来确定 μ 值。虽然从理论上讲，通过上述 3 个

转换公式可以方便地进行阿仑方差之间的换算，但实际上往往并不是只有单一一种噪声起作用，例如 $\lg\sigma(\tau)-\lg\tau$ 曲线斜率变化处，实际上就是两种噪声都在起作用，因而阿仑方差的转换远非是一件轻而易举的事。这也正是前面所说的狭义阿仑方差被越来越广泛采用的原因。从巴纳斯函数中我们可以得到一些有用的结论。

（1）对于调相白噪声和调相闪变噪声，$\mu=-2$。

由巴纳斯函数表查得

$$B_1(N,r,-2)=\begin{cases}1, & r\neq 1\\ 0.833(N=4)\sim 0.667(N=\infty), & r=1\end{cases} \quad (7.20)$$

上式表明：对于有间歇的测量（$r\neq 1$），广义阿仑方差和有间隙的狭义阿仑方差的结果是一样的；而对无间歇的测量（$r=1$），两者是有差别的，但差得不多（与取样次数 N 有关）。

$$B_2(r,-2)=\begin{cases}0.667, & r\neq 1\\ 1, & r=1\\ 0, & r=0\end{cases} \quad (7.21)$$

上式表明：有间歇的狭义阿仑方差与狭义阿仑方差的结果相差不大；当 $r=1$，即无间歇时，两者当然是一样的（$B_2(1,-2)\equiv 1$）；而 $r=0$ 时，成了每次取样的结果自己跟自己比，当然其方差为 0（$B_2(0,-2)\equiv 0$）。

（2）对于调频白噪声，$\mu=-1$。

由巴纳斯函数表查得

$$B_1(N,r,-1)=\begin{cases}1, & r\geq 1\\ 1.125\sim 100, r=0.8\sim 0.01, N=4\sim \infty\end{cases} \quad (7.22)$$

式（7.22）表明：只要是正间歇的测量（$T\geq \tau$），广义阿仑方差和有间歇的狭义阿仑方差是一样的；对负间歇的测量（$T<\tau$，$r<1$），随着 r 值的减小和 N 值的增大，两者的差别越来越大，$r=0.01$、$N=\infty$ 时两者相差 100 倍。

$$B_1(r,-1)=\begin{cases}1, & r\geq 1\\ r, & r<1\end{cases} \quad (7.23)$$

上式表明：对于调频白噪声，只要是正间歇的测量（$T\geq \tau$），狭义阿仑方差有无间歇就是一致的；对于负间歇测量（$T<\tau$），有间歇狭义阿仑方差比无间歇的要小（$\sigma^2(N,T,\tau)=r\sigma_y^2(\tau)$）。

（3）对于调频闪变噪声，$\mu=0$。

由巴纳斯函数表查得，只有在 $r=\infty$（测量间歇时间无穷长）的情况下，不论测量次数 N 为多少，总有 $B_1(N,\infty,0)=1$，即只有在这种情况下，广义阿仑方差与有间歇的狭义阿仑方差才相等。在 $r=1$（无间歇测量时）、$N=4\sim\infty$ 时，$B_1(N,1,0)=1.333\sim\infty$，即随着测量次数 N 的增加，广义阿仑方差与有间歇的狭义阿仑方差的差会越来越大。这一点提醒我们在应用时应特别注意。综观 $B_1(N,r,0)$ 巴纳斯表可以发现，N 值越小，r 值越大，$B_1(N,r,0)$ 的值越接近 1。

$$B_2(r,0)=\begin{cases}1\sim\infty, & r=1\sim\infty\\ 1\sim 0, & r=1\sim 0\end{cases} \quad (7.24)$$

上式表明：对于调频闪变噪声只有在 $r=1$（无间歇）时 $B_2(1,0)=1$（此时有间歇的狭义阿仑方差实际上就是无间歇的狭义阿仑方差);在 $r>1$ 时,随着 r 的增大,两者的差会越来越大;而 $r<1$ 时,随着 r 的减小,两者的差会越来越大。这一点也应当引起充分的注意。因为它表明,在常用的 $N=2$ 狭义阿仑方差的测量中,如果存在调频闪变噪声,则测量间歇的大小对测量结果有较大的影响,应尽可能减小测量间歇。

(4) 对于频率随机游动噪声,$\mu=1$。

由巴纳斯函数表查得当 $r=1$(无间歇测量)时,$B_1(N,1,1)=N/2$,即随着测量次数 N 的增大,广义阿仑方差和有间歇的狭义阿仑方差之差会越来越大。此时 N 的影响比在 $\mu=0$(调频闪变噪声)时还要大。这一点在应用中同样应引起特别注意。综观 $B_1(N,r,1)$ 巴纳斯表可以发现,N 值越小、r 值越大,$B_1(N,r,1)$ 值越小。也就是说,随着测量次数 N 减小、间歇时间的增大,广义阿仑方差和有间歇的狭义阿仑方差之差越来越小。但是,如果将其与 $B_1(N,r,0)$ 巴纳斯表(调频闪变噪声)相比可以发现,这种变化速率比调频闪变噪声时的快。

$$B_2(r,1)=\begin{cases}1\sim\infty, & r=1\sim\infty \\ 1\sim 0, & r=1\sim 0\end{cases} \quad (7.25)$$

上式表明:对于频率随机游动噪声,只有在 $r=1$(无间歇)时 $B_2(1,1)=1$(有间歇的狭义阿仑方差此时就是无间歇的狭义阿仑方差);在 $r>1$ 时,随着 r 的增大,两者的差会越来越大;而 $r<1$ 时,随着 r 的减小,两者的差会越来越大。这一点与调频闪变噪声时一样应该引起充分注意。它同样表明,在常用的狭义阿仑方差的测量中,如果存在频率随机游动噪声,测量间歇的大小对测量结果的影响是应该特别注意的。虽然式表面上看与式一样,但从巴纳斯函数表可以看到 r 对 $B_2(r,1)$ 的影响要比 $B_2(r,0)$ 的大,因此这时测量间歇对结果的影响要比调频闪变噪声时大。

综合上述 5 种噪声对阿仑方差测量结果的比较可以发现:对于常用的取样周期大于等于取样时间(即 $r \geq 1$)的阿仑方差的测量,在调相白噪声、调相闪变噪声和调频白噪声起作用时,广义阿仑方差、有间隙的狭义阿仑方差和狭义阿仑方差三者结果相差不大,但在调频闪变噪声和频率随机游动噪声起作用时,三者会有较大差别,这是在应用中必须考虑的问题。从这一点来看,也能体现采用狭义阿仑方差作为比较不同频率标准频率稳定度质量优劣的优点。

利用巴纳斯函数,还可以进行频率标准在同一种噪声作用时、不同取样组数、不同取样周期和不同取样时间阿仑方差的换算。

设该种噪声为 μ 型。如果已测得取样组数为 N_1、取样周期为 T_1、取样时间为 τ_1 的广义阿仑方差为 $\sigma^2(N_1,T_1,\tau_1)$,则根据巴纳斯函数的定义有

$$\sigma^2(N_1,T_1,\tau_1)=B_1(N_1,r_1,\mu)\sigma^2(2,T_1,\tau_1)=B_1(N_1,r_1,\mu)B_2(r_1,\mu)\sigma_y^2(\tau_1) \quad (7.26)$$

根据前面分析可知,当噪声为 μ 型时有

$$\sigma_y^2(\tau_1)=k_\alpha \tau_1^\mu \quad (7.27)$$

将上式代入式 (7.26) 有

$$\sigma^2(N_1,T_1,\tau_1)=B_1(N_1,r_1,\mu)B_2(r_1,\mu)k_\alpha \tau_1^\mu \quad (7.28)$$

若欲知在该型噪声作用时的取样组数为 N_2、取样周期为 T_2、取样时间 τ_2 的广义阿仑方差 $\sigma^2(N_2,T_2,\tau_2)$,则根据式 (7.28) 应有

$$\sigma^2(N_2,T_2,\tau_2)=B_1(N_2,r_2,\mu)B_2(r_2,\mu)k_\alpha \tau_2^\mu \quad (7.29)$$

根据式（7.28）和式（7.29）有

$$\sigma^2(N_2,T_2,\tau_2)=\left(\frac{\tau_2}{\tau_1}\right)^\mu \frac{B_1(N_2,r_2,\mu)B_2(r_2,\mu)}{B_1(N_1,r_1,\mu)B_2(r_1,\mu)}\times\sigma^2(N_1,T_1,\tau_1) \tag{7.30}$$

式中：$r_1=T_1/\tau_1$；$r_2=T_2/\tau_2$。

6. 阿仑方差的测量带宽

如上所述，阿仑方差所表征的是时间域频率标准内部噪声对其输出频率的影响，阿仑方差的测量实际上就是对频率标准噪声大小的测量。为了保证阿仑方差测量的真实性，必须要求测量设备的带宽大于被测噪声的带宽。否则由于测量带宽偏窄，会使所测阿仑方差的结果好于其实际值。

测量阿仑方差所需的带宽，通常可以用相应的取样时间 τ 来估算，即

$$f_h>\frac{1}{\tau} \tag{7.31}$$

式中：f_h 为测量设备的高端截止频率。

测量阿仑方差时，可依不同取样时间 τ，根据式（7.31）选择不同的测量带宽。

频率标准的时域频率稳定度是用阿仑方差来表征的。例如，我们提到狭义阿仑方差时，应该指的是 $\sigma_y^2(\tau)$；而 $\sigma_y(\tau)$ 应称为狭义阿仑方差的平方根。但习惯上常常把 $\sigma_y(\tau)$ 亦称为狭义阿仑方差，甚至就简称为阿仑方差，这一点在应用中应引起注意。本书以下如无说明，阿仑方差指的就是 $\sigma_y(\tau)$。

四、频域频率稳定度

1. 定义

时域频率稳定度是将频率标准的输出作为一个时间的函数，从时间域的角度来分析其输出频率的稳定情况。我们还可以从频域的角度来分析频率标准的输出信号中影响频率稳定的主要因素——相位起伏 $\varphi(t)$，研究其对频率稳定的影响，这就是频域频率稳定度。

时间相关量的统计特性可用自相关函数来描述。相位起伏 $\varphi(t)$ 的自相关函数为

$$R_\varphi(\tau)=\lim_{T\to\infty}\int_0^T\varphi(t)\varphi(t+\tau)\mathrm{d}t \tag{7.32}$$

式中：τ 为相关时间。

自相关函数 $R_\varphi(\tau)$ 的傅里叶变换称为相位起伏功率谱密度，其表达式为

$$S_\varphi(t)=4\int_0^\infty R_\varphi(t)\cos2\pi f\tau\mathrm{d}t \tag{7.33}$$

频率起伏为

$$v(t)=\frac{1}{2\pi}\dot\varphi(t) \tag{7.34}$$

$v(t)$ 的自相关函数为

$$R_v(\tau)=\lim_{T\to\infty}\int_0^T v(t)v(t+\tau)\mathrm{d}t \tag{7.35}$$

$R_v(\tau)$ 的傅里叶变换称为频率起伏功率谱密度，其表达式为

$$S_v(t) = 4\int_0^\infty R_v(t)\cos 2\pi f\tau \, dt \tag{7.36}$$

相对频率起伏 $y(t) = v(t)/f_0$,其自相关函数为

$$R_y(\tau) = \lim_{T\to\infty}\int_0^T y(t)y(t+\tau)\,dt \tag{7.37}$$

$R_y(\tau)$ 的傅里叶变换称为相对频率起伏功率谱密度,其表达式为

$$S_y(t) = 4\int_0^\infty R_y(t)\cos 2\pi f\tau \, dt \tag{7.38}$$

以上3种功率谱密度是从不同参数角度对频率标准中噪声的描述,它们的换算关系为

$$S_v(f) = f^2 S_\varphi(f) \tag{7.39}$$

$$S_y(f) = \left(\frac{1}{f_0}\right)^2 S_v(f) = \left(\frac{1}{f_0}\right)^2 f^2 S_\varphi(f) \tag{7.40}$$

需注意,各式中的 f_0 是载频,也就是频率标准输出的标准(平均)频率值,而 f 是指傅里叶频率,它与载频是完全不同的概念。

在频域频率稳定度的实际测量中,直接测量的往往不是上述几种定义中的功率谱密度,而是噪声信号调制的单边带(SSB)功率和载波功率之比,即

$$\wp(f) = \frac{\text{频率为} f \text{处的 1Hz 带宽内相位噪声调制单边带功率}}{\text{载波功率}} \tag{7.41}$$

式中:$\wp(f)$ 为单边带相位噪声。

当 $|\dot\varphi(t)| \ll 2\pi f_0$ 时,有

$$S_\varphi(f) \approx 2\wp(f) \tag{7.42}$$

2. 幂律谱密度噪声模型

研究表明,频率标准通常由表7.2中所列的5种独立的噪声对输出标准频率信号产生干扰。这5种噪声的功率谱密度呈幂律。因此将这种噪声模型称为幂律谱密度噪声模型,即

$$S_y(f) = \begin{cases} h_\alpha f^\alpha, & 0 \le f \le f_h \\ 0, & f > f_h \end{cases} \tag{7.43}$$

式中:α 为与噪声类型对应的幂数;h_α 为与 α 对应的系数;f_h 为系统的高端截止频率。从原则上说,在这个模型中没有理由略去更高次幂或更低次幂。但在实践中,这个简化模型几乎适用于一切真实的频率标准。噪声类型与 α、幂律谱密度的对照表如表7.3所列。

表7.3 噪声类型与 α、幂律谱密度的对照表

噪声类型	α	$S_y(f)$
调相白噪声	2	$h_2 f^2$
调相闪变噪声	1	$h_1 f$
调频白噪声(相位随机游动噪声)	0	h_0
调频闪变噪声	-1	$h_{-1} f^{-1}$
频率随机游动噪声	-2	$h_{-2} f^{-2}$

α 值与时域频率稳定度中 μ 值的对应关系如图 7.4 所示。

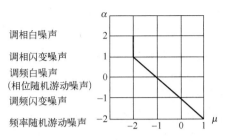

图 7.4 α 与 μ 的对应关系

由图 7.4 中可以清楚地看到，对于幂律谱密度噪声模型，在频域频率稳定度的测量时（例如 $S_y(f)$，5 种噪声能分得清，而在时域频率稳定度的测量时（例如 $\sigma_y^2(\tau)$），有的噪声无法分清。当（$\sigma_y^2(\tau) \propto \tau^{-2}$）（即 $\mu=-2$）时，就无法分清究竟是调相白噪声还是调相闪变噪声起作用。由此可以认为，频域频率稳定度更能反映频率标准受噪声影响的本质。$\lg S_y(f)$ 与 $\lg f$ 的对应关系曲线如图 7.5 所示。

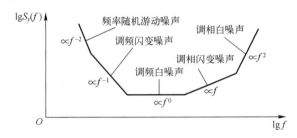

图 7.5 $\lg S_y(f) — \lg f$ 曲线与频率标准内噪声的对应关系

频域频率稳定度通常测量的是单边带相位噪声 $\wp(f)$，由式（7.40）和式（7.42）可知，此时 $\lg \wp(f) — \lg f$ 的曲线中不同噪声的对应关系应为 $\propto f^{-4}$ 至 $\propto f^0$。但频率随机游动噪声的频率是非常低的，目前的频域测量设备几乎无法测出这种噪声，而时域测量设备采用比相法或比时法等能够测出这种噪声。这一点是时域测量优于频域测量的地方。频域频率稳定度实际测量中常见的 $\lg \wp(f) — \lg f$ 的曲线如图 7.6 所示。

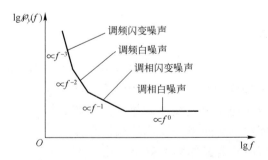

图 7.6 $\lg \wp(f) — \lg f$ 曲线与频率标准内噪声的对应关系

频域频率稳定度一般是不能用普通的频谱仪直接测量的。首先，普通的频谱仪常用来测量信号的射频频谱，通常包括信号的调相、调频和调幅的边带。因为它的带宽较宽，无法测量出十分接近于载频的相位噪声。其次，频率标准的载频信号是很"纯"的，也就是说，它的相位噪声比起一般信号的边带信号是很小的，因而普通频谱仪的灵敏度和动态范围也使其无法测到这样的相位噪声。再次，普通频谱仪本振信号的频率稳定度往往比被测频率标准的差，因此频谱仪本振的噪声就掩盖了被测信号的噪声，这也是它不能直接测量频率标准频率稳定度的一个原因。

3. 频域和时域频率稳定度的换算

频域和时域频率稳定度是从2个不同的角度观察频率标准内部噪声对输出标准频率信号影响的。如果通过测量得到了频域频率稳定度的解析表达式（如$S_y(f)$）则可通过以下公式换算得到时域频率稳定度。

$$\sigma^2(N,T,\tau) = \frac{N}{N-1}\int_0^\infty S_y(f)\left(\frac{\sin\pi\tau f}{\pi\tau f}\right)^2\left(1-\frac{\sin N\pi\tau rf}{N\sin\pi\tau rf}\right)df \quad (7.44)$$

$$\sigma^2(2,T,\tau) = 2\int_0^\infty S_y(f)\left(\frac{\sin\pi\tau f}{\pi\tau f}\right)^2\left[1-\left(\frac{\sin 2\pi\tau rf}{2\sin\pi\tau rf}\right)^2\right]df \quad (7.45)$$

$$\sigma_y^2(\tau) = \int_0^\infty S_y(f)\frac{2\sin^4\pi\tau f}{(\pi\tau f)^2}df \quad (7.46)$$

式中

$$r = T/\tau$$

时域频率稳定度尚无在一般情况下换算到频域频率稳定度的公式。只有在幂律谱密度噪声模型的前提下才能换算频域频率稳定度，这就是很多人愿意选择测量频域频率稳定度的原因之一。

频域和时域频率稳定度虽然可以互相换算，但实际操作起来十分麻烦。因此通常的做法是把频域和时域频率稳定度都实际测量出来，根据需要选用。

在频率标准研制和工程应用中，频域频率稳定度还有其独特的优点。例如，如果频率标准的电源滤波不好、50Hz或100Hz的纹波较大，或频率标准到用户的输出电缆接地或屏蔽不好，致使杂散干扰窜入标准频率信号中，则使时域频率稳定度变差。而这时往往只观察到时域频率稳定度变差，却无法知道变差的原因。但通过测量频域频率稳定度，就会发现在50Hz、100Hz等处有较大的离散频谱线，这样就很容易找到造成频率稳定度变差的原因。

五、频率漂移率

频率标准在连续运行中，由于受内部影响输出频率的元器件的作用，其输出的频率值常随运行时间单调增加或减小，如图7.7所示。这种频率值单调增加或减小通常呈现线性规律，因此把频率标准输出频率值随运行时间单调变化的线性率称为频率漂移率。对于高稳石英晶体频率标准，由于频率漂移通常是由其关键器件——石英晶体随运行时间的老化所造成的，因此常把它的频率漂移率称为频率老化率。

频率漂移率是根据实测的频率标准输出的相对频

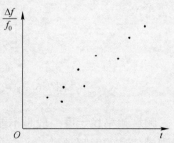

图7.7 频率标准频率漂移现象

率值随运行时间变化的数据，运用最小二乘法得到的，表示为

$$D = \frac{\sum_{i=1}^{N}(y_i - \bar{y})(t_i - \bar{t})}{\sum_{i=1}^{N}(t_i - \bar{t})^2} \qquad (7.47)$$

式中：D 为频率漂移率；y_i 为 t_i 时刻所测的相对频率值；$\bar{y}$ 为 y_i 的平均值，$\bar{y} = \sum_{i=1}^{N} y_i$；$t_i$ 为测量相对频率值的时刻；$\bar{t}$ 为 t_i 的平均值，$\bar{t} = \sum_{i=1}^{N} t_i$。

对于高稳石英晶体频率标准，由于其老化率比原子频率标准大，且一般连续运行的时间较短，通常只测量日老化率，此时 $\Delta t = t_{i+1} - t_i = 1$ 天。对于原子频率标准，由于其频率漂移率较小，且常连续运行，因此通常除测量日频率漂移率外，更多的需测量月频率漂移率，此时 $\Delta t = 1$ 月。有的原子频率标准还有年频率漂移率的指标，此时 $\Delta t = 1$ 年。

由于并非所有的频率标准的频率漂移都呈线性规律，因此在进行上述频率漂移率（频率老化率）的计算时，还需计算相关系数，即

$$r = \frac{\sum_{i=1}^{N}(y_i - \bar{y})(t_i - \bar{t})}{\sqrt{\sum_{i=1}^{N}(y_i - \bar{y})^2(t_i - \bar{t})^2}} \qquad (7.48)$$

式中：r 为相关系数。

如果 $|r| \geq 0.6$，则表明该频率标准的频率漂移具有明显的线性规律，可以给出频率漂移率值 D，并且 $|r|$ 越接近 1 表明线性度越好；反之若 $|r| < 0.6$，则表明该频率标准的频率漂移不具有明显的线性规律，频率漂移率对其已无意义。此时可给出像图 7.7 那样的实测结果曲线，以供应用时参考。

六、重现性

顾名思义，重现性是频率标准复现其输出频率的能力。工程应用的频率标准由于受工作环境、条件的限制，常常不是长期、连续工作的，而是在需要其工作时才开机。如果重现性不好，这时开机到达稳定后的输出频率与关机前将会相差较大，甚至会影响正常的工作。因此重现性是频率标准工程应用时应考虑的一个重要指标。

重现性的计算公式为

$$R = \frac{f_2 - f_1}{f_0} \qquad (7.49)$$

式中：R 为重现性；f_1 为频率标准关机前的稳定工作频率；f_2 为频率标准关机冷却后再开机到稳定工作的频率；f_0 为标称频率。

由于频率标准通常都有良好的恒温装置，因此其从关机到完全冷却往往需要较长的时间，如果没有明确的指标规定，通常冷却时间为 24h。

重现性这一指标通常都是对原子频率标准而言的。这是因为高稳石英晶体频率标准由于受其机理之约束，其频率重现能力是较差的。

七、开机特性

开机特性用来描述频率标准从开机到稳定工作的过程。工程应用的频率标准由于开关机频繁，又希望尽可能缩短从开机到投入使用的过程，因此十分重视频率标准的开机特性。

开机特性通常用3个参数来描述。

（1）锁定时间 t_1。原子频率标准开机后，输出标准频率信号的晶体振荡器尚处于自由工作状态，其准确度较差。随着加电时间的增加，原子频率标准内恒温装置逐渐进入平衡状态，温度接近于设定值，其他电路也逐渐进入正常工作状态。到某一时间时，晶体振荡器的频率被原子跃迁频率锁住，其频率值立即变准。这一时间称为锁定时间 t_1。由于原子频率标准工作机理和电路设计的差异，不同的标准锁定时间有较大的差异。

（2）稳定工作时间 t_s。稳定工作时间是指频率标准从开机到稳定工作状态，各项性能指标都能满足技术要求所需的时间。因此可以认为稳定工作时间也就是通常所说的预热时间。一般来说，高稳石英晶体频率标准稳定工作时间较短，而原子频率标准则较长，如有的原子频率标准甚至需要几天的稳定工作时间。尚未到达稳定工作时间时，虽然频率标准的信号可以应用，但由于其指标尤其是长期的指标，如时域长期频率稳定度、频率漂移率等尚未能满足技术要求，因此在使用中应予以特别注意，一般来说应在到达稳定工作时间后频率标准方能正式使用。

（3）开机过程。仅知道频率标准的锁定时间 t_1 和稳定工作时间 t_s，对频率标准的某些应用场合是不够的，这时往往需要了解频率标准从开机到稳定工作的全过程，我们将频率标准在这一段时间的性能称为开机过程。

开机过程通常用曲线法来表示，即给出频率标准输出频率在开机过程中相对于稳定工作时频率的变化曲线；也可用列表法表示，即列表给出从开机直至稳定工作时间之间不同时间对应的输出频率。

八、频率调整范围和分辨率

频率标准在出厂时及应用过程中，由于设计、制造的原因及频率漂移等因素的影响，其输出频率值会偏离标准频率值，因此频率标准一般都有频率调整装置，用以调节其输出频率值至标准值。频率调整装置的主要指标是频率调整范围和频率调整分辨率。

（1）频率调整范围。不同频率标准的频率调整范围是不同的，它是根据不同频率标准的性能提出的，目的是保证其在正常使用条件下和寿命期内足以输出频率值至标准值。其计算公式为

$$S = \frac{f_{\max} - f_{\min}}{f_0} \tag{7.50}$$

式中：S 为频率调整范围；$f_{\max}$ 为频率标准可输出频率的最大值；$f_{\min}$ 为频率标准可输出频率的最小值；f_0 为标称频率。

有的频率标准依据该标准的特性（主要是频率漂移或老化的方向及大小）要求具

有对 f_0 非对称的频率调整范围,例如某台铷原子频率标准,因为其频率向高漂移,因此它的频率调整范围为 $+2\times 10^{-10} \sim -8\times 10^{-10}$,此时不能用式(7.50)计算其频率调整范围,而应分别计算其正、负两个方向的调整范围。

(2)频率调整分辨率。频率调整分辨率用以保证频率标准的输出频率能校准至所需的准确度。由于不同类型的频率标准所能达到的准确度是不一样的,因此频率调整分辨率也是各不相同的,一般要求频率调整分辨率需高于所能校准的准确度。

$$R = \frac{\Delta f}{f_0} \tag{7.51}$$

式中:R 为频率调整分辨率;Δf 为频率调整装置可以调节的最小频率;f_0 为标称频率。

工程中应用的频率标准由于工程的需要,常常希望其实时输出准确的频率,但由于工程的工作环境比较差,又经常不能保持频率标准处于连续工作的状态,其输出的频率一般不太准确,因此工程中应用的频率标准的输出频率需要经常校准,频率调整装置在工程中是很有用的。

九、外部特性

在本节以前讨论的各项指标中,影响频率标准输出信号频率的因素都来自频率标准内部,如噪声、元器件老化等。除了这些因素外,频率标准所处的外部环境,如环境温度、供电电压、磁场、负载等都会对输出信号的频率产生不同程度的影响,这种外部环境对频率标准的影响统称为频率标准的外部特性。根据不同的影响因素,可细分为频率—温度特性、频率—磁场特性等。

外部特性的表示方法通常有两种。以频率—温度特性为例,一种是给出在频率标准正常的工作环境温度范围内,频率受温度影响的程度,如某台频率标准的频率—温度特性为 $5\times 10^{-10}/(10\sim 30)℃$,它表示环境温度 $10\sim 30℃$ 的变化影响输出频率的变化为 5×10^{-10};另一种是给出环境温度每度的变化对频率标准输出频率的影响,如某台频率标准为 $2\times 10^{-12}/℃$,它表示在允许的工作环境温度范围内,温度每变化 $1℃$,输出频率的变化为 2×10^{-12},有时也称为频率—温度系数。

实验室工作条件下的频率标准,由于在较为恒定的工作环境下工作,一般对外部特性要求不高。但在工程应用中的频率标准往往受工作条件的限制,很难保证环境温度恒定、供电电压稳定、负载不变等恒定的环境条件。因此外部特性在频率标准的工程应用中,必须引起足够的重视。因为外部特性不好的频率标准,虽然其准确度、稳定度、漂移率都是满足要求的,但在恶劣的环境下,这些指标反映的频率标准的优良性能有可能被外部环境对频率的影响所破坏,有时使其根本无法应用。因此工程应用的频率标准,一方面在条件允许的情况下应为它们尽量创造良好的工作环境(如空调、磁屏蔽等);另一方面必须根据实际的环境条件,对频率标准的外部特性提出相应的要求。

十、频率信号参数

频率信号参数是指频率标准输出的标准频率信号的有关参数,通常有以下几种。

(1)标称频率。频率标准输出的标准频率信号的频率通常为 5MHz、10MHz、

100MHz。有时也根据实际需要输出其他频率的信号。通常,如有几种不同频率的信号输出时,只有1种频率信号能满足所有技术指标。

(2) 幅度。信号幅度常用有效值来表示,也有沿用射频信号的分贝毫瓦(dBmW)的表示方法。大部分频率标准的输出幅度是不可调节的,对输出幅度可调节的频率标准,应要求其在不同幅度时均能满足技术指标的要求。

(3) 匹配负载。输出信号的匹配负载一般为50Ω,有的为75Ω。

(4) 倍号波形失真。标准频率信号的波形失真有两种:一种是谐波失真,一般为$-30 \sim -40$dB;另一种是非谐波失真,一般应小于-80dB。

第四节 高稳石英晶体频率标准

高稳石英晶体频率标准是用途很广的频率源。由于它的短期稳定度相当好(秒以下稳定度比原子频率标准好,秒级稳定度可与某些原子频率标准相媲美),同时可以做得很小,并具有抗震以及价格低等优点,所以无论在工业、实验室、无线电电台,还是在国防科研试验以及空间技术,如在飞船、导弹和火箭的制导与跟踪等方面,都是不可缺少的频率源。本节将对高稳石英晶体频率标准进行概括性介绍。

一、压电效和压电石英晶体

石英晶体谐振器是石英晶体振荡器的心脏,它是一个机械谐振器,要谐振必须受激。这是通过石英晶体的压电效应完成的,如图7.8所示。当晶体受到机械压缩时,横跨晶体产生一个电压,称为压电效应。反之,横跨晶体应用一个外加电压,引起晶体机械形变,其位移同施加电压成正比。改变电压极性,位移也随之反向,这种效应称为压电逆效应。

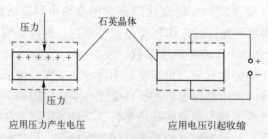

图7.8 石英晶体的压电效应

具有对称中心的晶体不可能破坏电平衡,也没有压电效应。当此类晶体受压时,在任何方向上,正、负电荷都产生同样的位移。

天然石英原料在电子线路上是不能直接使用的。必须将其按一定的轴向角度切割成不同尺寸和形状的晶体片,才能使其具有特殊的压电性质。采用不同的切角,可获得不同的振动模式、频率范围以及不同的频率温度特性。这些标准切型的石英毛片,分别以AT、BT、CT或SC等命名。

石英晶体的谐振频率,主要取决于它的尺寸和振动模式。用标准石英片可实现的频率范围是 400~125MHz。石英片的频率下限由该晶体原料能够获得的最大可用晶片尺寸确定；石英片的频率上限由可能获得的晶片最小尺寸确定。

利用石英晶体谐振器，加上电子放大器（反馈）和电源后，就可以建立起石英晶体振荡器。石英晶体振荡器的输出频率主要取决于石英晶体谐振器的特性。

二、石英晶体振荡器的主要特性和效应

石英晶体谐振器的性能，主要看其频率稳定度。但是影响石英晶体谐振器频率值的因素，除了温度和老化外，还有力状态、电源功率和核辐射等。

（1）频率-温度特性。石英晶体谐振器的频率随温度变化是它的一项主要特征。晶体的温度特性如图 7.9 所示。除了 A 型、G 型晶体谐振器外，频率-温度特性皆为抛物曲线，这些曲线在室温附近有一个拐点。在大多数情况下，借助于改变石英晶体相对于结晶轴的切割方向，零系数温度可发生在有用温度范围的任何地方。这就是说，频率-温度系数为零的温度，随着晶片切割方向有很大变化。

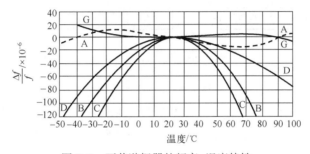

图 7.9　石英谐振器的频率-温度特性

（2）老化。石英晶体谐振器的谐振频率随时间的变化，称为老化。这种现象已引起人们极大的注意。老化通常为负的，意味着谐振频率减小。频率的减小可以解释为晶体尺寸的增加。过去几年，在把与影响厚度切变型晶体老化有关的各种物理和机械过程区分开，以及研制改善晶体元件方面，取得了很大进展。实践证明，在制作晶体元件时，仔细控制操作过程和用冷焊接密封，可使厚度切变型晶体具有最低的老化率，弯曲振动型次之，而面切变振动型和伸缩振动型的老化率最大。

（3）应力（振动和加速）效应。客观上要求石英晶体谐振器必须在振动和加速条件下保持其频率，例如要使车载无线电台和时统设备在崎岖不平的公路上保持工作正常，就得避免机械振动引起频率的变化，必须设计良好的支架结构，要求它的谐振频率高于机械振动频率。采用橡皮支架的晶体元件，可以大大减小这种影响。人造卫星和宇宙飞船上使用的晶体谐振器也提出了防震的要求。

（4）晶体电流效应。晶体的频率-电流特性，是指晶体频率与激励电平的关系。激励电平就是消耗在晶体上的功率，通常由流过晶体的电流来表示，它是晶体工作条件的一种量度。晶体电流的变化会使其串联谐振频率发生变化。可见，必须严格控制激励电平，即控制流过晶体的电流，才能避免晶体振荡器的频率变化。

（5）核辐射效应。原子核辐射，无论是 γ 射线还是中子辐射，都会显著改变晶体的频率，而且会产生持续的频率变化。比如，5MHz 晶体在受到 10^5 rad 的 γ 射线的照射

下，可造成 10^{-8} 量级的永久性频率变化，照射后的周老化率为 10^{-8} 量级。这个效应受石英中杂质的影响很大。人造晶体比天然晶体要好一些。

三、石英晶体振荡器的类型

1. 石英振荡器的分类

用石英晶体控制振荡电路构成石英晶体振荡器。石英晶体谐振器控制的晶体管振荡电路可以有各种形式，从而构成各种类型的石英晶体振荡器。

石英晶体振荡电路的组成如图 7.10 所示。

（1）主振电路：完成直流能量和交流能量的转换，其频率主要取决于晶体。

（2）放大电路：将主振级输出的微弱信号进行定量放大，以推动自动增益控制电路，并供给输出级。它还具有一定隔离负载作用。

（3）自动增益控制电路：控制主振级工作状态，使之保持稳定。

（4）输出电路：隔离输出，目的是减小负载变化对输出频率的影响。

图 7.10　石英晶体振荡电路构成

应当指出，主振电路是高稳定晶体振荡器电路的核心部分。对稳定度要求不很高的振荡器来说，只用这一部分就够了，其他三部分是为进一步提高稳定度而设置的，可以认为是辅助部分。

主振电路各式各样，总地来说，与一般振荡电路一样，分为负阻型和反馈型两大类。高稳定的晶体振荡电路一般都采用反馈型电路。按晶体在振荡电路中的作用原理，反馈型振荡电路又可分为两大类：一类是串联型；另一类是并联型。在图 7.11 中，(a)、(b) 为串联型原理与实例，(c)、(d) 为并联型原理与实例。串联型晶体振荡电路种类很多，多用于一般的晶体振荡器和高频振荡器。高稳定石英晶体振荡器多采用并联型。并联型晶体振荡电路也很多，在这些电路里，晶体是作为一个电感元件来应用的，属于 LC_3 点电路。对于晶体管电路来说，晶体总要与晶体管的 3 个极发生联系，接在不同的电极之间组成不同电路，所以有 3 种基本组态，如图 7.12 所示。

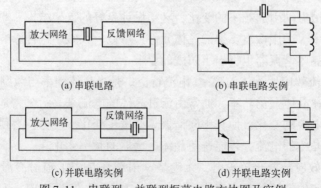

图 7.11　串联型、并联型振荡电路方块图及实例

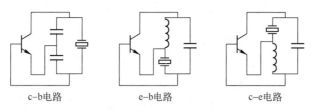

图 7.12　并联型晶体振荡电路的 3 种基本组态

在这 3 种组态中，晶体接在集电极与基极之间的，通常称为皮尔斯电路。由于它具有良好的频率稳定性，因此高稳定晶体振荡器多采用此种电路。皮尔斯电路由于交流接地方式不同，又可分为 3 种基本形式，如图 7.13 所示。在这 3 种电路中最常见的是第 1 种。

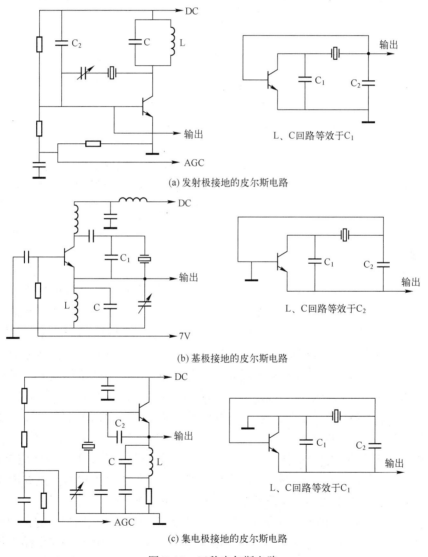

(a) 发射极接地的皮尔斯电路

(b) 基极接地的皮尔斯电路

(c) 集电极接地的皮尔斯电路

图 7.13　三种皮尔斯电路

2. 几种类型的石英晶体振荡器

(1) 特殊设计的石英晶体振荡器。由于在运载火箭发射和运行中会受到强烈的冲击和振动，而且有时要求飞行期长达几年且保证长时间可靠地工作，因此，在导弹和空间研究中所使用的晶体振荡器，必须经受住强烈的冲击和振动，因而提出了一些特殊要求，满足这种要求的晶体振荡器如图 7.14 所示。通常，整个晶体振荡器的外围加一个恒温炉，从而保证所要求的热稳定度。这种晶体振荡器的所有部件，都必须经受住恶劣环境的考验，一般用泡沫塑料防震。为了得到尽可能高的稳定度，晶体振荡器必须处于不变形的条件下，而恶劣环境又要求适当牢靠的支架，这是相互矛盾的。重力加速度传到晶体谐振器，引起频率偏移。支架的刚性随时间的降低，会导致较大的老化率。使用 3 层橡皮支架的类似晶体管密封形状的石英晶体振荡器，能满足这些要求。冲击和振动频率低于晶体振荡器支架系统的机械振动频率时，10MHz 以上的晶体振荡器已实现了 $1\times 10^{-10}/g$ 的指示。

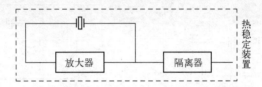

图 7.14　恶劣机械和湿度环境中的石英晶体振荡器

在宇宙环境中和核爆炸条件下，晶体振荡器会受到核辐射的作用。因此，为了使晶体振荡器在这种条件下正常工作，要求提高晶体振荡器的抗辐射性能，而晶体振荡器的核辐射效应主要来自石英谐振器和晶体管。因此，必须首先选择一种高 Q 值的 Z 轴生长经过清除杂质处理的人造石英晶体材料。用铝电极或金电极做成的石英振荡器，能改善抗辐射性能。

(2) 高稳石英晶体振荡器。要得到高稳定度和低老化率的石英晶体振荡器，必须仔细设计振荡器的回路。图 7.15 是典型的精密晶体振荡器示意。石英晶体谐振器必须恒温，且晶片中没有温度梯度。因此，采用双层温度控制炉，按比例进行控制。某些情况下，振荡器回路放在外炉内，以稳定其各个元件。若晶体的频率温度系数为 $5\times 10^{-8}/℃$，则当恒温箱的工作温度波动控制在 $0.001℃$ 时，晶体振荡器的频率温度系数可望限制在 $5\times 10^{-11}/℃$ 内。恒温箱多采用双层恒温结构。恒温箱的工作温度一般选在晶体频率温度特性曲线的据点附近，以便晶体的频率-温度系数达到最小。恒温箱温度的控制精度取决于恒温箱的结构与工艺、控温电路以及感温元件的灵敏度等。通常 $\pm 1\times 10^{-3}℃$ 的温控精度是可以达到的。

在高稳晶体振荡器中，晶体及主振电路的选择也是至关重要的。晶体应具有频率-温度系数小、Q 值高、老化小等特点。主振电路通常采用并联型电容三点式电路，晶体的激励电平一般取中等大小，以兼顾晶体的长稳、短稳特性。

为了使频率稳定，电路中还应设计将主振级控制在低电平线性状态的自动增益控制电路，以及提供一定输出电平并起缓冲作用的输出电路。有的还在输出电路中加了晶体滤波器以消除负载变化的影响。由于温度控制和电子线路方面所取得的进展，以及 2.5MHz 和 5MHz 晶体的设计提供了很低的耦合，因此这些精密晶体振荡器的性能完全取决于所使用的晶体的性能。现在，有的 2.5MHz 晶体振荡器，经过 1~3 个月的稳定期后，就能实现 10^{-11} 数量级的日频率漂移率。

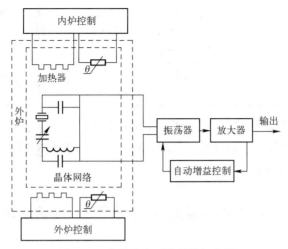

图 7.15　高精密度石英晶体振荡器

四、高稳石英晶体频率标准的主要技术指标

正如上面所述，石英晶体振荡器种类繁多，设计各异。研制和生产高稳石英晶体频率标准的单位也很多，所以对高稳石英晶体频率标准分门别类给出各自的确切指标实属不易。一般而言，通常的产品实现 1s 取样时间 $1×10^{-12}$ 的稳定度已不稀奇，比如瑞士 8600 型高稳石英晶体频率标准 1~100s 取样时间的稳定度可达 $5×10^{-13}$，10ms 和 100ms 的短期稳定度也分别达 $3×10^{-11}$ 和 $4×10^{-11}$。单边带相位噪声指标如表 7.4 所列。表中 dBc 指相对于载频功率的分贝数。

表 7.4　高稳石英晶体频率标准的单边带相位噪声

1Hz	10Hz	100Hz	1kHz	10kHz
−110dBc	−140dBc	−150dBc	−160dBc	−160dBc

高稳石英晶体频率标准的主要指标如表 7.5 所列。

表 7.5　高稳石英晶体频率标准的主要指标

标 称 频 率	5MHz	
日频率漂移率	10^{-10} 量级	
日频率波动	10^{-11} 量级	
频率重现性	10^{-11} 量级	
时域频率稳定度	τ	$\sigma_y(\tau)$
	1ms	10^{-11} 量级
	10ms	$2×10^{-11} \sim 7×10^{-11}$
	100ms	$2×10^{-12} \sim 5×10^{-12}$
	1s	$5×10^{-13} \sim 10×10^{-13}$

(续)

标称频率	5MHz	
频域频率稳定度	偏离载频	$\wp(f)/dBc$
	10Hz	$-140\sim-130$
	100Hz	$-150\sim-140$
	1kHz	$-160\sim-150$
	10kHz	$-167\sim-155$

时间统一系统使用的高稳石英晶体频率标准具有如下特点：开机、关机较为频繁，开机时间短，重现性好，可靠性高。然而，高稳石英晶体频率标准的特点是频率重现性差，因此需用高一级标准校准。

第五节　原子频率标准的物理基础和基本工作原理

原子频率标准通常由3部分组成：量子器件（原子激射器、原子谐振器等）、被控信号源（晶体振荡器）和电子伺服系统。

一、能量的量子化和量子跃迁

众所周知，宏观物体可以具有各种能量，并且其大小是可以连续变化的，然而微观系统（原子、分子等）却不是这样，它遵守量子力学规律。

根据量子力学，原子的能量只能具有某些固定的不连续的数值 E_1，E_2，…，E_n，它们称为能级，如图7.16所示。每一种原子都具有自己特定的能级。最低能级 E_1 具有最小能量，称为基态。其他能级 E_2，E_3，…，E_n 称为激发态。原子从个能级"跳跃"到另一个能级称为"跃迁"。

原子能级由自己的内部结构决定同时也受外界电磁场的影响。当原子从一个能级跃迁到另一个能级时，它以一个光子的形式辐射或吸收电磁能量（图7.16）。光子的频率满足 $v_{2-1}=(E_2-E_1)/h$，其中：$h=6.62\times10^{-34}$J·s 为普朗克常数；v_{2-1} 称为能级 E_2、E_1 之间的跃迁频率。容易看出，产生跃迁的两能级之间的能级差越大，跃迁时辐射或吸收的电磁波频率就越高。根据两能级 E 值差的大小，跃迁频率可以从X射线区、光波区到无线电微波区。而后者正是我们所感兴趣的，因为当今电子学的工作多在

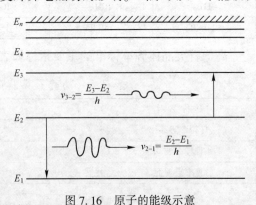

图7.16　原子的能级示意

无线电射频频段，电子学上容易处理，使用方便。现在使用的原子频率标准大都属于这个频段[30]。

由于电子在原子中的运动和原子中复杂的相互作用，以及原子与外界的相互作用，

因此原子不仅具有与电子轨道运动相应的展宽能级，而且原子能级又有精细能级、超精细能级和超精细磁能级之分。

二、原子的精细能级

原子的精细能级与电子存在自旋有关，自旋就是粒子固有旋转的角动量。电子自旋是电子绕自己的轴旋转的角动量。这就是说，原子中的电子不仅绕着核转动，而且绕着自己的轴转动。因为电子有负电荷，所以电子绕核的运动就在核的附近建立一个磁场，于是，这个轨道运动就引起一个磁矩 μ_i；同样，电子绕它自己的轴旋转也产生一个磁矩 μ_s，叫作自旋磁矩。电子的轨道磁矩产生一个磁感应场 B_L，它作用在自旋磁矩上，使 μ_s 绕 B_L 作进动，就像陀螺一样，如图 7.17 所示。在轨道磁感应场 B_L 中，自旋磁矩 μ_s（与自旋量子数 $S=+1/2$，或 $S=-1/2$ 有关）有两个可能的方向，即相应于图 7-17 中两个可能的耦合。这两种耦合相应于两个稍为不同的能量，这就是原子能级的精细结构，它导致了原子谱线中出现双线结构。

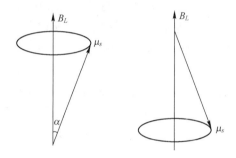

图 7.17　自旋磁矩的空间量子化

三、原子的超精细能级

原子能级的超精细分裂是由核的磁矩和电子在核位置所产生的磁场之间的相互作用引起的。而核处的磁场一方面是由于电子绕核的轨道运动形成的，另一方面是由于绕自己轴的旋转运动而形成的。因此，原子能级的超精细结构与核自旋和电子自旋的存在有关。

我们知道，在任何原子中，每一个电子都有一定的轨道角动量 L_i，这些个别的轨道角动量矢量合成时，得到电子的总轨道角动量 L，它的数值为 $\sqrt{l(l+1)}\hbar$，这里 l 为总轨道角动量量子数，取 0，1，2 等整数。同样，每个原子中的每个电子也有一个自旋角动量 S_i，当这些个别矢量合成时，同样得到电子的总自旋角动量 S。L 和 S 的矢量合成构成电子的总角动量 J，即 $J=L+S$，如图 7.18 所示为 L 和 S 绕 J 的进动。

与电子一样，核也有自旋角动量 I，它的数值为 $\sqrt{I(I+1)}\hbar$，式中 I 叫作核角动量量子数。相应于核自旋角动量，自旋不为零的核有一个磁矩，它的大小相当于电子磁矩

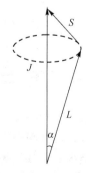

图 7.18　L 和 S 绕 J 的进动

的 1/2000。电子的总角动量 J 与核的自旋角动量 I 矢量合成，得到包括核自旋在内的整个原子的总角动量 F，即

$$F = J + I$$

相应的量子数 F 为原子的总角动量量子数，取值为

$$I+J, I+J-1, \cdots, I-J, \quad I \geqslant J$$
$$J+I, J+I-1, \cdots, J-I, \quad J \geqslant I$$

J 和 I 绕总动量 F 的进动如图 7.19 所示。

由于角动量是空间量子化的，因此 J 和 I 的每一个可能的组合，都对应原子稍微不同的能量，这些不同的能量就构成了原子的超精细能级。

为了说明这一概念，举一个氢原子基态超精细结构的例子。我们选择基态氢原子，是因为现在将原子的超精细能级跃迁用作原子频率标准时，大多选择氢原子或类氢原子（碱金属原子）的基态超精细能级跃迁。而这类原子外层只有 1 个价电子，与核的相互作用比较简单明了。

对于氢原子的基态 $1S_{1/2}$，其电子轨道角动量 $L=0$，能级的超精细结构由核自旋和电子自旋的相互作用决定。因为电子自旋只有两个可能取向，故氢原子基态的超精细结构就由电子自旋与核自旋矢量的平行与反向平行形成，两种取向使原子具有稍为不同的能量。

氢原子的电子自旋量子数 $S=1/2$，核自旋角动量量子数 $I=1/2$，原子自旋量子数总和取 2 个值，即

$$F_2 = I + S = 1/2 + 1/2 = 1$$
$$F_1 = I - S = 0$$

因此，氢原子基态的超精细能级如图 7.20 所示。

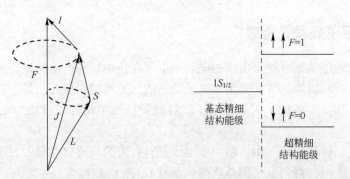

图 7.19　J 和 I 绕总动量 F 的进动　　图 7.20　氢原子基态的超精细能级

四、原子的超精细磁能级

将一个磁场加于原子系统上，由于磁场与原子磁矩相互作用，原来的超精细能级出现分裂，这种超精细能级在磁场影响下再分裂的能级称为超精细磁能级。外磁场分离超精细能级的现象称为塞曼效应。

在外场的影响下，原子的陀螺性质导致原子的总角动量 F（同样总磁矩 M）绕外磁

场方向进动,如图 7.21 所示。当外磁场为弱均匀磁场时,F 在外磁场的取向(在外磁场的投影)为 $2F+1$ 个,用 m_F 表示,即

$$m_F = +F, F-1, \cdots, 0, \cdots, -(F-1), -F$$

m_F 的这 ($2F+1$) 个值相应于分开的稍为不同的能量,它们称为超精细磁能级。

现在再回到前面所举氢原子的例子,可以有直观的了解。对于 $F_2 = 1$ 的上超精细能级,在外磁场存在时,m_F 有 $2F+1=3$ 个,即 $m_F = 1, 0, -1$。对于 $F_1 = 0$ 的下超精细能级,$m_F = 0$。氢原子超精细磁能级(包括超精细能级)如图 7.22 所示。

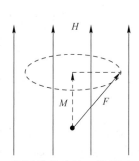
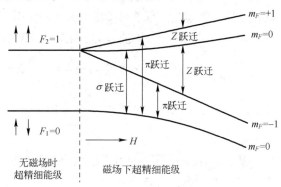

图 7.21 原子总角动量 F 绕磁场 E 的进动　　图 7.22 氢原子的超精细磁能级

能级间的可能跃迁要遵循选择定则。对于氢和类氢原子的超精细跃迁,选择定则为:$\Delta F = \pm 1$,$\Delta m_F = 0$ 或 ± 1,其中 $\Delta F = \pm 1$,$\Delta m_F = 0$ 的跃迁称为 σ 跃迁,而 $\Delta F = \pm 1$,$\Delta m_F = 1$ 的跃迁称为 π 跃迁。由图 7.22 可见,π 跃迁线性地依赖于磁场,而 σ 跃迁与磁场成平方关系。也就是说,($F=1$,$m_F = 0$)和($F=0$,$m_F = 0$)能态,对弱外磁场是不敏感的。由于测量跃迁频率的准确度部分取决于测量磁场的准确度,因此作为标准,希望随外磁场变化最小,因此 σ 跃迁被用作原子频率标准的基础依据。

五、原子共振器的构成及作用原理

要制造一台原子共振器还有许多问题要考虑:如何计算"滴答"数?怎样测量这样一种共振器的频率?用什么原子最好?如何使选中的原子的电子在所需要的两个能态之间产生跃迁以便产生所要的频率?我们知道,通常情况下,一个天然的原子系统中高能态的原子数目接近低能态的原子数目,这就可得出一个重要的结论:如果把这种原子系统放到以原子的共振频率振荡的外辐射场中,全部原子将会共振,接近一半的原子会吸收辐射场的能量,而其余的一半原子会发射等量的能量给辐射场。很明显,净效应几乎等于零。虽然每个原子都能共振,但原子气体的整体几乎未发生共振。所以,为了观测到原子的共振,必须将高能态、低能态的两类原子的相对数目加以改变。高能态或低能态的原子必须占大多数,这样它们在辐射场中的净效应才能相应于能量的发射或吸收。这决定了原子共振器的设计。因此,原子共振器中,必须有一种方法,把原子选择到合适的能态,获得一个足够的起始粒子数分布差,以便观察到跃迁的净效应。若没有起始粒子数分布差,辐射与吸收会抵消,则观察不到跃迁的净效应。这一过程通常称为"粒子的制备"。其次必须有一个区域,在这个区域中,已被选择的态的粒子与波导结构或谐振腔中的辐射场相互作用,以使跃迁得以发生。再次必须有一种方法,观测选择

的粒子与场的相互作用，以达到辐射的直接利用，或利用原子所产生的跃迁效应。

1. 原子的制备

在原子共振器中，当前实际采用的原子制备方法有两种：非均匀强磁场对原子的分类方法和光抽运方法。

（1）非均匀强磁场对原子的分类方法。非均匀强磁场对原子分类方法的原理基于具有磁偶极矩的原子与非均匀磁场的相互作用。我们知道，氢原子和类氢原子（碱金属原子）具有磁偶极矩。如果让这样一类原子束进入非均匀磁场中，它们的行为就像大量的小磁铁一样。事实上，原子与不均匀磁场的作用与原子的能量状态有关。由于磁场是不均匀的，原子不仅受一个力矩使它的磁矩相对于磁场取向，而且还受一个偏转力，即

$$F = -\Delta W = -\frac{\partial W}{\partial H}\Delta H = \mu_{有效}\Delta H \tag{7.52}$$

式中：$\mu_{有效}$ 为原子磁矩 μ 在外磁场 H 方向上的投影，$\mu_{有效} = -\frac{\partial W}{\partial H}$；$W$ 为偶极子在外场中的位能。

显然，作用在原子上的力不仅取决于磁场梯度，而且也取决于每个原子所处的特定能态。对一些能态，有效磁矩为正，对另一些能态，有效磁矩为负。对于原子的两个状态 $M_j = +1/2$（电子磁炬 M_j 平行磁场）和 $M_j = -1/2$（电子磁矩 M_j 反平行磁场），所受偏转力的方向不同，而分别趋向磁场减小和磁场增强的方向。

可见，原子束进入非均匀强磁场，在它的出口处原子被分为两种：一种为高能态，另一种为低能态。如果设法排除低能态的一种，而取高能态一种加以利用，则得到起始粒子数分布反转的原子系统。

（2）光抽运方法。起始原子数分布反转的光抽运方法，用图 7.23 所示的简化能级可以说明。图中 E_1、E_2 表示原子基态的 2 个超精细磁能级，而 E_3 表示第 1 激态的能级之一。跃迁 $E_1 \leftrightarrow E_3$ 和跃迁 $E_2 \leftrightarrow E_3$ 发生在光激励频率上，而跃迁 $E_1 \leftrightarrow E_2$ 发生在微波频率范围（这个跃迁正是我们所需要的）。为了在 E_2 上得到过剩的原子数，从而实现 $E_2 \to E_1$，在系统上加一个光激励辐射（即入射电磁波）。可以看到，在激励的入射光到来前，基态的能级 E_1、E_2 以及激态 E_3 上的原子数是按玻耳兹曼定律分布的，如图 7.23（a）所示。如果现在有光共振激励加到系统上，但用滤光器把入射光中 $E_2 \to E_3$ 的分量的光滤掉，则入射光中只剩 $E_1 \to E_3$ 的共振辐射光，使能级 E_1 的原子吸收入射光量子而跃迁到 E_3 能级，如图 7.23（b）、（c）所示。但因激态的原子是不稳定的，寿命很短，原子又自发地重新发射光子，并以近似相等的几率回到 E_2 或 E_1 的任何一个能级上，如图 7.23（d）、（e）所示。这样看来，这个过程的净效应是牺牲了 E_1 能级的原子数而增加了 E_2 能级的原子数，实现了我们的意图，得到了起始粒子数反转的原子系统。这个原子数分布反转的方法称为光抽运技术，它是今天铷气泡频率标准中所实际采用的。

2. 原子的探测

经过制备的粒子（原子或分子），为了产生跃迁，必须有一个区域，在那里原子或分子与射频电磁场相互作用，交换能量。这个区域称为谐振腔。

经过选择的分布反转的粒子系统，在谐振腔中，将与腔内高频电磁场交换能量。但是，如前所述，只有当电磁波频率等于粒子的高能级与低能级间的跃迁频率时才能发生

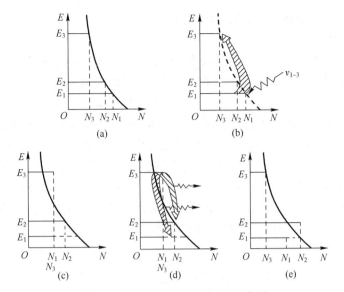

图 7.23 光抽运能态选择原理示意图

相互作用。因此，谐振腔的制作和调节，必须预先就使它谐振在跃迁频率上。

3. 跃迁净效应的检测

只有在对谐振腔的激励以及净效应的检测这一点上，主动型（激光器或激射器工作方法）与被动型原子频率标准才区分开。对于被动型工作机理，谐振腔是用与跃迁频率相同的信号（通过腔的输入耦合）来激励的，谐振腔中的分布反转粒子产生感应跃迁。这个跃迁变化是外部激励信号频率正好等于原子跃迁频率的标志，对这个跃迁变化进行检测，检测信号就可作为控制信号，使外部激励信号源频率同步在原子跃迁频率上。在被动型中，对跃迁变化的检测，可以用吸收或辐射信号的放大和对已跃迁的粒子检测以及光抽运辐射中强度的变化等方法。目前，在微波波段内所使用的是后两种。

对于主动型工作机理，谐振腔没有外部激励信号输入。当经过选择的分布反转原子在谐振腔中时，如果有一个原子自发地从高能级落到低能级，发出 1 个光子（与此相联系的电磁波属于无线电微波范围），这种自发辐射产生的第 1 个光子，将引起其他原子的感应辐射，这样就有了 2 个光子，与它们相联系的波，像以前曾指出的那样，是同相位、同幅度的。这 2 个光子又以同样的方法激励其他原子，产生感应辐射，与此有关的电磁波也是与前 2 个同相位的。这样就有 4 个光子，它们又激励其他原子，以此类推下去，这种光子倍增的过程是雪崩式的。如果进入腔中的原子束有足够的强度，则在腔中产生的电磁波将有足够的能量来补偿腔中的损耗，于是系统开始振荡而无需外部激励。这种自持振荡器，在微波波段称为激射器（Maser），在光频段称为激光器（Laser）。

在主动型中，相干信号的输出是在谐振腔中激发产生的，这与被动型中对跃迁净效应的检测是不同的。

六、标准信号的产生及控制

原子频率标准，从产生标频信号的方式看，可分为被动型和主动型。被动型是指原子谐振器一类；主动型是指原子振荡器一类。

1. 原子谐振器

标频信号必须通过控制晶体振荡器才能得到。某一能级的原子在谐振腔中停留一段时间，谐振腔中通入激励原子跃迁的微波信号，当腔内微波频率正好等于上下能级的跃迁频率时，原子产生最大的感应跃迁。对这个跃迁信号进行检测，并把检测信号送到产生激励信号的晶体振荡器中去进行控制，使晶体振荡器的频率同步于原子跃迁频率。

在这种频率标准中，激励谐振腔的微波振荡往往是晶体振荡器的输出经多次倍频得到的。控制系统如图7.24所示。晶体振荡器的输出通过频率综合器和倍频器，产生接近于原子跃迁频率的微波信号。用一低频信号对它进行调制。此微波信号与原子相互作用而获得跃迁信号，经放大与检相后转换成直流误差信号，通过适当的滤波器来控制晶体振荡器，标频信号就由被稳定的晶体振荡器输出。

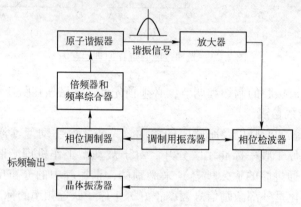

图 7.24　被动型原子频率标准方块图

2. 原子振荡器

谐振腔无需外部激励，只要系统工作在正反馈条件下，且进入腔中的高能级原子束有足够的强度，则在腔中产生的电磁场能量足以补偿谐振腔的损耗，系统开始振荡。这种自持振荡的能量直接来自原子本身，标频信号直接来自原子跃迁。控制系统以氢原子振荡器为例，如图7.25所示。

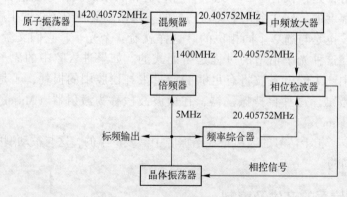

图 7.25　氢原子频率标准方块图

图 7.25 实质上是一个锁相环路,晶体振荡器的输出经倍频后获得一频率接近于微波激射器输出频率的微波信号,两者混频差拍后的信号被放大。另外,从晶体振荡器输出综合出一个与差拍频率一致的信号,它与差拍信号检相后控制晶体振荡器。在这种系统中,无须对微波信号作频率调制。

思考与练习题

1. 简述时间标准与标准时间。
2. 什么是频率的准确度与稳定度?
3. 列举频率标准的主要技术指标。
4. 试述石英晶体振荡器的主要特性和效应。
5. 原子共振器的构成及作用原理是什么?

第八章 授时技术

利用现代技术实现标准时间和标准频率的远距离异地复制与标准时间和频率信号的传递,是本章所要讨论的主要内容。本章将重点介绍常用的短波、长波和卫星授时系统所发播的标准时间、频率信号的格式、程序、精度和应用[32]。

定时和校频是时间统一系统的一项最主要的工作,是实现时间统一的关键。所谓定时就是使本地时间与授时台发播的标准时间相一致;校频则是使本地频率标准的频率与授时台所发播的标准频率相一致。针对不同的授时手段,定时和校频的方法也各有不同。

第一节 短波授时

短波授时台是最早利用短波无线电信号发播标准时间和标准频率信号的授时台,由于其覆盖面广、发送设备简单、价格低廉、使用方便,因此至今仍被许多国家采用。

国际电联规定,短波频段用于短波授时的频率和带宽分别为 $2.5MHz \pm 5kHz$、$5.0MHz \pm 5kHz$、$10.0MHz \pm 5kHz$ 和 $15.0MHz \pm 5kHz$。由于历史原因,也有些短波时号没有按国际电联规定的上述频率发播,例如,我国目前还有 9351kHz 和 5430kHz 的民用对海授时频率。

授时频率和带宽的划定,使得无线电授时信号不受通信等无线电信号的干扰,但由于大家都使用国际电联规定的载频频带,势必引起同频带时号的相互干扰。为了保护短波授时不受通信等无线电信号干扰,国际电联建议所有标准频率和标准时间信号的发播都应尽可能与协调世界时(UTC)相一致,时号与 UTC 时刻的偏离应小于 1ms,载频与标准频率的偏差应该小于 1×10^{-10},时号与载波相位相关。但是为了区分 2 个距离接近且载频频率相同的授时信号,减小它们之间的相互干扰,有些国家的授时台未执行该建议。例如,我国的 BPM 和印度的 ATA,其 UTC 时号分别超前 20ms 和 50ms 播发[33]。

一、短波传播特点

短波时号与短波通信一样,短波无线电波通过两种途径传播到用户。这两种传播途径分别是天波和地波,但主要传播途径是天波。地波信号传播稳定,定时精度可达 0.1ms,但用户只能在距短波发射台约 100km 范围内使用。

对于绝大多数用户来说,短波时号主要靠电离层的 1 次或多次反射的天波信号来传递。由于电离层的种种变化,带来了天波传播的不稳定性,限制了短波定时校频的精度。电离层的不同层次和不同电子浓度，使短波传播有着不同的最高可用频率（即超过此频率的电波将穿透电离层不再返回地面）；对于不同的频率有着不同的寂静区（小于此距离的电波将穿透电离层）；电离层的反射存在着最低可用频率（低于此频率时，电波通过电离层被严重吸收而不返回地面）。此外，由于不规则性的影响，使短波传播存在着明显的衰落、多径延时、多普勒频移和突然骚扰引起的短期突然通信中断等，这些都会给短波标准时号的传播带来影响。

短波信号主要依靠电离层反射传到远方，接收时必须考虑时间、地点、季节、频率等因素。短波传播的特性是频率和时间的函数。在短波频段，电离层传播的不稳定性限制了时间频率比对精度，接收的载频信号的相位随着路径长度和传播速度的变化而起伏，这些起伏将频率比对的最高精度限制在大约为 $\pm 1 \times 10^{-7}$，将时号的接收精度限制在 $500 \sim 1000 \mu s$。下面，以 BPM 短波授时台为例对短波授时系统进行介绍。

二、BPM 短波授时台

我国 BPM 短波授时台（标准时间标准频率发播台）位于西安市东北方向约 60km 的蒲城县境内，北纬 35°00′，东经 109°31′，始建于 1966 年，1970 年 12 月开始试播，1981 年 7 月起正式承担我国短波授时任务。

1. 授时台的组成

短波授时台由工作钟房、发射机房、天线交换开关、天线和动力（包括供电、供水、空调）5 个部分组成，如图 8.1 所示。建台初期，拥有小、中、大不同类型的短波发射机 13 部，不同种类的短波发射天线 20 余副。1995 年改造后有国产固态短波发射机 6 部，不同种类的短波发射天线 6 副，可覆盖我国本土和东南、南、西南 3 个方向 13000km 的大片陆海域，具有连续工作的能力，发播的频率准确度优于 $\pm 5 \times 10^{-12}$，UTC 时号准确度优于立 $0.1 \mu s$，UT1 时号与定值复合在 $\pm 0.3 ms$。

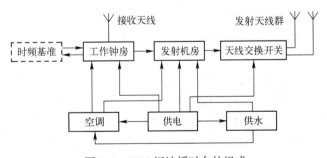

图 8.1 BPM 短波授时台的组成

（1）工作钟房。工作钟房配备若干台 HP5061A 铯原子频率标准和各种不同型号的铷原子频率标准及相应的附属设备。它为发射机房和监控室提供按程序要求的 10 路低频调制信号和 5 路 2.5MHz、5 路 5MHz，5 路 10MHz、5 路 15MHz 标准频率信号作为 4 个频点的载频信号。其原理如图 8.2 所示。

冗余原子频率标准产生 BPM 工作钟房频率标准，经时频信号切换控制器切换输出到相位微跃计进行频率和相位改正。相位微跃计改正后的标频信号分 3 路输出到：

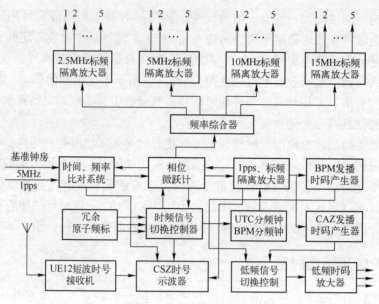

图 8.2 工作钟房方框图

① 频率综合器，经分频和倍频产生 2.5MHz、5MHz、10MHz 和 15MHz 4 个频点的载频信号；

② UTC 分频钟和 BPM 分频钟产生 UTC_{BPM} 时间信号和时间信息；

③ 频率比对系统进行频率比对。

UTC 分频钟和 BPM 分频钟产生 UTC_{BPM} 时间信号和时间信息经 1pps、标频隔离放大器隔离放大后，分别送 BPM 发播时码产生器和 CAZ 发播时码产生器产生 BPM 时码信号。低频时码信号经低频信号切换器切换、低频时码放大器隔离放大后输送给发射机作为调制信号。

时间、频率比对系统将时频基准实验室送来的时频信号与工作钟房所产生的时频信号进行比对，根据比对结果控制相位微跃计进行相位、频率改正。

UE12 短波时号接收机接收所发射的 BPM 短波授时信号并通过 CSZ 时号示波器与基准钟房送来的 UTC1pps 信号、工作钟房 UTC 分频钟输出的 1pps 信号和 BPM 分频钟产生 UTC_{BPM} 1pps 时间信号进行必要的监测和比对，实现闭环控制。

(2) 发射机房。发射机房将工作钟房送来的高精度时频信号和信息，以调幅无线电波的形式，经交换开关、天线辐射到空间，供 BPM 短波用户使用。

发射机房的监控室内配备有监控台、记录报警器、天线开关控制柜等设备，对发射机房进行自动监控。为了减少连接电缆的根数，工作钟房的频率综合器也放置在发射机房。

(3) 天线交换开关。天线交换开关是发射机去天线的中转站，利用它可使任一部发射机准确灵活地转换到所需要的天线上去，以充分发挥机器和天线的业务效能，提高其利用率。

(4) 天线。短波授时台共有 6 副天线，这些天线均用短截法调谐于单一频率或频带，行波系数在 0.8 以上，天线效率 80% 左右。

2. 发播时间、程序、频率

发射台的呼号为 BPM，采用标准频率 2.5MHz、5MHz、10MHz 和 15MHz 交替发播，频率的选用将随季节不同而有所变化，但在每一瞬间都有 2 个以上频率在工作，保证了 24 小时的连续发波。

BPM 时号的发播程序是每半小时循环 1 次：0 分~10 分、15 分~25 分、30 分~40 分、45 分~55 分发播 UTC 时号，秒信号为 1kHz 调制的 10 个周波，整分信号长 300ms；25 分~29 分、55 分~59 分发播 UT1 时号，秒信号为 1kHz 调制的 100 个周波，整分信号长 300ms；10 分~15 分、40 分~45 分发播无调制载波；29 分~30 分、59 分~60 分为授时台呼号，用莫尔斯电码发播 BPM 呼号并有"标准时间标准频率发播台"女声双语普通话通告。

短波时号发射台的位置是 35°00′N、109°31′E，发播的世界时 UT1 时号称为 BPM1，发播的 UTC 时号称为 BPM$_C$。这 2 种时号的发射频率相同，但安排的发播时间不同。1983 年 7 月 1 日以后，BPM 短波时号的发播程序、发播时间、发射频率及精度等情况如下。

（1）BPM 发播程序。

59 分 00 秒~00 分 00 秒 BPM 呼号（1min）

00 分 00 秒~10 分 00 秒 UTC 时号（10min）

10 分 00 秒~15 分 00 秒无调制波（5min）

15 分 00 秒~25 分 00 秒 UTC 时号（10min）

25 分 00 秒~29 分 00 秒 UT1 时号（4min）

29 分 00 秒~30 分 00 秒 BPM 呼号（1min）

30 分 00 秒~40 分 00 秒 UTC 时号（10min）

40 分 00 秒~45 分 00 秒无调制波（5min）

45 分 00 秒~55 分 00 秒 UTC 时号（10min）

55 分 00 秒~59 分 00 秒 UT1 时号（4min）

每半个小时为 1 个发播周期，其时间区分如图 8.3 所示。

BPM 呼号的前 40s 是莫尔斯电码—…•——•—；后 20s 为女声普通话："BPM，BPM，标准时间标准频率发播台"。

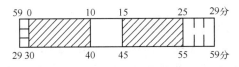

图 8.3 BPM 在 1 个发播周期内的时间区分

UTC 时号采用正弦波形，秒信号用 1kHz 音频信号 10 个周波表示，第 1 个周波的起点是秒的起点，波形如图 8.4（a）所示；分信号用 1kHz 音频信号的 300 个周波表示，第 1 个周波的起点是分信号的起点，它也是第 0 日的起点，波形如图 8.4（b）所示。

UT1 时号也采用正弦波形。秒信号用 1kHz 音频信号的 100 个周波表示，第 1 个周波的起点是秒的起点，波形如图 8.5（a）所示；分信号用 1kHz 音频信号的 300 个周波表示，第1个周波的起点是分信号的起点，它也是第 0s 的起点，波形如图 8.5（b）所示。

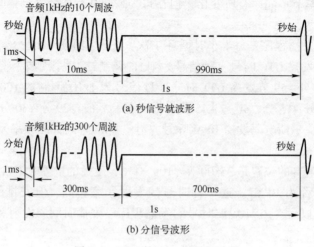

图 8.4　BPM 的 UTC 时号的波形

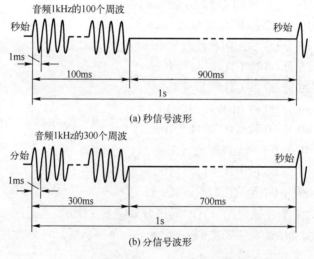

图 8.5　BPM 的 UT1 时号的波形

（2）发播频率与时间安排。发播频率的时间（北京时间）安排：每天 08 时~22 时发播 15MHz；每天 22 时~8 时发播 2.5MHz；5MHz、10MHz 全天发播。

（3）发播精度。载频准确度优于 $5×10^{-12}$；UTC 发播的时刻准确度优于 $0.1\mu s$；UT1 与我国综合时号改正数预报值的误差小于 $300\mu s$。

为避免相互干扰，BPM 发播的 UTC 时刻超前 20ms。

3. 覆盖范围

由于短波无线电波传播主要依靠电离层反射到达接收点，而电离层又受到太阳黑子和昼夜、季节以及接收条件等影响。为了验证 BPM 设计覆盖能力，在试验发播中采用确定发射频率和发播功率的情况下（对不同季节、不同时间段使用的载频和功率的安排进行了许多次试验），对 BPM 的实际覆盖能力进行测试验证。

监测结果表明,在拉萨、喀什、乌鲁木齐、酒泉、临河、长春、莱阳、上海、广州、沾益、昆明、青神、武汉、西昌、北京、新乡、兴县、新化等地接收,在不同季节不同时间段一般均能收到 1 个或 2 个载频的 BPM 时号,达到了国家下达的"不同频率结合覆盖全国"的要求。

BPM 短波授时台改造搬迁后,国家授时中心根据用户需求,拟对所发播的短波时号进行改造,增加信息量,加发标准时间(时、分、秒)信息,为短波用户提供更好的授时服务。

第二节 短波定时和校频

短波定时是历史上最为悠久的无线电定时方法,它以其方便、廉价而深受用户青睐,但由于其受电离层影响太大,定时精度受到限制。由于短波无线电信号的传播通常是经过电离层的 1 次反射或多次反射来实现的,电离层在垂直方向上的运动会使得无线电波的传播路径发生变化,并因此引起短波时号载频的多普勒频移。每次反射大约可引起 10^{-8} 量级的频移,加上短波频段无线电干扰及噪声太大,所以,利用这种标频信号进行校频的精度不高,一般只能达到 $10^{-7} \sim 3 \times 10^{-8}$,现在纯粹以校频为目的,已经不再使用短波信号。

常见的短波定时方法有移相法、时号中点监测法和电离层实时监测修正法 3 种。

一、移相法定时

移相法定时是一种最简单的短波定时法,只需要 1 台短波接收机或 1 台能接收 3~15MHz 短波信号的全波段收音机。用本地秒信号作为示波器的外触发输入,将短波接收机时号或全波段收音机耳机输出的音频信号连接到示波器的垂直输入上。利用本地钟的移相键或移相拨盘调节本地钟的时间,将接收到的短波时号秒信号的起点移至扫描线的起点。设备连接如图 8.6 所示。

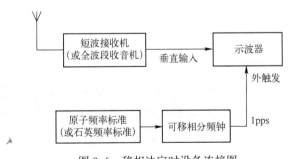

图 8.6 移相法定时设备连接图

1. 具体操作方法

(1)示波器扫描线调节到合适的亮度;
(2)将示波器扫描速度调节为 100ms/格;
(3)选择合适的移相步进量(每次约 100ms)对本地钟进行移相操作,直到示波

器显示屏上出现单个时号为止,如图8.7(a)所示;

(4)逐渐改变示波器的扫描速度,采用较小的移相步进量,将短波时号的起点移至示波器的扫描基线起点,如图8.7(b)、(c)所示;

(5)计算传播延迟,确定接收机延迟,在可移相分频钟进行传播延迟、接收机延迟修正;

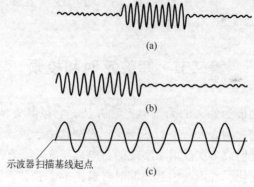

图8.7 移相法定时的过程

(6)接收国家授时中心BPM短波时号的用户,需将本地钟再迟后20ms,才可实现短波定时。

除了接收BPM和ATA等短波授时信号时进行第(6)项操作外,接收其他短波授时信号时不进行此项操作。

2. 时间关系

在上述第(4)步操作完成之后,本地秒已经与接收机输出秒S_R同步,S_R与短波授时台发播的时号起点S_T及UTC秒信号的起点S_{UTC}的时间关系如图8.8所示。

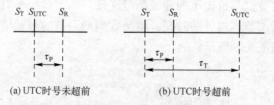

图8.8 信号时间关系

(1)UTC时号未超前。授时台UTC时号未超前发播时,时间关系如图8.8(a)所示。为了实现本地钟1pps与UTC 1pps秒信号的同步,必须扣除短波时号从授时台到短波接收机输出端的传输延迟τ_p,此传输延迟包括电波传播延迟、天线延迟(由于短波定时精度为ms量级,所以此项延迟可以忽略不计)和接收机延迟,即需将本地钟超前τ_p。

(2)UTC时号超前。对UTC时号发播超前的授时台(例如BPM、ATA等),此时,其时间关系如图8.8(b)所示。发播超前量为τ_T(BPM的$\tau_T=20ms$),本地钟1pps与短波授时台的协调世界时UTC之间的时刻差为

$$\Delta T = \tau_T \tag{8.1}$$

即需将本地钟迟后 ΔT。

3. 时延值的估算

传播时延 τ_P 由 2 部分组成。一部分是电波传播延迟 τ_S，另一部分是短波接收机的时延 τ_R，即

$$\tau_P = \tau_S + \tau_R \tag{8.2}$$

BIH 给出的电磁波在空间传输的时延估算经验公式为

$$\tau_S = \frac{D}{v_d} \tag{8.3}$$

式中：v_d 为电磁波传输的视速度；D 为发、收两地间的大地基线长度。

当把地球近似地当作圆球时，根据发、收两地的经、纬度可以用球面三角公式计算出两地间的大圆距离 D_0，以此作为两地间的大地基线长度，即

$$D_0 = \frac{\pi a}{180} \arccos[\sin\varphi_A \sin\varphi_U + \cos\varphi_A + \cos\varphi_U \cos(\lambda_A - \lambda_U)] \tag{8.4}$$

式中：a 为地球赤道半径，$a = 6378.140 \text{km}$；λ_A 为短波授时台的经度；φ_A 为短波授时台的纬度；λ_U 为用户接收地点的经度；φ_U 为用户接收地点的纬度。

视速度 v_d 近似为一个常数，其值为 285km/ms。考虑到太阳活动周期的影响，可按式 (8.5) 对视速度进行修正，即

$$v_d = 285.0 - 0.055(\gamma - 100) \text{ (km/ms)} \tag{8.5}$$

式中：γ 为太阳黑子数。

地球实际上更接近于为一个椭球体，发、收两地间的椭球体上的大地基线长度为

$$D = D_0 + 2D_0 \sin^2\varphi_1 \cos^2\varphi_2 \frac{3R-1}{2C} - 2D_0 \cos^2\varphi_1 \sin^2\varphi_2 \frac{3R+1}{2S} \tag{8.6}$$

式中

$$S = \sin^2\varphi_2 \cos^2\iota + \cos^2\varphi_1 \sin^2\iota = \sin^2\frac{D_0}{2\alpha}$$

$$C = \cos^2\varphi_2 \cos^2\iota + \sin^2\varphi_1 \sin^2\iota = \cos^2\frac{D_0}{2a}$$

$$R = \sqrt{S \times C} \frac{D_0}{2\alpha}$$

$$\varphi_2 = \frac{\varphi_A - \varphi_U}{2}$$

其中

$$\iota = \frac{\lambda_A - \lambda_U}{2}$$

$$\alpha = 1/298.257 \text{ (α 为地球的椭率)}$$

从式 (8.6) 可以看出，D_0 越大，D_0 与 D 之间的差值 $(D-D_0)$ 也越大，$(D-D_0)$ 与 D_0 成正比。这说明发、收两地相距越远，用 D_0 来近似 D 的误差越大，当发、收两地间距离大于 2000km 时，用式 (8.6) 估算发、收两地间的大地基线长度才比较适宜。

4. 接收机时延的确定

不同型号的短波接收机具有不同的时间延迟,同一型号的接收机其时延值也各不相同。即便同一台接收机,由于所用的带宽等参数不一样时,其时延也不相同。在时间同步的精确度要求较高时,必须对所使用的短波接收机时延进行测量。

按图 8.9 连接有关设备,利用模拟的短波调制信号来测定短波接收机的时延。

测定步骤是:

(1) 用音频信号发生器输出的 1kHz 音频信号调制高频信号发生器输出的 5MHz、10MHz 或 15MHz 信号;

(2) 将调幅信号从短波接收机的天线输入端耦合到短波接收机;

(3) 将调幅信号和短波接收机输出的音频信号分别送往双踪示波器的 A、B 通道;

(4) 用示波器测量音频信号相对调幅信号的时延,如图 8.10 所示,便得到短波接收机时间延迟。

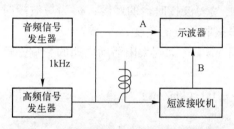

图 8.9 短波接收机时延测量设备连接图

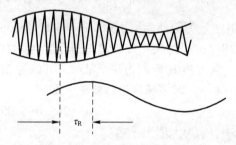

图 8.10 短波接收机时延测定

二、电离层实时监测修正法定时

众所周知,短波无线电信号的传播通常是经过电离层的 1 次反射或多次反射来实现的,对不同频段的无线电波,反射电离层高度各不相同,而且电离层高度随着时间(昼夜)、季节、太阳活动情况发生变化。所以在同一地点短波时号的传播时延是时间(昼夜)、季节、太阳活动等诸多因素的函数。

实现电离层实时监测修正、全自动接收和定时必须考虑如下因素:

① 时间(昼夜);

② 季节;

③ 太阳活动;

④ 接收点坐标与短波授时台的坐标(用于计算大圆距离);

⑤ 不同频点的电离层高度。

由于传播路径发生变化,传播时延也随之发生变化,受此因素影响,短波定时的精度被限制。人们期盼一种能够对电离层进行实时监测、修正的短波定时设备,以便提高短波定时的精度。

电离层实时监测修正法定时的原理就是基于电离层高度随着时间(昼夜)、季节、太阳活动发生变化的统计资料、接收点坐标与短波授时台的坐标(用于计算大圆距离)和对不同频点短波授时信号的实时监测(计算出电离层高度)来实现电离层实时监测修正，从而提高短波定时精度的一种方法。

第三节　长波授时

一、长波传播特点

长波授时主要是利用长波信号传播稳定、延迟可精确预测的特点，实现高精度授时。其中，沿地面绕射的地波信号和经过电离层反射而传播的天波信号都可用于授时。

从天线辐射出来的长波授时信号，经过不同的传播路径到达定时用户的接收天线。在发射天线和接收天线之间通过直接路径传输的信号称为直达波。从地表面反射之后到达接收天线的信号称为地表反射波。直达波和地表反射波合称为空间波，沿地球表面传播的被称为表面波。我们一般把表面波和空间波统称为地波。当发射天线和接收天线都非常接近地面时，空间波中的直达波和反射波相互抵消，地波完全是表面波，如图 8.11 所示。

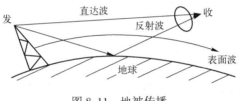

图 8.11　地波传播

地波沿地表面传播，能量不断地被地表所吸收，造成强度逐渐减弱，同时相位滞后（时间延迟）。衰减的快慢和时延的大小与电波的频率、传播距离、路径的电导率、地形以及大气折射指数等因素有关。

经过电离层 1 次或多次反射到达接收点的信号称为天波，如图 8.12 所示。由于太阳照射昼夜不一样，同时不同的季节、年份也不同，所以电离层是随时间、季节、年份而变的。因此导致天波不稳定。

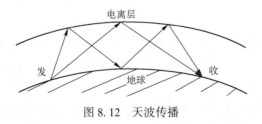

图 8.12　天波传播

图 8.13 中给出的一跳天波相对于地波的时延。图中只考虑天地波路径长度的时延差，如果考虑到 2 次相位因子的影响，则实际延迟值比图中给出的数值要小一些。

总的来说，地波传播衰减小，其幅度和相位都很稳定，它没有周日变化；而天波则有周日变化，幅度白天小，夜间大，白天相位超前，夜间相位滞后，尤其是在日出日落时幅度和相位都发生急剧的变化。所以，地波授时精度≤1μs，地波的校频精度达到 $1.1×10^{-12}$；天波授时精度≤30μs，天波白天的校频精度达到 $1.1×10^{-11}$，晚上为 $4.4×10^{-12}$。

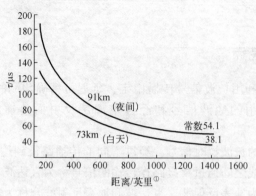

图 8.13　一跳天波相对于地波的时延

二、BPL 长波授时系统

BPL 长波授时系统由时频基准、发播系统和监控系统 3 个部分所组成，如图 8.14 所示。

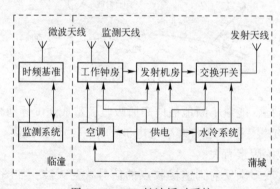

图 8.14　BPL 长波授时系统

（一）各部分介绍

1. 时频基准

BPL 长波授时系统的时频基准设置在国家授时中心临潼总部，时频基准部分所产生的时频信号通过 2GC-60 微波系统传递到设置在蒲城的 BPL 长波授时台。时频基准部分框图如图 8.15 所示。

由图 8.15 可见，BPL 长波授时系统的时频基准部分主要包括溯源系统、监控系统、信号传输系统、时频基准和标准时间产生系统。

（1）时频基准。BPL 时频基准目前有 9 台 5071A 商用小铯钟，这些商用小铯钟放

---

① 1 英里 = 1.6093km

置在国家授时中心临潼总部地下室的原子钟钟房里，原子钟钟房经过电磁屏蔽处理和实时温度控制。

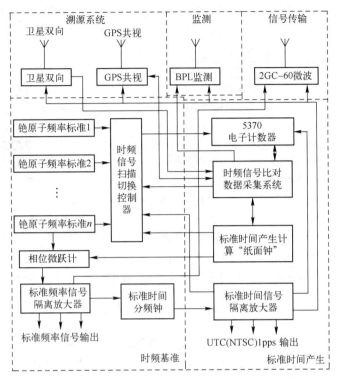

图 8.15 时频基准部分框图

这些铯原子钟所产生的频率和时间信号通过电缆连接到国家授时中心时频基准实验室的时频信号扫描切换控制器上，用来产生 UTC（NTSC）和 TA（NTSC）。标准频率产生主要由 6490 相位微跃计、ST202 相位微跃计和标准频率信号隔离放大器所组成。

（2）溯源系统。早期，BPL 长波授时系统通过接收罗兰-C 信号实现与国际时间局（BIH）的溯源。20 世纪 80 年代末 GPS 运行以后，逐步改为通过 GPS 共视的方法实现与国际计量局（BI-PM）的溯源。2000 年，国家授时中心建立了卫星双向高精度时间比对系统（TWSTFT），目前与 BIPM 的溯源手段主要采用 TWST-FT。

（3）监测系统。BPL 长波授时系统的监测系统包括设置在临潼总部的 BPL 监测系统和设置在蒲城的 BPL 监测系统所组成。所采用监测设备为 AUSTRON 2000C 接收机和 PO21 全自动长波定时校频接收机、HP5370A 电子计数器和相应的数据采集系统。

（4）信号传输系统。临潼总部的时频基准实验室与蒲城的 BPL 授时台之间的信号传输采用 2GC-60 微波系统。2GC-60 微波系统采用模拟方式传输时频基准信号。微波信号传输系统除了传输模拟时频基准信号外，还传输若干路语音信号。

（5）标准时间产生。标准时间产生部分主要由时频信号比对数据采集处理系统、"纸面钟"软件系统、标准时间分频钟和标准时间信号隔离放大器所组成。

2. 发播系统

BPL 长波授时台的发播系统由长波发射机、天线和信号控制设备、工作钟、定时器等部分组成，如图 8.16 所示。它的任务是将国家授时中心所产生保持的标准时间——协调世界时 UTC（NTSC）及标准频率信号以一定的程式和足够的功率不失真地发播出去，提供符合高精度要求的授时信息，供用户接收利用。发播系统具有以下几个特点。

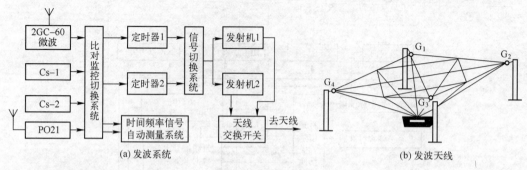

图 8.16　发波系统

（1）发射系统使用的频率为无线电长波频段，频率为 100kHz。

（2）发射内容为高精度时间和频率信号，发射体制采用脉冲相位编码，编码种类为 8 码元、2 相 2 周期互补码。脉冲包络形状为指数不对称形，其参考函数为

$$f(t) = \left(\frac{t}{\tau}\right)^2 e^{-2\left(\frac{t}{\tau}-1\right)} \tag{8.7}$$

（3）辐射功率大。BPL 使用四塔倒锥形天线，天线挂高为 195m，全方向水平极化。为保证覆盖距离，要求天线辐射的脉冲峰值有效功率大于 1800kW，发射机送到天线始端值有效功率大于 2000kW。

（4）天线相对带宽窄。根据对载频脉冲的频谱分析，当脉冲前沿为 65~75μs 时，脉冲的频谱宽度为 20kHz 左右，若使辐射波形不失真，就要求天线有 20kHz 以上的带宽，这对 100kHz 的长波天线而言是很难实现的。

系统所采用的最佳信号格式使我们可以利用射频信号的载频（100kHz）进行精密相位跟踪，而利用射频脉冲组的特点解决周期多值性，利用 TOC（组重复周期和 UTC 秒重合时刻）同步的方法解决组重复周期（GRP）多值性。

3. 监控系统

BPL 长波授时信号接收监控系统是高精度长波授时系统的一个重要组成部分。信号的脉冲编码发射体制和相应的接收技术与设备相结合才能实现高精度时频信息的传递。

BPL 长波授时监控系统包括一套两冗余的 BPL 定时器（罗兰-C 信号产生器）、BPL 信号发射激励器、发播控制系统和 BPL 信号接收监控系统。

BPL 定时器对来自工作钟房的标准频率信号进行分频并利用来自工作钟房的标准时间信号进行时间同步，得到 BPL 的 GRP 脉冲和 8 码元、2 相 2 周期互补码脉冲相位编码及 BPL 发播 1pps 秒脉冲相位编码输出到大功率长波发射机，在 BPL 信号发射激励器的作用下形成指数不对称形脉冲包络，从天线发射出去。BPL 信号接收监控系统接收从天线发射的 BPL 长波信号并与 BPL 定时器输出的 8 码元、2 相 2 周期互补码脉冲相位编码和 1pps 秒脉冲相位编码进行比较形成闭环监控系统。

监控系统还包括 BPL 专用大功率电源、空调和发射机大功率电子管水冷系统。

(二) 主要技术指标

BPL 长波授时系统时频基准的日稳定度达到 $\pm 10^{-14}$ 量级，准确度达到 10^{-13} 量级。

BPL 长波授时系统的作用距离是以发射台（34°57′N、109°33′E）为中心，采用天波、地波结合，作用半径为 3000km，覆盖全国陆地和近海海域。地波定时的精度可达 1μs 以上，校频精度可达 1.1×10^{-11} 量级。发播内容为协调时 UTC 秒信号和标准频率信号。

(三) 发播时间、频率、脉冲组、信号波形

BPL 长波授时台采用多脉冲、相位编码体制发播标准时间和标准频率。由于长波地波传播衰减小，多脉冲发射提高了平均辐射功率相关检测技术允许接收机在低信噪比下工作，所以能实现大面积覆盖。每天连续发播 8h（北京时间 13 时 30 分~21 时 30 分），发播载频为 100kHz，该频率地波传播误差小，而且幅度和相位很稳定，所以能达到很高的定时精度。

主台的脉冲组由 9 个脉冲组成，前 8 个脉冲中相邻 2 个脉冲的间隔为 1ms，第 9 个脉冲被称为"识别脉冲"，与第 8 个脉冲的间隔为 2ms。副台的脉冲组由 8 个脉冲组成，两两间隔为 1ms。当主台发射完后，间隔一定时间副台开始发射，所有副台发射完后，经一段时间延迟，主台又开始发射，周而复始。这样，就形成了脉冲组的重复周期，即组重复周期，用英文字母 GRP 表示，如图 8.17 所示。图中 M 为主台，S1、S2 为副台。BPL 长波授时按主台发播。

脉冲组内每个脉冲的形状相同。为了区分天波、地波，要求在天波到来之前地波有足够的信号电平，因此脉冲波形的前沿应该陡峭。同时，为了满足国际电联的有关规定，减少无线电业务干扰，脉冲信号的频谱应该集中。因此选用指数不对称型脉冲。其包络参考函数为

$$f(t) = \left(\frac{t}{\tau}\right)^2 e^{-2\left(\frac{t}{\tau}-1\right)} \quad t \geq 0 \tag{8.8}$$

式中：t 为时间；τ 为上升前沿。

脉冲包络形状如图 8.18 所示，它的半峰值宽度为 100μs，这种波形能满足要求，前沿陡峭（65~75μs）。

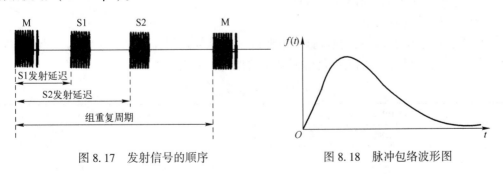

图 8.17 发射信号的顺序　　图 8.18 脉冲包络波形图

单脉冲的完整波形图如图 8.19 所示，其 99% 的能量集中在 90~110kHz 的带宽内。

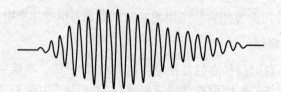

图 8.19 单脉冲波形

(四) TOC 及秒信号

对于导航目的,仅要求发射的时间间隔准确,但为了授时,就必须使脉冲组的发射与历元相关。在主台发射的脉冲组中,会定期出现主台某一脉冲组的第 1 个脉冲与 UTC 秒的起点重合,重合的那个时刻,叫作 TOC(Time-of-Coincidence)时刻,该秒称为 TOC 秒。由于 1s 一般不是 GRP 的整倍数,因此并不是每秒都重合,而是隔一定的间隔才重合。不同的 GRP 重合时间间隔也不相同,如表 8.1 所列。

表 8.1 重合时间间隔(TOC 间隔)

特殊周期	基本周期			
	重合时间间隔/s			
	S	SH	SL	SS
0	1	3	2	1
1	499	599	799	999
2	249	299	399	499
3	497	597	797	997
4	31	149	199	249
5	99	119	159	199
6	247	297	397	497
7	493	593	793	993

由于 BPL 在平时可用 4 种基本重复周期发射,因此规定每分钟的零秒为重合时间(TOC),而且在重合时,将主台脉冲组换成单脉冲。这样做有如下好处:
① 低要求用户可以视觉观测秒脉冲;
② 高精度用户可使用脉冲组信息;
③ 不破坏和干扰导航业务。

但是,由于在 TOC 时,主台脉冲组变成了单脉冲,因此信息有所降低,为使其降低不超过 5%,对秒信号的发播间隔做了一些调整,如表 8.2 所列。

表 8.2 秒信号发播间隔

GRP/μs	秒信号间隔/s
50000	1
60000	3
80000	4
100000	2

BPL 目前使用的 GRP = 60000μs，因此 TOC 时刻为 UTC 每分钟的 0s、3s、6s、9s、12s…

此外，在秒信号与脉冲组不重合时还加发了秒脉冲，秒脉冲的形状与单脉冲相同。

BPL 信号在 TOC 时刻将 8 个 1 组的脉冲组只保留了第 1 个脉冲，扣掉其余 7 个，保留了主台标志。

在 P021 全自动长波定时校频接收机上，其波形如图 8.20 所示。低精度用户可用它目视定时。

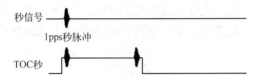

图 8.20　BPL 加发的 1pps 秒脉冲及 TOC 时刻波形图

第四节　长波定时和校频

一、长波定时

（一）长波定时原理

长波授时系统（包括罗兰 C-恰卡、长河二号远程无线电导航、授时系统）与短波、低频和甚低频授时系统不同，不直接发射标准时间信号，而是发射 8 个为 1 组的脉冲组。可以想象，如果通过一定的手段和方法，使得某个脉冲组的第 1 个脉冲的起点与标准时间的某个秒信号同步（某个脉冲组的第 1 个脉冲的起点与标准时间的某个秒信号对齐），则在以后连续发射的脉冲组中就会定期出现某个脉冲组的第 1 个脉冲的起点与标准时间的某个秒信号相重合。如果在接收长波信号时，能够在技术上采取一定的措施，在这些重合时刻到来的前 1s 打开闸门，等待这些重合时刻的到来，提取出这些重合时刻，再将本地钟的 1pps 信号与这些重合时刻进行比对，那么我们就对本地钟与标准时间建立了同步。长波授时系统正是利用这种原理，将导航系统的信号应用于授时的。

（二）长波低精度定时

BPL 长波授时台除了以一定的重复周期发射脉冲组之外，在秒信号与脉冲组不相重合时，还加发了秒脉冲。利用 BPL 台进行定时的用户可以分为低精度用户和高精度用户。低精度用户可用目视加发的秒脉冲定时，高精度用户用脉冲组定时。

长波低精度定时法与短波移相法定时类似。其方法简单，设备少，精度也比较高，在 500~600km 一般可达 20μs。在更远的距离，由于信噪比较低，以及受天波影响，精度可能降低到 100μs 左右。

低精度定时只需要 1 副天线、1 个射频放大器和带通滤波器。用本地钟的秒信号作示波器的外触发输入，把经放大滤波后的射频信号送到示波器的垂直输入上。调节本地钟的相位使接收到的秒脉冲起点距离扫描起点的时间等于传播延迟加天线、放大器、滤波器的延迟。设备连接图如图8.21所示。

具体操作方法是：先调节示波器的扫描速度，使荧光屏上出现3个左右的GRP信号，然后用100ms挡改变分频钟的相位，直到荧光屏上出现单个的秒脉冲为止，接着改变示波器的扫描速度，用较小的挡改变分频钟的相位，使秒脉冲距离扫描起点的时间等于传播延迟加天线、放大器、滤波器的延迟。此时示波器显示屏上除了每秒出现1次秒脉冲外，每3s还出现1次如图8.22所示的波形。这里，前一个脉冲为秒脉冲，后一个脉冲是主台识别脉冲，此时正好是重合时间TOC。因为BPL长波授时台在TOC时刻，将8个脉冲为1组的脉冲组变成了单个脉冲，后面的7个脉冲被屏蔽，但识别脉冲没有屏蔽。

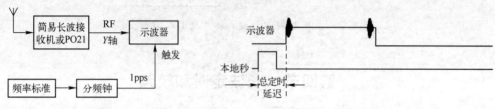

图8.21 目视秒脉冲定时设备连接图　　　　图8.22 低精度定时的时间关系

(三) 长波高精度定时

1. 高精度定时设备连接

高精度定时需要的仪器设备列于表8.3。设备连接方框图如图8.23所示。PO21接收机是全自动定时校频接收机。PO2000（或准确度优于5×10^{-8}的其他频率标准）为接收机和分频钟提供标频输入。示波器是用来搜索捕捉信号用的（也可不用）。用XWD-200记录仪接收机的相位输出和幅度输出。

表8.3 高精度定时需要的设备

仪器名称	型号	数量	备注
定时校频接收机	PO21（CS1000或相当的）	1台	
示波器	≥60MHz	1台	可不用
记录仪	XWD-200（或相当的）	1台	
铷频率标准	PO2000（或准确度优于5×10^{-8}的其他频率标准）	1台	
分频钟	P02002（或相当的可移相设备）	1台	
数字打印机	GP-IB打印机	1台	可不用
短波接收机	BPM-III或P023型（或相当的）	1台	

打印机用来记录本地秒信号与接收机输出的秒脉冲之间的时差，也可将GP-IB接口直接连接到计算机的GP-IB接口，利用计算机直接采集记录测量结果。

2. 长波高精度定时操作

下面以PO21全自动定时校频接收机接收BPL（GRI=60000μs）信号为例，介绍长波高精度定时的操作。

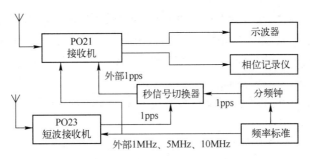

图 8.23 长波高精度定时仪器设备连接图

(1) 接收前的准备工作。

① 天线安装与架设。长波接收天线分为有源天线和无源天线。无源天线又分为环形天线和鞭状天线。PO21 全自动定时校频接收机配置的是环形无源天线。由于环形天线具有较强的方向性,所以,在天线安装时一定要注意天线的安装指向。环形天线盒顶上的箭头一定要指向发射台(陕西—西安—蒲城)。

天线周围的电磁环境对长波信号的接收影响很大,因此天线安装位置要慎重考虑。天线应安装在楼顶上或远离干扰器的开阔地带,尽量避开高大的树木、高大的建筑物、电力电缆等,一般来说,天线最好应离开这些物体 50m 左右。特别需要指出的是,室外电视天线尤其是大屏幕彩色电视机的天线,其大功率开关电源寄生辐射对长波信号的接收影响很大,有时会使长波接收机无法工作。因此,要使长波接收机的天线尽量远离大屏幕彩色电视机的天线。

用所配备的天线电缆将天线与长波接收机连接起来。

② 把准确度优于 5×10^{-8} 的 1MHz、5MHz 或 10MHz 标准频率信号接到后面板上的外标频插座上。

③ 把大约超前 $1\mu s$ 至小于 1GRI 的 1pps 信号接到后面板的外部秒输入插座上,并应有参考钟面。

(2) 启动搜索。

① 搜索、跟踪主台:

(a) 输入重复周期,例如,先按数字键 60000,然后按重复周期键。

(b) 先按数字键 1,然后按主台键。

(c) 当跟踪 LED 亮时,表示接收机已处于跟踪状态。

② 搜索、跟踪副台:

(a) 输入重复周期。

(b) 输入副台延迟,先按延迟值,再按副台延迟键。

(c) 先按数字键 1,然后按副台键。

(d) 当跟踪 LED 亮时,表示接收机已处于跟踪状态。

(3) 长波高精度定时。

所谓长波高精度定时,实际上就是在长波接收机进入跟踪状态时进行 TOC 同步。其操作过程和步骤如下:

① 接收机已进入跟踪状态。

② 外部 1pps 已粗略同步到 UTC，并接到后面板的外部 1pps 输入插座上。

长波接收机需要用 BPM 短波定时接收机进行粗同步，其连接方法如图 8.24 所示。也可利用 GPS 接收机代替短波接收机，实现粗同步。连接方法是将图 8.24 中的短波定时接收机用 GPS 定时接收机替代。

在既没有 BPM 短波接收机也没有 GPS 定时接收机的情况下，还可以采用如下的 3 种方法来实现短波粗同步。

第 1 种方法是利用长波低精度定时法来代替短波粗同步。

第 2 种方法是利用 BPL 长波授时信号中加发的秒脉冲实现长波接收机粗同步。

按照图 8.24 把接收机的垂直输出接到示波器的 Y 轴输入上，PO21 全自动长波定时校频接收机的可移相 1pps 输出作为示波器的外触发。

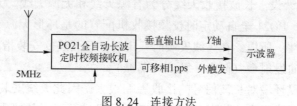

图 8.24　连接方法

调节示波器的扫描速度，使荧光屏上出现 100ms/GRI 个 GRP 信号，通过接收机前面板数字键和功能键，用 50ms 量级的步进量对接收机内部可移相秒进行超前或迟后移相，直到示波器上出现每 3s 一次，如图 8.25 所示波形时，仔细调整本机分频钟的相位，使秒脉冲距离扫描起点的时间等于传播延迟加接收机延迟。此时表明已经完成粗同步。

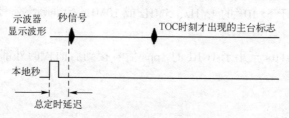

图 8.25　时间关系图

第 3 种方法是在没有 BPM 短波定时接收机和 GPS 定时接收机的情况下，用普通收音机代替短波接收机，利用短波移相法定时，实现粗同步。

③ 对长波接收机进行粗同步。按数字键 0，然后按移相 1pps 键。此时 LCD 显示固定 1pps 与移相 1pps 的差大约为 $0.6\mu s$，此值是由计数器电路所决定的。记下显示的数值。

④ 把内部时钟调到 UTC。把即将到来的正确时间用数字键输入，在该时间刚刚过去后，按一下 UTC 键，内部时钟就正确了。接收罗兰-C 台时，钟面必须显示标准时间，接收 BPL 台时可用北京时间。

⑤ 输入总定时延迟。当接收机锁定在接收信号上时，与相位选通一致的固定 1pps 输出相对于 UTC_{BPL} 是延迟的，这个延迟叫定时延迟。总定时延迟由 3 部分组成。

（a）传播延迟。传播延迟是无线电波从发射天线传到接收天线所需要的时间。传播时延具体计算方法见有关资料。

(b) 接收机延迟。一般由生产厂给出。

(c) 周期修正。它是与跟踪在第几周有关的修正量。因为在 TOC 时刻，脉冲的起点与 TOC 秒的前沿一致，而接收机一般跟踪在第 3 周的末尾，所以周期修正为 30μs。

总定时延迟等于这 3 项的和。如果接收罗兰-C 台链的副台，总定时还应加上副台发射延迟。该延迟在罗兰-C 发射台数据表中给出。

例如，总定时延迟为 4378.52μs，第④步操作后的时差为 0.6μs，加起来是 4379.12μs，那么按数字键输入-4379.12，再按一下 TOC 调整键，此时接收机显示屏上显示-4379.12μs。

⑥ 输入第 1 个 TOC。BPL 台每天的第 1 个 TOC 时刻为 00:00:00，罗兰-C 台每天的第 1 个 TOC 则要从 TOC 表中查出。先按数字键，然后按第 1 个 TOC 键，即可把该天的第 1 个 TOC 输入到接收机中。

当然也可以输入该天中任意一个正确的 TOC 时刻，方法同上。

⑦ 启动 TOC 同步。先按数字键 1，然后按 TOC 开始键，LCD 会显示下一个 TOC 时刻。TOC LED 红绿交替，表示等待 TOC 时刻的到来。在 TOC 时刻的前 1s，TOC 灯变为红色；TOC 时刻到来时 TOC 灯变成绿色，表示 TOC 同步完成。

TOC 灯变绿后，固定 1pps 输出与相位选通一致，即与接收到的 UTC 秒一致，而移相 1pps 输出则为准时（扣除总定时延迟）的 UTC 时刻，时间同步完成。

(4) 伏波高精度定时应注意的几个问题。

① 短波粗同步。短波粗同步的目的是在重合时刻到来的前一秒的最后一个 GRP 结束后打开闸门，等待重合时刻的到来，提取出重合时刻，再利用重合时刻对长波接收机的固定 1pps 钟进行同步。对长波接收机的内部的可移相分频钟进行同步并根据操作者预置的 TOC 调整值进行自动时延修正，输出标准时间信号和信息。其逻辑关系如图 8.26 所示。

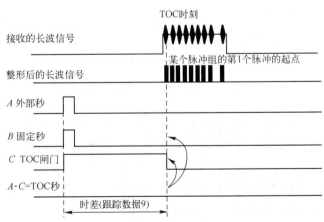

图 8.26 TOC 同步过程时序及逻辑关系图

如果短波粗同步 1pps 超前重合时刻超过 1GRI 时，长波接收机打开的闸门只能等待前一个脉冲组的第 1 个脉冲的起点，这样产生的本地标准时间的 1pps 脉冲将超前 1GRI，如图 8.27 所示。

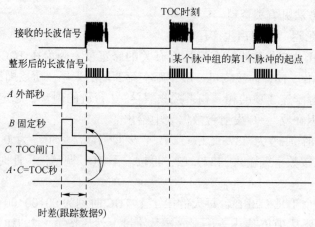

图 8.27 外部秒超前重合时刻 1GRI

如果短波粗同步 1pps 迟后重合时刻 1GRI，如图 8.28 所示，长波接收机打开的闸门只能等待 TOC 时间之后的第 1 个脉冲组的第 1 个脉冲的起点，产生的本地标准时间的 1pps 脉冲将迟后 1GRI。这就是要把大约超前 1μs 至小于 1GRI 的 1pps 信号接到后面的外部 1pps 输入插座上并应有参考钟面的原因。

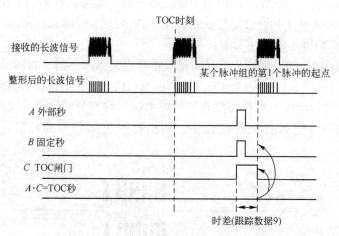

图 8.28 外部秒迟后重合时刻 1GRI

在实际操作中，TOC 同步利用的是参考脉冲的第 3 周末，所以，短波粗同步的超前量应该稍有不同，但实际操作中为了保险起见，我们还是采用大约超前 1μs 至小于 1GRI。

② 钟面预置。钟面预置是 TOC 操作的一个重要组成部分，在实际操作中有可能出现钟面错置的情况。最常见的是超前 1s 或者迟后 1s 的现象。

此时 TOC 同步后将会出现 2 种情况。以接收 BPL（GRI=60000μs）为例，分析钟面超前、迟后 1s 的情况。

当钟面预置超前 1s 时如图 8.29 所示，由于短波粗同步的目的是在重合时刻到来的前 1s 的最后一个 GRP 结束后打开闸门，因此等待下一个脉冲组的第 1 个脉冲到来时产生 TOC 秒信号，这里用 TOC′ 来表示。从图中时序关系可见，下一个脉冲组已经成为下一秒的第 1 个脉冲组。TOC 同步后所产生的 TOC 秒信号 TOC′ 与秒信号之间的时差为

$$\Delta t = (1000000 \times S_i - \text{GRI} \times \text{INT}(1000000/\text{GRI} \times S_i)) - \text{GRI} \tag{8.9}$$

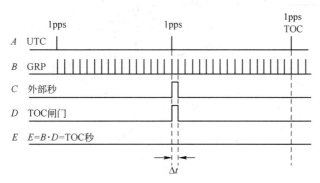

图 8.29　钟面预置超前一秒 TOC 同步时间关系图

式中：S_i 为上一次 TOC 后所经过的时间（s）。

对于 BPL 长波信号，当钟面预置超前 1s 时，根据式（8.9），TOC 同步后所产生的 TOC 秒信号 TOC′ 与秒信号之间的时差 Δt 为

$$(2000000 - \text{GRI} \times \text{INT}(33.6666)) - 60000 =$$
$$(2000000 - 60000 \times 33) - 60000 = -40000(\mu s)$$

钟面预置迟后 1s 的情况如图 8.30 所示。

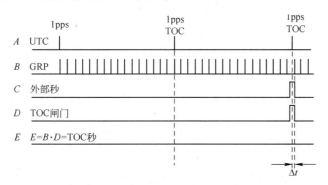

图 8.30　钟面预置迟后一秒 TOC 同步时间关系图

根据式（8.9），TOC 同步后所产生的 TOC 秒倍号 TOC′ 与秒信号之间的时差

$$\Delta t = 4000000 - \text{GRI} \times \text{INT}66.6666 - 60000$$
$$= 4000000 - 60000 \times 66 - 60000$$
$$= -20000(\mu s)$$

由于存在总定时延迟，因此长波接收机跟踪数据 9 显示值应为

$$\Delta t = (1000000 \times S_i - \text{GRI} \times \text{INT}(1000000/\text{GRI} \times S_i)) - \text{GRI} - \text{总定时延迟} \tag{8.10}$$

③ 总定时延迟的计算。当长波接收机跟踪长波信号，进行 TOC 同步之后，输出的时间信号相对于 UTC（NTSC）存在延迟，这个延迟称为总定时延迟，记作 ΔT。

总定时延迟由下列 4 部分组成，如图 8.31 所示。

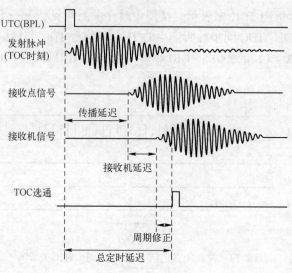

图 8.31 总定时延迟的组成

（a）传播延迟 t_d。传播延迟是无线电波从发射天线传到接收天线所需要的时间。

（b）接收机延迟 t_r。接收机延迟一般由接收机生产厂家给出。它应该包括接收天线、馈线和接收机电路的延迟。

（c）周期修正 t_c。与相位跟踪在第几周有关的修正量。在 TOC 时刻，脉冲的起点与 TOC 秒的前沿一致，因为信号幅度在脉冲起点处为零，因此接收机不可能跟踪在这点，而要跟踪在起点后某一周的过零点上。这样相位选通相对于脉冲起点就有一延迟，要进行修正。这种修正称为周期修正。

接收机一般都跟踪在脉冲载频第 3 周的末尾，这是由于跟踪在这一点既不受天波的干扰（因为天波至少比地波晚到 30μs），同时脉冲信号又达到了一定的幅度，当然距离比较近时可以采用高幅度取样。周期修正的数值为 $n×10$μm，n 表示相位跟踪的周数。

（d）计数器改正 t_j。PO21 全自动长波定时校频接收机内部有一个 10ns 量级分辨率的电子计数器，其计数改正值可利用如下操作读出。

按数字键"0"，再按功能键"1pps 移相"，接收机前面板上 LCD 液晶显示屏所显示的值即计数器改正 t_j。

总定时延迟等于前 3 项的和，$\Delta T = t_d + t_r + t_c$，使用 PO21 内置计数器时总定时延迟等于这 4 项的和，即 $\Delta T = t_d + t_r + t_c + t_j$。

如果用导航台链（如罗兰-C 链）的副台定时，由于副台脉冲组比主台脉冲组延迟一个固定的时间（叫作发射延迟）发射，所以总定时延迟中还应加上副台发射延迟这一项。

④ 长波定时 TOC 的计算。在 8.3.2.4 小节中，介绍了有关 TOC 的定义，在长波高精度定时中必须得到 TOC，下面讨论 TOC 的算法。

长波无线电远程导航系统的时间历元起始于公元 1958 年 1 月 1 日 00:00:00，也就是说公元 1958 年 1 月 1 日 00:00:00 这个时刻是世界上所有当时已经建立的和当时还没有建立的远程无线电导航系统共同的第 1 个重合时间。

获得 TOC 时刻有 3 种算法：第 1 种是查表法；第 2 种是利用已知的 TOC 时刻推算所需的 TOC 时刻；第 3 种是从长波无线电远程导航系统的时间历元来推算所需的 TOC 时刻。

TOC 时刻表有 2 张：第 1 张表为每天的第 1 个 TOC 表，对于罗兰-C 来说，它规定 1958 年 1 月 1 日 00：00：00，UTC 与主台的参考脉冲重合，一直推到现在，每天第 1 张出现 TOC 的时间表；第 2 张表为全天 TOC 表，它是假设每天的 00：00：00 主台的参考脉冲与 UTC 重合而计算出的一天之内的重合时间，此时刻不是真正的 TOC 时刻，因实际上每天的 00：00：00 并不一定是 TOC 时刻。要在某天进行 TOC 同步，首先从第 1 表查出该天的第 1 个 TOC 时刻，然后与第 2 表相加，就得到该天的所有 TOC 时刻。

需要特别指出的是，表中所列的时刻是协调世界时时刻，它比北京时间迟后 8h。

例如，接收罗兰-C 西北太平洋链的信号，要在 1985 年 12 月 5 日北京时 10 时~11 时进行 TOC 同步，那么首先从第 1 表查出这一天的第 1 个 TOC 时刻为 00：03：11，从第 2 张表查出 2 时~3 时（协调世界时）的 TOC 时刻为 02：12：56、02：29：33、02：46：10，把 2 张表的数值相加，得出真正的 TOC 时刻为 02：16：07、02：32：44、02：49：21。

下面以从长波无线电远程导航系统的时间历元来推算所需的 TOC 时刻为例，介绍 TOC 时刻的算法。其计算过程如下。

(a) 计算 TOC 周期。TOC 周期等于组重复周期与 1000000μs 的最小公倍数。

(b) 计算从长波无线电远程导航系统的时间历元到需进行 TOC 同步的大约时刻的累积秒数 $\sum S$。

根据定义，有

$$\sum S = 86400 \times [(\text{计算年}-1958) \times 365 + \text{闰年数} + \text{计算月的累计日} + \text{所需日}] \\ + 3600 \times \text{所需时} + 60 \times \text{所需分} + \text{所需秒} + \text{累积闰秒数} - 10\text{s} \quad (8.11)$$

(c) 计算 TOC 时刻：

$$\text{TOC 时刻差} = \text{TOC 周期} - [(S/\text{TOC 周期}) - \text{INT}(S/\text{TOC 周期})] \times \text{TOC 周期} \quad (8.12)$$

最近的 TOC 时刻即为所需时刻加 TOC 时刻差。

⑤ 长波高精度定时精度。高精度定时主要指地波覆盖区内的长波定时。

定时精度与大地电导率、两者之间的大圆路径计算误差、昼夜、季节、纬度和传播方向效应有关。

在地波覆盖区 200km 范围内定时精度优于 100ns，地波覆盖区 200~1200km 定时精度优于 1μs。

⑥ 天波定时。PO21 全自动长波定时校频接收机在软硬件设计和工作模式上是以地波和直边波定时为主。在地波覆盖范围内，接收机搜索到天波信号后进行计算、分析判断、进行跟踪调整，最后自动跟踪到地波信号上。

跟踪到地波信号的特点是：

(a) 接收机相位稳定。

(b) 增益固定不变。

(c) 校频结果（频差，跟踪数据 4）稳定。

(d) 定时结果（时差，跟踪数据 9）稳定。

在远距离使用长波接收机定时时,接收机有可能跟踪到天波信号上。接收机跟踪到天波后会出现:

(a) 接收机相位不稳定。
(b) 增益有变化。
(c) 校频结果(频差,跟踪数据4)不稳定。
(d) 定时结果(时差,跟踪数据9)不稳定。

事实上,在接收点接收到的信号是天地波的合成,在天波取样点的地方,实际上包括地波分量,因此只有天波场强比地波大很多时,地波的影响才能忽略不计。理论计算和实践都证明,只有当天波场强比地波大18dB以上时,才不会引起周期识别的错误。由于远距离接收长波信号时接收到的信号是天地波的合成,因此接收机既可以跟踪在地波上,也可以跟踪在天波上,但两者精度不同。可以根据天地波的不同特点判断出跟踪的是地波信号还是天波信号。

当接收距离过远时,接收机只能跟踪天波信号,但可以通过改变接收环境,调整天线指向,避开建筑物阻挡、电磁环境干扰,改变接收机时间常数和利用同步滤波器尽可能使接收机跟踪在地波信号上。

天波信号的相位变化特性与电离层特性密切相关,分为规则变化和随机变化两种。规则变化有昼夜、季节、太阳活动11年周期以及纬度和传播方向效应;随机变化包括由于太阳爆发、宇宙线及地磁暴等引起的突然相位异常。长波天波由电离层下边界的D区反射,反射损耗和相位起伏相对地较小。根据天波接收试验的结果,白天相位变化一般小于±1μs,晚上一般小于±4μs。尽管白天的相位变化比夜间小,但由于夜间的场强比白天大,所以接收长波天波的最佳条件是发射台和接收台同时都在夜间,以及两者之间的大圆路径也在夜间的情况。由于日出、日落时相位和幅度变化都很剧烈,一般不能利用。因此接收时要避开这段时间。通过搬运钟测过几个地点的天波时延。结果证明在正常白天和夜间,一跳天波时延的预测误差一般小于±1.5μs。

发射相位的稳定性、仪器误差、大气噪声和干扰引起的误差对天波定时精度的影响,与天波时延预测误差、天波相位稳定性对定时精度的影响比较起来,可以忽略不计。因此天波定时精度主要由天波时延预测误差和天波相位稳定性决定。白天接收一跳天波时的定时精度为

$$\sigma = \sqrt{1^2 + 1.5^2} = 1.8 \mu s$$

夜间接收时的定时精度为

$$\sigma = \sqrt{4^2 + 1.5^2} = 4.3 \mu s$$

在更远的距离上,还可以利用接收多跳天波定时。由于多跳天波是经过电离层多次反射到达接收点的,相位起伏和幅度起伏都比一跳天波大得多,因此精度比一跳天波低。

一跳天波白天相位变化为±1μs,夜间为±4μs。二跳、三跳定时精度要更差一些,由于相位变化导致定时精度变差,其定时精度大约在30μs。在稍微降低精度的情况下,利用天波定时可以大大扩大发射台的覆盖范围。

二、长波校频

(一) 校频方法

当长波接收机进入跟踪状态时,下述 5 种方法均可以用来校频。

(1) 接收机校频输出。当 PO21 全自动长波定时校频接收机进入捕获状态后,就开始计算本地频率标准的频偏,当达到跟踪状态时,频偏一般可确定到 10^{-9} 量级。这时,可以用跟踪数据 4 来显示,若显示 E09±2.1,则表示频偏为 $±2.1×10^{-9}$。当符号为正时,说明本地频率比标准频率高;当符号为负时,本地频率比标准频率低。

随着跟踪时间的加长,计算的频偏将逐渐接近真值。有两个因素影响达到最终频偏的速度,那就是接收机的时间常数和信噪比。当频偏小于 $1×10^{-11}$ 时,频率稳定度还影响频偏的结果。

当接收机接通电源时,时间常数置于 2。对于频偏为 $1×10^{-11}$ 和噪声系数小于 100 的情况,这种时间常数提供了比较好的接收机响应和稳定的频偏计算,大约需要 2h;当频偏小于 $1×10^{-11}$ 或当噪声系数超过 100 时,时间常数应该用 1 或 0,以增加平均时间,从而减小计算频偏随噪声的变化,而这也会加长捕获到跟踪的时间。

(2) 相位记录曲线法。PO21 型接收机相位记录的输出是与本地频率和标准频率之间的相位差成比例的直流电压。

把 1V 满刻度的记录仪接到接收机后面板的相位记录输出插座上。按数字键 0,然后按零度/满度键,接收机将输出 0V,这时可检查记录仪的零刻度;按数字键 1,然后按零度/满刻度键,接收机将输出 1V,可检查记录仪的满刻度。然后按一下零度/满刻度,接收机回到正常输出值。

相位记录满刻度所对应的相位范围有 1μs 和 10μs 两种,用相位范围键选择。先按数字键 1 或 10,然后按相位范围就可以选定所用的相位范围。

画出曲线后,可从图上读出不同时刻对应的相位时间值,从而计算出频偏。当接收机正常跟踪时,把一个记录仪接到后面板的 1μs 相位输出(或 10μs 相位输出)插座上,就可以得到相位记录曲线。满刻度电压为 1V,代表 1μs(或 10μs)的相位时间差。由此,根据曲线可以按式(8.13)计算本地频率标准的频率与接收频率之间的相对频差。

$$\frac{\Delta f}{f} = \frac{t_2 - t_1}{T} \quad (8.13)$$

式中:$\frac{\Delta f}{f}$ 为相对频率;t_2、t_1 分别为校频开始和结束时的相位时间值;T 为校频时间。

当计算结果符号为正时,表示本地频率标准的频率比标准频率高,当计算结果符号为负时,说明本地频率标准的频率比标准频率低。

(3) 时差比对法。时差比对法校频所需要的设备与定时所需要的设备相同。方法是在完成 TOC 同步后,在不同的时刻,利用跟踪数据 9 从接收机内部计数器上读出本地钟的秒信号与接收机输出的秒信号间的时差,然后用公式计算相对频差。式(8.13)中 t_2、t_1 分别代表校频结束和开始时测量的时差值。当时间间隔计数器用本地秒信号开门，用接收机输出的秒信号关门时，符号为正说明本地频率标准的频率偏高，符号为负说明本地频率标准的频率偏低。

（4）累积相移量校频。当 PO21 全自动长波定时校频接收机进入跟踪状态后，接收机除了自动计算频偏外，还将输入接收机的本地频率标准与所接收到的长波授时台发播的信号进行比相。

当本地频率标准与所接收到的长波信号之间的相位时间差大于 10ns 时，启动移相器对输入的本地频率标准进行移相，并将移相值累加起来。

跟踪数据 7 可以显示累积相位差，利用这一功能我们可以进行累积相位差校频。这种方法的好处是可以取很长的平均时间，从而提高校频精度。

输入频率标准的频差对应为

$$\frac{\Delta f}{f} = \frac{\varphi_2 - \varphi_1}{t_2 - t_1} = \frac{\Delta \varphi}{\Delta t} \tag{8.14}$$

当接收机进入跟踪状态时，累积相移量为 0，然后随着跟踪时间的加长而变化。先记下开始的时间和累积的相移值，例如，11:27:30 的相移时间值为 $0.04\mu s = 4 \times 10^{-8} s$，过一段时间后，再记一组数据，例如，11:47:30 相移时间值为 $0.17\mu s = 17 \times 10^{-8}$。由此可计算出频偏，相移时间的变化为 $(0.17-0.04)\mu s = 13 \times 10^{-8} s$，所经历的时间 11:27:30 至 11:47:30 为 1200s，则频偏为 $13 \times 10^{-8} s/1200s = 1.08 \times 10^{-10}$。

当结果为正时，本地频率比标准频率高；当结果为负时，本地频率比标准频率低。

（5）比相法。将被测频率标准和接收机输出的经相位改正的 1MHz 或 10MHz 连接到比相仪上，选择合适的走纸速度，记录比相曲线，按照上述的方法计算被测频率标准的频差。

以上 5 种校频方法的优缺点如表 8.4 所列。

表 8.4 几种校频方法比较

校频方法	优　点	缺　点
接收机校频输出	直接、简单、不需要外部设备	开机时自动植入默认频差，一般 2h 后才给出较为准确的频差值
相位记录曲线法	直接、准确	需要外接记录仪，需要另行计算
时差比对法	直接、简单、准确	需要另行记录、计算
累积相移量校频	直接、简单、准确	需要另行记录、计算
比相法	直接、准确	需要外接记录仪，需要另行计算

（二）校频精度

（1）地波校频精度。

与定时不同，绝对传播时延误差并不影响校频精度。影响校频精度的原因至少是相位不稳定性。接收 BPL 台信号的相位记录结果分析表明，凡是接收机能正常跟踪地波信号的地方，相位峰值偏差一般不大于 200ns。对此有贡献的因素是发射相位稳定性、接收机相位跟踪的稳定性、地波传播的稳定性、大气噪声和人为干扰。因为发射相位的稳定性，接收机相位跟踪的稳定性大致都是 50ns 左右，地被传播的短期稳定性是几十纳秒，所以 200ns 偏差的主要贡献者是大气噪声和人为干扰。在假设相位噪声为高斯分布的情况下，200ns 的峰值偏差对应的标准偏差是 67ns。而计算相对频差需要两个测量值，且其误差是独立的，因此总的误差是 $67×\sqrt{2}=95$ns。因此对于 1 天的校频时间，所能达到的校频精度为

$$\sigma=\frac{95\times10^{-9}}{86400}=1.1\times10^{-12}$$

（2）天波校频精度。

利用长波天波信号也能校频，只是精度稍低。由于天波信号的相位存在着周日变化，计算用的相位或时差最好正常白天（例如白天 12 时）或正常夜间（例如夜间 0 时）取值。虽然天波的相位变化比地波大，但天与天之间重复性较好。

100kHz 的一跳天波白天的相位时间变化为 $\pm 1\mu s$，夜间为 $\pm 4\mu s$，大气噪声和人为干扰引起的 $0.2\mu s$ 的相位时间变化与天波信号的相位时间变化比较起来可以忽略不计。当然发射相位的稳定性和接收机相位跟踪的稳定性更不用考虑了。因此，影响天波校频精度的主要原因是天波相位的稳定性。

当相位差（或时差）数据取正常白天时的数据，利用一跳天波校频，1 天所能达到的精度为

$$\sigma=\frac{\frac{2}{3}\times\sqrt{2}}{86400\times 10^6}=1.1\times10^{-11}$$

当相位差（或时差）数据取正常夜间时的数值，利用一跳天被校频，1 天所能达到的精度为

$$\sigma=\frac{\frac{8}{3}\times\sqrt{2}}{86400\times 10^6}=4.4\times10^{-11}$$

（3）长波校频几个应注意的问题。

① 大气噪声和人为干扰引起的相位误差可以用增大相位跟踪时间常数的方法来减小。但时间常数不能太大，否则接收机会失锁，选择时间常数小于 10^{-7} 除以本地频率估计的相对频差。

② 在校频期间，一旦选定了相位跟踪时间常数就不要轻易变动。由于本地频率与接收频率在有频差的情况下，相位选通脉冲和接收信号之间将保持一个剩余相位差，时间常数不同，剩余相位差也不同，因此在校频期间改变时间常数将引起相位误差，影响校频精度。

第五节　卫星定时和校频

一、GPS 时间信号和时间信息

（1）GPS 时间信号。GPS 信号结构为帧结构，每 30s 为 1 帧，每帧分为 5 个子帧，每 6s 一个子帧，每个子帧又分为 10 个字。GPS 广播电文不直接提供标准时间信号（例

如 1pps）。但是，由于帧头与卫星钟严格相关，所以每一个子帧的前沿均可作为时间标志。第 1 个字总是以前导码（preamble）开始（10001011），解算卫星位置只需要前 3 个子帧。

（2）GPS 时间信息。GPS 时间是连续的时间，而 UTC 时间由于闰秒的存在而不连续。GPS 的时间零点定义为 1980 年 1 月 6 日凌晨 00：00：00，总共用 29 位 Z 计数来表示。

Z 计数的前 10 位是 WN（Week Number），用来表示星期数。由于星期数只有 10 位，从 GPS 时间历元零点到 2000 年 3 月 22 日，该计数器溢出，出现了所谓 GPS 千年虫问题。受卫星信息资源限制，GPS 只能在接收机中进行处理，在 2000 年以后的接收机软件版本中时间历元从 2000 年 3 月 22 日加上一个固定改正数进行处理，以获得准确的星期数。

Z 计数的后 19 位是 TOW（Time Of Week），用来表示星期中时间，最小单位为 1.5s，TOW 计数从 0~403199。由于实际传输的 TOW 为截断使用，只有 17 位，故最小计数单位为 1.5s×4＝6s，TOW 计数从 0~1007990。

与时间信号一样，GPS 广播电文也不直接提供标准时间信息（例如年、月、日、时、分、秒信息）。其标准时间信息可通过 GPS 时间历元零点、星期计数器和星期中的时间（最小计数单位为 6s）计算获得。

二、GPS 定时

由于 GPS 卫星发射时间信号和时间信息，这就使得利用 GPS 实现定时成为可能。下面介绍 GPS 定时的原理和方法。

（一）用户相对于 GPS 时间的钟差

GPS 中，如果卫星钟与用户钟严格同步，用户通过对接收卫星发射的时钟信号和本地时钟信号之间的延时 τ 比较，就得到两者之间的距离，即

$$r = c\tau \tag{8.15}$$

如果能测出用户到 3 颗卫星的距离 r_1、r_2 和 r_3，就可定出用户在三维空间的位置。

但实际上卫星钟与用户钟不可能严格同步，测出的 τ 并不是真正的 τ，而是 τ^*，用它计算出的距离不是真正的距离 r，而是 r^*，我们把 r^* 称为伪距，如图 8.32 所示。

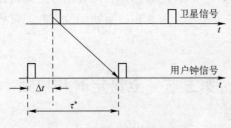

图 8.32　钟差与伪距的关系

设卫星钟与用户钟钟差为 Δt，若 $\Delta t = 10$ns，由式（8.15）可求得距离误差 $\Delta t = r^* - r = 3$m。

将时差对应于频差，则要求用户钟相对于卫星钟的频差为

$$\frac{\Delta t}{T} = \frac{10\text{ns}}{24\text{h}} = 1.15 \times 10^{-13}$$

如此高的精度，在工程上很难实现。如果视场内存在第 4 颗卫星的话，我们只要再测出第 4 颗卫星到用户的伪距，就可以把用户钟相对于 GPS 时间的钟差 Δt_U 所产生的影响抵消掉。设用户坐标为 (X,Y,Z)，卫星坐标为 (X_0,Y_0,Z_0)，后者是已知的。此时，对 4 颗卫星的测量结果为

$$\begin{cases} r_1^* = [(X-X_{01})^2 + (Y-Y_{01})^2 + (Z-Z_{01})^2]^{1/2} + c\Delta t_U \\ r_2^* = [(X-X_{02})^2 + (Y-Y_{02})^2 + (Z-Z_{02})^2]^{1/2} + c\Delta t_U \\ r_3^* = [(X-X_{03})^2 + (Y-Y_{03})^2 + (Z-Z_{03})^2]^{1/2} + c\Delta t_U \\ r_4^* = [(X-X_{04})^2 + (Y-Y_{04})^2 + (Z-Z_{04})^2]^{1/2} + c\Delta t_U \end{cases} \quad (8.16)$$

解上边方程组，可得用户的位置数据 X、Y、Z 和用户钟相对 GPS 时间的时差 Δt_U。同理从 4 个多普勒频移数据可得到 4 个伪距离变化率 r_1^*、r_2^*、r_3^*、r_4^*，从而得到用户 3 个速度分量 $\dot{X}$、$\dot{Y}$ 和 $\dot{Z}$。这样可大大降低对用户钟的要求。

（二） GPS 定时原理

GPS 能够高精度定位、测速和导航是建立在精密测时的基础上。一般来说，对已知精密坐标的固定用户，观测 1 颗 GPS 卫星，就可以实现精密的时间测量或同步。若观测 4 颗卫星，则可精密确定接收机天线所在位置的坐标、速度以及用户钟相对 GPS 时间的精确钟差。

根据 GPS 时间测量原理可知，GPS 时间的真时差 Δt_U 为

$$\Delta t_U = t_{GPS} - t_U$$

式中：t_{GPS} 为用户接收机收到的 GPS 时刻信号，$t_{GPS} - t_U = r^*/c$，其中，t_U 为用户钟时刻，r^* 为伪距，c 为光速。

$$\frac{r^*}{c} = \Delta t_U + t_{sv} + \tau_{\Sigma}$$

由图 8.33 容易得到

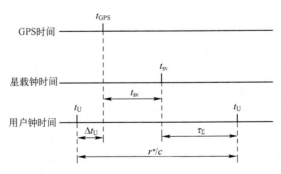

图 8.33 GPS 时间测量示意图

$$\Delta t_U = \frac{r^*}{c} - \Delta t_{sv} - \tau = 0 \quad (8.17)$$

$$\tau_{\Sigma} = \tau_R + \tau_i + \tau_t + \tau_r \quad (8.18)$$

式中：Δt_{sv} 为星载钟相对于 GPS 时间的时差；τ_Σ 为卫星到地面接收机的总时延；τ_R 为只考虑卫星至接收机距离的时延；τ_i、τ_t 分别为由电离层和对流层引入的附加时延；τ_r 为接收机天线、天线电缆及接收机本身引入的设备时延。

其中，$r*/c$ 为测得的伪时差，第 3 项 τ_Σ 中的 τ_R、τ_i 和 τ_t 可以从导航电文中提供的数据算得，于是可求得用户钟相对 GPS 时间的真时差 Δt_U。

(三) GPS 定时误差分析

对于 GPS 的每一个时间用户来说，了解全系统时间传递过程中的每项误差及其产生原因都是重要的，它有助于对 GPS 精确性和可靠性的认识，也有益于在使用 GPS 进行时间传递时，做到心中有数。GPS 时间传递的误差有卫星钟误差、卫星位置不确定性、电离层及对流层延迟不确定性、多路径误差、接收机噪声等。

(1) 卫星群延迟和钟误差。卫星群延迟主要是由于卫星信号通路上的延迟引起的，它不同于卫星钟的时间偏置，实际上要区分卫星群延迟与卫星钟的时间偏置是很困难的。在误差分析和处理中一般把这种群延迟引起的误差包括到 GPS 控制部分的钟偏中。但与卫星钟的随机漂移相比，卫星群延迟可以忽略。

卫星钟误差包括卫星随机漂移、卫星群延迟和控制部分对星钟漂移的外推误差。

虽然星载钟的性能和指标都非常好，但随着时间的变化，它们仍然会产生漂移，产生钟误差，这是因为星载钟的漂移误差不仅是由于振荡器产生的缓慢变化，而且卫星在地球上空高速飞行时也会引起一般的和特殊的相对论性的钟误差。

星载钟的慢漂移误差会使卫星钟偏离 GPS 时间，最大偏差可达 $976\mu s$。GPS 控制部分对卫星钟误差的控制方法是当误差 $\geq 20ns$ (1σ) 时，对卫星进行新的加注。

(2) 卫星星历预置误差。卫星星历预置误差主要是控制部分对卫星星历的预报误差。主控站对 4 个监测站跟踪监测的各个卫星信号进行卡尔曼滤波处理，推出影响卫星运动的重力场修正参数、太阳压力参数以及监测站的位置、钟漂移和信号延迟特性参数，最后产生出星历参数并加注到相应的卫星上去。此项误差大约为 5ns。

(3) 电离层、对流层、多路径误差。电离层、对流层、多路径误差这 3 项相互独立的误差都与卫星的仰角大小成反比关系。低仰角时误差最大，高仰角时误差最小。

电离层延迟误差还与时间有关，在白天和夜间分别平均为 50ns 和 10ns。

在仰角较低的情况下，由于折射的影响，延迟误差相应增加了 3 倍。因此对于低仰角，白天和夜间的延迟误差分别为 150ns 和 30ns，而且在接近地磁赤道或接近极点（高纬度）区域，延迟还会明显增加，特别是在磁暴期间。导航信号中的电离层模型修正只能消除一部分影响，一般模型修正参数是实际误差的 50% (1σ)。

延迟误差的另一个重要的来源是对流层延迟影响。对流层延迟与频率无关而与卫星仰角和用户海拔高度有关。在实际中，用户采用对流层模型进行修正。

多路径误差可以通过选择卫星适当仰角得到改善。

(4) 接收机噪声。接收机噪声是由接收天线到时间信号解调输出的所有硬件的热噪声所导致的误差。由于接收机带宽很窄，因此接收机噪声误差大约为 15.5ns (1σ)。如果对测量结果（每秒 1 次）进行平滑处理，则接收机噪声误差可减小到 6.3ns (1σ)。通过增加取样点（取 $N=40$）对结果进行平滑处理，可使该项误差减小到 1ns (1σ)。

(5) 伪值定量误差。当用户接收天线处精确位置已知时，用户钟与 GPS 时间之间的偏差仅需作 1 次伪距测量便可得到。

典型 GPS 接收机进行伪值测量的最大误差为 48.9ns（为 C/A 码元的 1/20），平滑 6s 的测量值，该值被缩小 $\sqrt{12}$ 倍，结果为 14.1ns（1σ）。在时间传递平滑处理中（40 个取样）进一步平滑，最后得到的结果为 0.9ns（1σ）。

(6) 用户位置估计与接收机偏置。在估算卫星到用户接收天线的距离时，如果向 GPS 接收机输入用户位置坐标的精度在 1~2m 以内，则用户位置误差在 5ns 左右。

当没有输入精确的用户坐标时，GPS 定时接收机将自动跟踪 3 颗或 4 颗卫星，导出自己精确位置和时间。由于普通 GPS 定位接收机定位精度在十几米量级，此时预算位置误差可能增大到 50ns（1σ）。这种误差是相像偏差（bias-like），不能对它进行平均间隔的平滑处理。

对于所采用的 GPS 定时接收机，在使用前必须由计量部门或时间频率权威机构测定和校准接收机时延（从天线到 1pps 输出中间所引入的时间延迟）。有的 GPS 定时接收机没有经过定标，其接收机时延有可能大于 1s，这主要是研制者在从 GPS OEM 板读取时间信息时对接收数据处理不当所致。

(7) 总的时间传递误差估算。根据以上分析，我们对各种误差来源以及误差量级有了较为详细的了解。

总时间传递误差估算可根据表 8.5 中所给出的各种误差进行估算，得到估算值，再把各种误差估算值累加，进而得到总时间传递误差。

表 8.5 GPS 时间传递误差估算

误差源	GPS 确定的误差（1σ）/ns	运控段确定的误差（1σ）/ns
卫星群延迟钟误差	9（2h） 25.5~108（24h）	20[①]
卫星星历	12（24h）	—
电离层、对流层、多路径	5~40[②]	5~40[②]
接收机噪声（粗/平滑）	6.3/1.0	6.3/1.0
伪值定量（粗/平滑）	5.8/0.9	5.8/0.9
用户位置估计及接收机偏置	5~15	5~15
总传递误差预算（粗/平滑）	(18~117)/(17~117)[③] (18~52)/(17~51)[④]	(23~50)/(21~47)

① 在相继加注期间（或 2 次加注之间的情况）；
② 仰角、纬度及昼夜；
③ 卫星钟为铷钟时；
④ 卫星钟为铯钟时

（四）GPS 定时方法

常见的 GPS 定时方法有 5 种：单站法、通过法（飞越法）、单星共视法、多星共视法和多星跟踪法。

(1) 单站法定时。单站法定时如图 8.34 所示。在测站，用户使用 GPS 定时接收机观测 GPS 星座中的任 1 颗或多颗"健康"卫星。

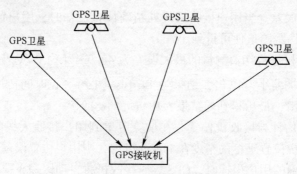

图 8.34 单站法定时示意图

由于商用 GPS（OEM）接收机可以向用户提供导航信息、时间信息和时间信号，因此，GPS 定时的方法很简单，在定时精度要求不太高的情况下（微秒量级），定时用户可以利用 GPS（OEM）接收机输出的 1pps 秒信号作为本地钟的外同步信号，直接对本地钟进行同步（秒前分频链清零）。其设备连接如图 8.35（a）所示。对于定时精度需求较高的时间用户，可以按照图 8.35（b）所示的方法进行设备连接。用计算机进行数据采集，对所采集的数据进行统计、处理，求出本地钟 1pps 与 GPS 接收机输出的 1pps 信号之间的时差，然后调整本地可移相分频钟的相位值，实现 GPS 定时。

单站法定时方法简单、实用，设备需求少、精度高，目前，单站法定时可达到 100ns 量级的定时精度。

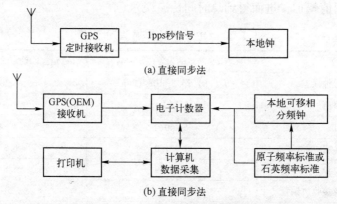

图 8.35 单站法定时设备连接图

（2）通过法定时。2 个或 2 个以上的用户之间实现相互之间的时间传递与同步，可以采用通过法定时，如图 8.36 所示。

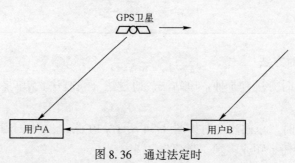

图 8.36 通过法定时

用户 A 和用户 B 顺序地观测某一预先选定好的同一卫星，在相同的仰角观测同一卫星，通过实时或事后交换数据可以推算出用户钟之间的钟差，从而实现用户间的相对的时间测量与同步。

由于这种方法各用户在相同的仰角时观测同一卫星，因此可以抵消绝大多数星历误差和仰角误差，其定时精度为 10~30ns，高于单站法。

(3) 单星共视法定时。如图 8.37 所示，2 个或 2 个以上的用户同时观测同一颗 GPS 卫星，并实时或事后进行数据交换，实现精密定时的方法叫作单星共视定时法。

单星共视定时法可以抵消掉多项共模传递误差，通过实时或事后数据交换，实时或事后数据处理可以达到 1~10ns 的定时精度。单星共视法简称为共视法，由于它具有较高的时间比对精度，因此从 1985 年起，国际计量局（BIPM）把它作为国际间新的、法定的时间比对手段，用以取代传统的罗兰-C 比对。

(4) 多星共视法定时。多星共视法定时的原理同于单星共视法，如图 8.38 所示。2 个或 2 个以上的用户，同时观测多颗 GPS 卫星，并进行实时或事后数据交换，实现精密时间比对的方法称为多星共视定时法。

由于多星共视定时法可以抵消掉多项共模传递误差，因此通过实时或事后数据交换，进行实时或事后数据处理可以达到 1~5ns 的定时精度。

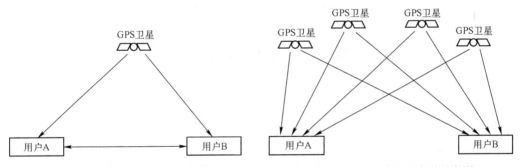

图 8.37　单星共视定时法示意图　　　图 8.38　多星共视法定时示意图

(5) 多星跟踪法定时。多星跟踪法类似于多星共视法定时，其区别只是在 2 个或 2 个以上的用户相互间距离不太远的情况下（如基线距离为 100km 左右）可采取同时对多颗卫星进行共视（多通道接收机）或顺序共视跟踪多颗 GPS 卫星，它具有比单站法更高的定位和时间测量与同步准确度。根据基线干涉法原理，事后对多颗星跟踪数据进行相关处理，同步精确度可优于 1ns。

多星跟踪法与多星共视法的根本区别就是多星共视法需要进行数据交换，而多星跟踪法不需要进行数据交换。

三、GPS 校频

除了专用 GPS 接收机具有标准频率输出外，GPS（OEM）接收机一般都没有标准频率输出，对于有标准频率输出的 GPS 接收机可以采用传统的校频方法进行校频。这里，我们主要介绍如何利用没有标准频率输出的 GPS（OEM）接收机进行校频。

(一) 时差法校频

GPS 时差法校频其设备连接如图 8.39 所示。

图 8.39　GPS 时差法校频设备连接图

将被测频率通过分频或数字钟得到 1pps 秒信号，然后与 GPS 接收机输出的 1pps 秒信号用示波器或计数器进行时差比对，两次测量期间平均的相对频率偏差为

$$\frac{\Delta f}{f} = \frac{\Delta t_2 - \Delta t_1}{t_2 - t_1} \tag{8.19}$$

式中：t_2，t_1 为两次测量的时刻；$\Delta t_2 - \Delta t_1$ 为标准秒信号与被测秒脉冲在测量时刻 t_2 和 t_1 测得的时刻差。

(二) 数字综合法校频

GPS 数字综合法校频的原理是将 GPS 接收机解调环路压控振荡器输出的频率信号导出并进行数字综合进而得到标准频率信号，然后再利用传统的校频方法进行校频。

第六节　其他授时方法

一、卫星双向法

卫星双向时间同步主要采用以下两种方法：一种方法是利用卫星的视频通道对发对收秒脉冲，由于频带宽、脉冲上升沿陡峭，因此比对精度高，一般由几纳秒到几十纳秒；另一种方法是为了进一步改善信噪比、提高精度，利用伪随机码传输秒脉冲。这两种方法虽然精度相当高，但共同的特点是占用频带宽，使地面站和卫星转发器的使用频率变低。

卫星双向时间传输是一个对发接收系统，即每个地面站都工作在双工方式，也就是说，每个地面站都必须配备发射机和接收机。图 8.40 给出卫星双向时间同步原理。

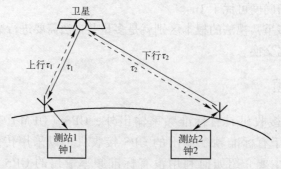

图 8.40　卫星双向法时间同步原理图

在每个地面站，本地钟以一定的时间间隔发射 1 个脉冲，例如 1pps、10pps 脉冲，在发射的同时用同一个脉冲打开时间间隔计数器的闸门，用收到的对方站发射的同一脉冲关闭时间间隔计数器的闸门。这样，我们就看到如图 8.41 所示的关系。

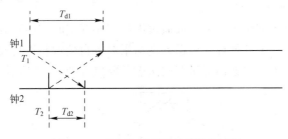

图 8.41 双向法时间比对时间关系图

因此，可以得到以下的时间关系。

在钟 1 处：

发射时间为

$$t_{发射} = T_1$$

接收时间为

$$t_{接收} = T_2 + \tau_{21}$$

计数器读数为

$$T_{d1} = T_2 + \tau_{21} - T_1 \tag{8.20}$$

在钟 2 处：

发射时间为

$$t_{发射} = T_2$$

接收时间为

$$t_{接收} = T_1 + \tau_{12}$$

计数器读数为

$$T_{d2} = T_1 + \tau_{12} - T_2 \tag{8.21}$$

式中：$\tau_{12} = \tau_1 + \tau_2$ 和 $\tau_{21} = \tau_2 + \tau_1$ 为总路径延迟，它等于发射和接收设备时延与传播时延之和。

解由式（8.20）和式（8.21）联立的方程组可得

$$\tau_{12} + \tau_{21} = T_{d1} + T_{d2} \tag{8.22}$$

$$T_2 - T_1 = \frac{1}{2}(T_{d1} - T_{d2}) + \frac{1}{2}(\tau_{21} - \tau_{12}) \tag{8.23}$$

由此可以求得 $t_{发射} = T_1$ 时钟 1 和时钟 2 的钟面值之差为

$$R_1 - R_2 = \frac{1}{2}(T_{d2} - T_{d1}) + \frac{1}{2}(\tau_{21} - \tau_{12}) + \Delta T_2 \tag{8.24}$$

式中：R_1、R_2 为 $t_{发射} = T_1$ 时刻时钟 1 和时钟 2 的钟面值；ΔT_2 为时钟 2 在 $T_1 \sim T_2$ 间隔上累积的时间误差（通常都很小，可以忽略）。

若两边收发设备相同，并且卫星相对于地球的位置保持固定不变，忽略上行、下行频率不同的影响，则 $\tau_{21} = \tau_{12}$，于是式（8.24）可简化为

$$R_1 - R_2 = \frac{1}{2}(T_{d2} - T_{d1}) \tag{8.25}$$

由此，要获得两地之间的钟差，只需要知道参加比对双方各自时间间隔计数器的读数即可。

利用卫星信道以数字编码的形式或通过因特网相互实时传递双方各自时间间隔计数器的读数，对数据进行统计处理，根据处理结果对各自的钟差进行改正，即可实现两地之间高精度的时间同步。单通道卫星双向法设备配置如图 8.42 所示。

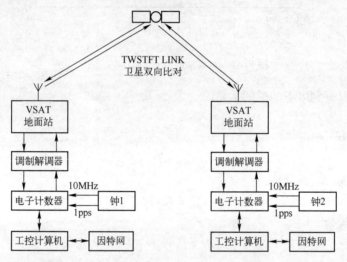

图 8.42　单通道卫星双向法设备配置

式（8.25）表明，卫星双向时间比对通过两个地面站之间的对收、对发，克服了计算路径时延的困难，也不需要测定卫星到地面站之间的距离，使得远距离时间同步简单易行。目前，利用卫星双向法（TWSTFT）时间比对精度可达 1~2ns。

二、卫星共视法

所谓共视（Common View）就是两个不同位置的观测者在同一时刻观测同一颗卫星同一信号中的同一标志（包括 GPS、G1ONASS 和"北斗"卫星等）实现时间同步的方法。

GPS 共视原理如图 8.43 所示。由图可见，这是一个单收系统，在每个比对点，本地钟均按自己的速率运行。根据比对需求，利用卫星所发射的 1pps 信号或其他固定速率时钟脉冲信号。

在每个测站，利用本地钟的 1pps 信号打开时间间隔计数器闸门，再用从共视接收机所输出的 1pps 信号关闭时间间隔计数器的闸门。

这样，我们可以得到的时间关系如图 8.44 所示。

在钟 1 处：

接收时间为

$$t_{接收} = T_卫 + \tau_1$$

计数器读数为

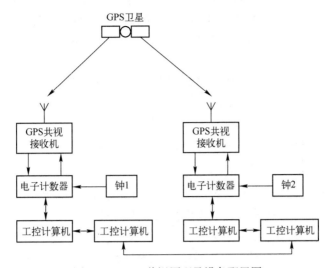

图 8.43 GPS 共视原理及设备配置图

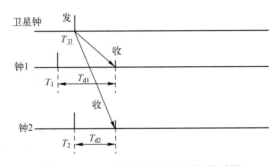

图 8.44 GPS 共视时间比对时间关系图

$$T_{d1} = t_{接收} - T_1 = (T_卫 + \tau_1) - T_1 \tag{8.26}$$

在钟 2 处：
接收时间为

$$t_{接收} = T_卫 + \tau_2$$

计数器读数为

$$T_{d2} = t_{接收} - T_2 = (T_卫 + \tau_2) - T_2 \tag{8.27}$$

式中：τ_1、τ_2 为路径延迟，它等于卫星发射时间到接收设备时延。

解由式（8.26）和式（8.27）联立的方程组可得

$$T_1 - T_2 = T_{d2} - T_{d1} + (\tau_1 - \tau_2) \tag{8.28}$$

利用共视接收机获得的星历表和对流层、电离层等改正模型参量，可得到 τ_1 和 τ_2。由式可知，要获得两地之间的钟差，只需要知道参加比对双方各自时间间隔计数器的读数。

与卫星双向时间同步相类似，在两个相距很远的不同观测者在同一时刻观测同一颗 GPS 卫星，得到两地观测的差值后，利用卫星信道以数字编码的形式和通过因特网实时相互传递双方各自时间间隔计数器的读数。对数据进行统计处理，就可以得到这两地之间时钟的差。根据处理结果对各自的钟差进行政正，即可实现两地之间的时间同步。

GPS 共视比对的优点是能将可能出现的某些误差减到最小。卫星时钟误差会被全部消除，原因是两地接收机的这一误差是共同的。但是不能消除传输数据中的星历误差，只能将星历误差减至最小。其大小取决于两地间的几何条件。

这种方式不仅对时钟同步有用，而且在研究两地的电离层波动方面也是一个有价值的手段。

三、载波相位法

载波相位法（包括 GPS、GIONASS 和"北斗"多通道载波相位法）比对的原理与共视比对基本相同，不同的是在共视比对的基础上，根据卫星所发播的载波相位信息，对比对结果进行载波相位法改正，提高共视比对的精度。

载波相位法比对能够减小由星历表、电离层和对流层对共视比对结果的影响。

虽然载波相位法具有相当高的比对精度，根据目前水平，GPS 载波相位法只能达到纳秒（1.8ns）量级，其主要原因是比对稳定性方面还存在一些问题。

四、搬运钟

搬运钟是一种既古老又年轻的时间和频率比对方法。1958 年，在美国海军天文台与英国国家物理实验室之间首次搬运原子钟进行了一次频率比对的实验。1959 年通过搬运原子钟，进行了一次世界范围内的时间同步实验。随着原子钟性能的不断改进和提高，它已成为最准确、最可靠的时间、频率比对方法之一。

目前利用飞机搬运原子钟，时间同步的准确度可达 $0.1\mu s$ 或更高，频率比对的准确度也可达 10^{-13} 量级。实际中最常用的搬运钟方法是闭环搬运，其原理如图 8.45 所示。

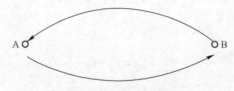

图 8.45 搬运钟原理图

搬运钟在 A 点，首先与本地钟 A 比对，测得钟差为 T_{A0}，然后搬到 B 点再与本地钟 B 比对，测得钟差为 T_B，最后从 B 点返回到 A 点，再与本地钟 A 比对，测得钟差为 T_{Ad}。根据搬运前和返回后搬运钟相对于钟 A 的钟差，利用下式可以求出钟 B 与钟 A 的钟差，即

$$T_{AB} = T_{A0} + \left(\frac{T_{Ad}-T_{A0}}{t_d-t_0}\right)t_{AB} - T_B \tag{8.29}$$

式中：t_0 为搬运钟离开 A 点与本地钟 A 的比对时刻；t_d 为搬运钟返回到 A 点时与本地钟 A 的比对时刻；t_{AB} 为搬运钟从 A 点到 B 点所经历的时间。

T_{AB} 的误差，即平常所说的搬运钟同步的准确度的估算式为

$$\Delta T_{AB} = (T_{Ad}-T_{A0}) - A_0(t_d-t_0) \tag{8.30}$$

式中：A_0 为搬运钟离开 A 点与本地钟 A 的相对频偏，它可以在搬运前的一段时间内，通过对搬运钟进行定期授准来确定。

在搬运钟过程中环境条件的变化要比实验室复杂得多，因此必须要注意各种环境条件对搬运钟性能的影响。影响钟性能的环境因素主要有温度、湿度、磁场、供电压、加速、冲击、振动和大气压等。当它们对搬运钟的时间累积影响过大或不可忽略时，应当分别加以适当修正。在利用飞机搬运钟的情况下，有时甚至要考虑相对论效应的影响。这个影响可以用下式近似修正，即

$$\Delta T_{相对论} \approx \left(\frac{gh}{c^2} - \frac{v^2}{2c^2}\right) t_x \tag{8.31}$$

式中：g 为重力加速度，与飞行的海拔高度有关；C 为光速；v 为飞行速度；t_x 为飞行时间；$\Delta T_{相对论}$ 为飞行期间相对论引起的搬运钟的时间误差。

五、其他时间传递方法

(一) 网络授时

随着计算机和现代通信技术，特别是计算机互联网络技术的发展和应用的普及，使得各行各业工作的方式发生了革命性的变化，授时工作也不例外。目前，网络技术已渗透到授时工作的各个方面。通过互联网络进行标准时间信号的传递——网络授时，是计算机通信技术特别是因特网技术发展的产物。网络授时作为一种全新的时间传递手段研究始于 20 世纪 80 年代后期，在 90 年代得到了迅速的发展。在中国，互联网络本身的高速发展并得到广泛应用是 20 世纪 90 年代。

国外网络授时技术的研究最早开始于美国的 NIST（原美国国家标准局，NBS），由于在美国本土的网络带宽优势，网络通畅情况良好，因此达到的精度较高。加上信息高速公路的建设，网络授时服务得到广泛的应用。20 世纪 90 年代中后期，国内外一些守时及相关单位相继开展了这方面的研究工作，所能达到的精度也不尽相同，这主要取决于网络时延测定和补偿的算法和授时所经历网络路径的通畅程度。由于计算机网络中数据传输时间的不确定性较大（约 100ms），因此通过网络进行时间的传递在当前所能达到的精度较低，通常情况下广域网为几百毫秒。然而，这样较低的授时精度并不影响它被广泛应用。一方面，由于普通电脑的时钟的守时性能很差，好的也只有 10^{-5} 量级，每天会有几秒甚至更大的偏差，因此网络授时就提供了一种最方便、快捷的方法使用户终端时间与标准时间服务器保持同步；另一方面，这种网络时间同步的思想可被用于局域网内的定时解决方案的设计，由于局域网路径的单一性，其同步精度可达毫秒量级[34]。

(二) 电话授时

电话授时又称为电话时间服务。目前较为常见的主要有以下两种类型：一种是专用电话定时设备，只要有一根与电话网相连接的电话线，一个调制解调器和个电话授时终端，用户将可以通过普通电话线得到时间服务；另一种是计算机电话时间服务系统，在国外有时也被称为 ACTS（Automated Computer Time Service），使用这一服务，用户只需要一个调制解调器、电话线和简单的软件，就可以通过电话线使计算机的时钟与时间服务器的时钟同步。

电话授时系统工作可靠、成本低廉，可满足中等精度时间用户的需求，为科学研究、地震台网、水文监测、电力、通信、交通管理等诸多需要标准时间服务的行业，提供标准时间服务。

（三）无源和有源电视时间同步

1967年，捷克Tolman等提出利用电视进行时间同步，后来被称为"无源电视时间同步"，其原理是利用"共视"广播电视信号的某一个行同步脉冲的方法进行时间同步。而后，1970年，美国Davie等又提出了有源电视时间和频率同步的方法，将标准时间信号、标准时间编码信息和标准频率信号插入在场消隐期间的任2行同步脉冲之间，通过电视广播系统将它们发射出去。由于插入信号的极性与行同步脉冲的极性相反，因此，标准时频信息的插入既不影响电视图像的传送和收看，又容易将这些插入的时频标准信息取出。

1983年，国家授时中心在国内率先开展了有源电视时间同步的研究，并于1985年研制出实用有源电视时间同步系统并投入使用。1986年初，受国家有关部门委托，国家授时中心与中国计量科学研究院共同制定了有源电视时间频率同步的国家标准。1986年，中央电视台第一套节目开始发播插入标准时间信号、标准时间信息和标准频率信号的广播电视信号，开展了我国的有源电视授时服务。

思考与练习题

1. 简述短波授时的基本原理及流程。
2. 论述长波校频的方法及特点。
3. 简述GPS时间信号和时间信息的组成特点。
4. 简述卫星共视授时的原理与特点。
5. 试述网络授时的原理。

第九章 时间频率的应用

时间测量渗透于人类活动、科学实验和国家建设的各个领域,在社会发展的各个历史时期都受到科学技术界和国务活动家们的重视。事实上,它是国计民生的一项基本工程,任何一个大国都拥有自己的、独立的、并力图保持同时代最高水平的时间测量和服务系统。在向信息化时代迈步的今天,人们的日常生活正处在时间和频率的"包围"之中,各类定时器、计算机、数据传输、电话传真……都离不开稳定的频率,就连现代生活中习以为常的手表,也正在由石英晶振(频率稳定度约为 10^{-7})控制的石英表向由授时部门高精度时频信号(频率稳定度在 10^{-11} 以上)控制的"电波表"过渡。国家活动的许多系统和部门,例如通信、电信、定位、导航、测绘、能源等,其活动效率和质量在很大程度上依赖高精度时频服务保障[35]。

一个明显的例子是:如果振荡器频率准确度不能突破 10^{-10} 量级的限制,那么,便不可能有今天的全球定位系统,不可能有国际原子时,地球物理学将很难获得今天空间测量所提供的精细信息,当然也就不可能有今天这样准确的卫星气象预报和精密制导的武器系统。

可惜,我们在这里不可能对每一个应用领域作出详尽透彻的描述,只能从技术历史的演变出发,选择几种实用的科学领域,简要介绍高精度时间频率的作用。

第一节 基础研究

一、计量学

我们知道,时间、长度和质量是 3 个基本物理量;其他一些物理量,例如速度,可以通过基本量导出,即

$$速度 = \frac{距离(长度)}{时间} \tag{9.1}$$

长度的标准单位为 m(米),最初是这样定义的:1m 的长度是法国巴黎天文台所在地理经圈上一个象限(90°)的子午线长度的 $1/10^7$,当初人们用高硬度和抗氧化的铂铱合金做成的所谓"米原器"来保持米的标准长度。这种合金的膨胀系数虽然很小,约为 $8.75 \times 10^{-6}/℃$,但不能保持标准长度单位不随时间而变化。

频率稳定度提高以后,从 1964 年起,国际上决定用氪(Kr^{86})的一条发射线波长 λ_k 来定义米,即

$$1m = 1650763.73\lambda_k \tag{9.2}$$

这就是说,我们现在是用波长的倍数来表示米的标准长度。用这种方法确定米,精

度约为 10^{-8} 量级，即两次测量之间的误差约为 $0.01\mu m$。

频率测量的精度目前已经提高到 10^{-14} 量级以上。这里就提出了一个亟待解决的问题：波长和频率通过光速相互联系，即

$$c = \lambda f \tag{9.3}$$

这样，光速的精度就受到波长标准的限制。因此，近年来，国际上正在酝酿要不要重新定义光速。如果重新定义光速，那么米就会不再是独立的计量单位。它将通过光速和秒定义统一起来。这样，3个基本物理量就会变成两个基本物理量。

另外，人们用"标准电池"测量电压，其精度在 $10^{-5} \sim 10^{-6}$ 量级。但是，我们知道，交流电的频率 v 与电压 U 的关系为

$$U = \frac{h}{2e}v \tag{9.4}$$

式中：e 为电子的电荷；h 为普朗克常数。选取适当比值 $h/2e$，可以把电压测量转化为频率测量。

二、物理学常数的测定

某些物理学常数可以通过频率以很高的精度来测定。例如，法国巴黎师范大学的研究者们，利用高分辨率光谱学方法，测量氢原子光学跃迁频率，以 9×10^{-12} 的精度测得里德伯常数值为

$$R_\infty = 109737.3156859 cm^{-1} \tag{9.5}$$

美国华盛顿大学利用 Penning 陷阱，测得电子的朗德因子 g 接近 2。他们将 Penning 陷阱置于非均匀磁场中，g 的值等于在回旋加速器中运动的拉莫尔电子旋转频率的 2 倍，求得结果为

$$\frac{g}{2} = 1.001159625188 \tag{9.6}$$

测量精度为 4×10^{-12}。

利用同样技术求得正电子的 g 值与上述结果相同，测量精度为 2×10^{-12}，这一结果是对粒子和反粒子特性的一次精确的实验验证。

在 Penning 陷阱中，通过对质子和反质子在回旋加速器中旋转的频率的比对，证实它们的惯性质量约等于 4×10^{-8}。用同样技术测得质子质量和电子质量的结果约为 3×10^{-9}。

如式 (9.6) 所表明的，电子的朗德因子并非严格等于 2。这个误差来自于量子电动力学效应，并与结构常数 a 有关。a 是量子物理学和原子物理学中一个基本常数，最近的技术进步已经使得能够利用 g 的测量结果来推求 a，求得的结果为

$$a = 137.03599944 \tag{9.7}$$

测量精度为 4×10^{-9} 左右。

三、在原子物理学中的应用

1. 量子力学方程的线性验证

量子力学的基本方程，即薛定谔方程式

$$i\hbar \frac{\mathrm{d}}{\mathrm{d}t}|\Psi\rangle = H|\psi\rangle$$

在理论上，它表现出一种弱非线性的性质。因此，两个能级之间的跃迁频率与这两个能级的总体有关。这样，跃迁频率便带有非谐性（anharmonicity）。为了从实验上验证这一效应，人们用射频陷阱中的 Be^+ 离子和氢脉泽中的氢原子做实验。在这两种情况下，超精细子能级间的跃迁频率在实验精度范围内并不取决于两个能级的总体。

虽然薛定谔方程在理论上具有弱非线性性质，但是在实际应用中可以推广为线性方程。

2. 在原子和分子特性研究中的应用

这种应用是非常重要的。事实上，正是根据对原子和分子特性的认识，研制成功了各种类型的频标。利用频谱学技术，人们已经能够以较高的精度成功地测量原子频标和分子频标中大部分跃迁频率。例如，氢的超精细跃迁频率和它的同位素的超精细跃迁频率；铷 85 和 87 同位素的跃迁频率；同样，在红外波段，原子和分子的跃迁频率目前也能以几乘以 10^{-12} 的精度被测量。

这些测定，同电场和磁场效应的测定一样，已经使人们对原子常数，例如核自旋、电子自旋，以及分子中原子之间相互联系的认识有了进一步的发展。

对于原子自碰撞有效截面的测量，以及对从 1K 到 373K 氢原子自旋频移有效截面的测量，使人们对原子间的势能有了更深的认识，对于相对低速原子来说，这些有效截面的实验结果与理论值之间的比较研究正在进行。

人们已经观测到铯原子超精细跃迁频率在强磁场下（约 5T）的频率位移。这种位移与原子核和电子云之间的磁感应能量具有怎样的关系还不清楚，它会不会通过二阶塞曼效应在跃迁频率中引进另外的频移项？这些在时间和频率的原子标准中必须考虑。为了弄清这些问题，人们正在利用铯束频标进行试验，他们利用 $F=3$、$m_F=-1 \leftrightarrow F=4$、$m_F=1$ 的跃迁。跃迁频率在磁感应强度接近于 82mT 时达到极值。对于跃迁频率（近似等于 8.901GHz）的精确测量应该能够证实布雷特-拉比公式是否已经包括了塞曼效应中所有的频率项。

四、在时-空结构和引力场研究中的应用

时-空结构和引力模型的验证大多依赖于时间测量。在这里，我们不讨论这些验证的目的和意义，只介绍几个实验例子。在这些实验中，原子时的应用起了关键性作用，它们当中的某些实验直接依赖于高精度原子时频标准；在另外一些实验中，高精度时间是一个必不可少的参数。

1. 原子钟的直接应用

为了验证爱因斯坦广义相对论效应，早在 1972 年，美国海军天文台就曾经组织了环球飞机搬运铯原子钟的飞行试验。他们测得向西飞行的时延为 (237 ± 7) ns，向东飞行为 (59 ± 10) ns，但理论值分别为 (275 ± 21) ns 和 (40 ± 23) ns。误差来自于飞行路径和测量不精确。后来，Pound、Rabka 和 Snider 等又利用穆斯堡尔效应重新做了实验。实验结果表明，爱因斯坦效应确实存在，在时频测量计算中必须加以考虑。

Vessot 和 Levine 在 1976 年进行了引力频移实验。他们把氢脉泽放在探测器上升高到 10000km 高空，通过对高空氢脉泽和地面氢脉泽的相互比对，测得的频移结果与广义相对论预言值相一致。另外一些更精密的实验是利用地球轨道卫星和太阳空间探测器。这些实验室都比较满意地证实了爱因斯坦的平衡原理。

建立在超精细结构跃迁上的铯原子钟和建立在激发跃迁上的镁原子钟的相互比对，使 Godone 等推出质子回磁比 g_p 和电子与质子质量比 m_e/m_p 的乘积 $g_p(m_e/m_p)$ 的时间变化极限。该极限约等于 $5.4×10^{-13}$/年，通过与天体物理学数据比较，他们得到结构常数 a 相对时间变化每年小于 $2.7×10^{-13}$。在这期间，他们还研究了太阳引力势对时钟的影响，由于地球轨道偏心率的原因，时钟频率显示出一定的年变化。如果爱因斯坦平衡原理被打破，人们将会得到两个时钟的频率具有不同的年变化。但事实并非如此。在目前的工作中，氢脉泽和囚禁汞离子频标的比对给出 $|da/dt|/a$ 每年的变化为 $3.4×10^{-19}$。所以会有这一结果是因为碱金属原子超精细结构基态跃迁频率的理论表达式中包含有取决于 aZ （Z 为原子序数）的系数项的缘故。a 随时间的变化引起跃迁频率变化。

利用高精度原子钟，人们还研究了相对论中光速不变的假设。最早的实验可以追溯到迈克耳孙–莫雷实验。1990 年，美国 JPL 实验室利用光纤传输在 21km 基线上比对两台氢脉泽，得到 $|\Delta c|/c<3.5×10^{-7}$。将该基线上的氢脉泽与轨道卫星的星载氢脉泽比对，得到 $|\Delta c|/c<1.5×10^{-9}$。利用 GPS 卫星求得的结果为 $|\Delta c|/c<4.9×10^{-9}$；在赤道方向为 $|\Delta c|/c<1.6×10^{-9}$。

2. 原子钟的间接应用

在其他相对论检验中，由于时间测量精度的提高，使检验中的方位测量精度大大提高。在雷达测距中，由于有高精度原子钟，它可以更精确地进行大地测量和光学天文测量，最著名的例子是水星近日点进动的测量。人们还可以利用月球上的反射器，配合以高精度原子钟，通过激光测距，重新研究平衡原理（惯性质量与引力质量平衡）；人们也可以利用卫星经过水星附近时的精确测距，研究引力常数随时间的变化。

VLBI 的测量大大改善了爱因斯坦广义相对论的另一传统检验，即光线弯曲的检验。人们已经检验了光线经过太阳附近时的弯曲，以及类星体射电源的辐射经过木星附近时的弯曲。

在所有这些检验中，除要求运动轨道的精细模型外，时间参考要求使用原子时。

另外一种检验是引力时延的检验，通过轨道模型化，测距方法的改进，以及地面和空间原子钟稳定度的提高，检验精度已达到 1ns。

实施这些检验的目的，除了验证爱因斯坦广义相对论预言的正确与否之外，更重要的是引导人们深入认识宇宙时–空结构。爱因斯坦广义相对论诞生以后，人们对这一领域的理解与认识正在进入一个幻想时代。量子物理和宇宙学研究还没有给出令人满意的答案。人类认识论的发展正寄希望于宇宙时–空理论上的突破。

五、在海洋环境研究中的应用

利用人造卫星研究海洋始于 1975 年，美国 Geos3（1975—1978 年）卫星和船上的测高雷达，测量卫星与大洋水面间的垂直距离。这些测量在 1978 年之后由 Seasat 继续。

尽管 Seasat 这颗卫星因故障只工作了几个月，但它的测量结果证明对于大西洋的研究，对于大气与大西洋水面间相互作用的研究，对于气象学和地球物理学研究，都具有重要价值。后来 Geosat（1985—1989 年）的观测证实了这些价值，于是便引发出欧洲和美国之间雄心勃勃的大西洋综合研究 Topex/Poseidon 计划。

该计划中的 ERSI 卫星于 1991 年发射。Topex/Poseidon 于 1992 年 8 月发射，ERS2 于 1995 年发射。系统组成的几何原理如图 9.1 所示。

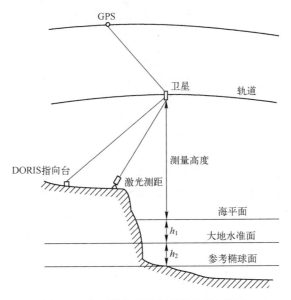

图 9.1 大西洋综合研究系统的几何组成

（1）参考椭球面为协议采用的海平面。

（2）大地水准面是改正了潮汐势周期项的等势面，如果海水是均质的并处于静止状态，则它与海平面重叠。

（3）海平面是在消除平均海浪作用后的平面。

（4）卫星轨道在地心参考系中计算，卫星高度相对于椭球面计算。

高度测量指卫星对于海平面高度测量。因此，卫星轨道测量结果便可以给出海平面相对于参考椭球面的高度。

系统的科学目标是：测量相对于参考椭球面的大地水准面高度 h_2；测量相对于大地水准面的海平面高度 h_1，通过对 h_1+h_2 测量结果的分析，人们便可以研究大地水准面和海平面的变化。

海平面高度受下列因素影响：温度变化、海水含盐浓度变化、动力学作用如离心力和科里奥利的作用、大气因素等。因此，人们可以设想这些影响可以通过水流、旋风和气象作用表现出来。这些作用在该计划中都可以以厘米级精度被测量出来。

因此，大西洋综合研究计划的科学研究内容为：海洋环流长期变化研究；海洋环流短期变化（几个月）研究；海洋中热量传输研究；海洋潮汐研究；大地水准面变化研究；海浪研究；海洋表面水流及风浪研究。

大西洋综合研究系统的卫星为圆轨道，高度约 1300km，轨道面倾角为 60°，因此没有覆盖南北极地区。该系统测高数据月平均精度约为1cm，测得的海平面平均变化为1mm/年。这些结果已经促使人们又提出新的发射计划，用以长期研究和监测海平面变化。

在该系统中，无论是确定卫星轨道，还是激光测距，船上的GPS接收，都要求实时时间测量的精度优于$10\mu s$。

第二节 导航定位

本节主要讨论借助于天文学和大地测量学原理，利用各种雷达、探测器技术，通过测量往返传播的信号的时间确定测点位置的基本原理，而不过多地涉及系统的构成和其他技术。

一、地面无线电导航定位系统

目前广泛使用的地面系统是长波导航台链。美国的罗兰-C导航台链，我国东部导航台链，以及俄罗斯、日本、韩国等国家的导航台链，都属于地面长波导航定位系统。这些系统的体制基本相同。我们以罗兰-C系统为例介绍其基本原理。

一个罗兰-C链由一个主台（M）和2~4个副台（X，Y，Z，W）组成，如图9.2所示，所有副台与主台同步。在每个重复间隔起点，主台发射一组脉冲。然后，每个副台用依次加大的延迟发射各自的脉冲组。因此，在一个链的范围内，总是以相同的顺序收到不同的脉冲组，时间上没有重叠。每个副台的发射延迟等于从主台到该副台的传播延迟与该副台产生的编码延迟的和。在任意一个接收点，不同发射机来的信号都经历了一定的传播延迟，测量这些传播延迟就可以获得导航定位的基本信息。

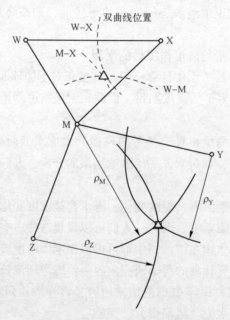

图9.2 罗兰-C链的定位原理

使用这类同步网导航有两种基本方法,即双曲线导航和距-距导航。

双曲线导航建立在测量传播延迟差的基础上,根据熟知的几何原理,接收点到基线两个端点(即发射台)距离差恒定的所有点的轨迹是一条以基线端点为焦点的双曲线。利用三个台的相应的时差(距离差)可以确定三条位置双曲线,如果没有差错,这三条线的交点就是接收点的位置,如图9.2中标注"△"的位置。

距-距定位接收点需要一台与发射机同步的时钟来测量它到发射台的实际距离,位置是由以发射台为圆心的圆的交点得到的,如图9.2中标注"□"的位置,而不是由双曲线得到的。

这两种方法都是用已知的电波速度乘以测量的时差得到距离,因此,很容易理解为什么这种导航系统需要精确的时间同步。1μs的定时误差将引起300m的距离误差。在位置线交角很小时,引起的位置误差可能还要大得多。

二、卫星导航定位系统

在卫星定位系统中,最简单的是卫星单向传送,但缺点是发射器和接收器之间同步精度较低。对于全球定位和建立大地参考系而言,曾经使用过两种方法:多普勒方法和伪距方法。

为了简单地描述多普勒方法,我们假定发射器的频率为v_0,并假定观测者固定于地球上。在这里,我们暂不考虑相对论效应。观测者接收到的频率为$[v_0]_R$,并构成不同的差值$\Delta v_0 = [v_0]_R - v_0$。如这些差值是在时间间隔$\Delta t = t_2 - t_1$上的积分,那么,根据卫星远离或接近观测者,人们得到n个周期$p = v_0^{-1}$(远离为负,接近为正),在时刻t_2和t_1,由于卫星距离不同,c、n、p也不相同。据此观测者便可确定相对地面方位标所在的双曲线,多次观测,多条双曲线交点就是观测者的位置。当然,这样的描述过于简单,实际工作中需要考虑频率的各种可能的变化,例如大气折射、观测者运动等因素。然而,我们看到这一系统的特点:单颗卫星测量提供的位置不是实时的[36]。

GPS、GLONASS和北斗是目前采用的主要卫星导航定位系统,其中尤以GPS应用最为广泛。利用GPS进行定位主要有两种方法:多星法和干涉测量法。观测者通过接收卫星信号的到达时间可以测定卫星到测站的距离(伪距),如图9.3所示。如果已经

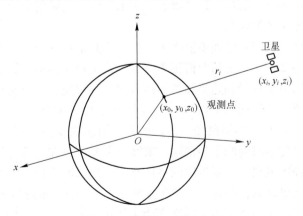

图9.3 测站与卫星的坐标

测定三颗卫星到测站的距离，那么以此三颗卫星为中心的三个球面的交点就是测站的位置，如图 9.4 所示。从图 9.4 中可以看出，由于测得的数据可能会满足两个点的要求，即 P 点和 Q 点，因此其中有一点是伪观测点。伪观测点距真观测点甚远，很容易辨认。

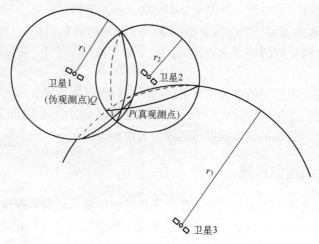

图 9.4　测站位置的测定

　　伪距法要求在地面和空间同时具有相互同步的几个发射器，这些发射器相对于地面方位标的方位是已知的。当两个发射器同时发射信号时，通过测量不同的到达时间，可以得到发射器的不同距离。观测者处于完全确定的双曲线上，用 4 个发射器可以求得瞬时位置，几何学制约要求发射器具有一定的空间分布。更多的发射器可以给出更多的信息，这会更有利于提高精度和保证安全可靠。

　　多普勒方法和伪距法都要求知道卫星的精确轨道。为此，人们在地面建立观测站网，各观测站的观测结果迅速传送到监控中心，监控中心将数据处理后再将卫星轨道要素迅速传送给各使用部门，这样可以保证定位精度。

　　如果接收机时钟与 GPS 时间同步，即接收机时钟相对于 GPS 时间没有误差，测出三颗卫星的距离就可定出测站的三个坐标：经度 λ、纬度 φ 和高度 h。一般讲，接收机时钟即测站时钟不可能完全准确。这样就有 4 个未知数：测站的 3 个坐标和钟差。所以需要测 4 颗卫星解出 4 个未知数。

　　接收机时钟不准，则三个球面不能交于一点，而是形成一个小三角形，如图 9.5 所示。数据处理时就是要把这个三角形修正为一点，这个修正值就是钟差。

　　由接收机测出的卫星信号到达测站的传播时间 τ 乘以光速，不是真正的卫星到测站的距离，而是伪距离。它包括以下误差：①星载钟与 GPS 时间的钟差；②接收机时钟与 GPS 时间的钟差；③信号传播路径的延迟误差。第①项误差可以根据 GPS 卫星给出的数据信息，在信号传播时间测量中消除。第②项误差可以在位置计算中消除。第③项误差与信号传播路径中电离层、对流层的特性有关，是影响定位精度的主要因素。

　　计算时取一正交坐标系，坐标原点位于地球中心，z 轴与地球自转轴一致，北极方向为正方向，格林尼治子午线与赤道的交点为 x 轴正方向，向东 90° 为 y 轴正方向，如图 9.3 所示。$(x_i, y_i, z_i)(i=1,2,3,4)$ 表示 4 颗卫星的位置，(x_0, y_0, z_0) 表示测站位置。

$r_{oi}(i=1,2,3,4)$ 为测站到各卫星的真距离,r_i 表示伪距离。假定 r_i 中已经消除了由于星载钟误差和信号传播误差的影响,则真距离和伪距离的关系为

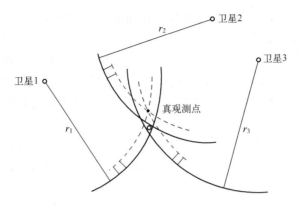

图 9.5 接收机钏差造成的测站误差

$$r_i = r_{oi} + s \tag{9.8}$$
$$s = c \cdot \Delta\tau \tag{9.9}$$

式中:c 为光速,$\Delta\tau$ 为接收机时钟与 GPS 时间的钟差,它对所有卫星都是一样的。

卫星与测站之间的真距离为

$$r_{oi} = [(x_0-x_i)^2 + (y_0-y_i)^2 + (z_0-z_i)^2]^{1/2} \tag{9.10}$$

卫星与测站之间的伪距离为

$$r_i = [(x_0-x_i)^2 + (y_0-y_i)^2 + (z_0-z_i)^2]^{1/2} + s \tag{9.11}$$

$i=1,2,3,4$。上式中有 4 个未知数:x_0,y_0,z_0 和 s。在理论上,只要有 4 个方程就可解出 4 个未知数,所以利用 GPS 卫星定位至少要观测 4 颗卫星。

第三节 在航天和兵器试验中的应用

空间飞行器(包括导弹、卫星和航天飞行器)的发射、测控、制导需要高精度的时间。发射这些飞行器的靶场都建有高精度的时间统一系统,以实现其内部各部位时钟的同步,为发射、测量提供高精度时间信号。随着航天科学的发展,航天器的探测目标已经由近空发展向深空。在深空测量中,电波传播延迟远大于近空测量时的延迟,测量体制对时间频率信号的要求也更高。因此深空测量要求相距遥远的测量站间的时间同步达到纳秒量级,要求为测量设备提供标准频率信号的原子频标具有不低于 $1\times10^{-15}/1000s$ 的长期稳定度。

除航天和战略武器试验需要高精度时间同步外,常规兵器(包括火炮、舰弹、战术导弹等)试验也离不开时间同步,虽然这些试验对时间精度要求不是很高,例如要增加火炮射程,必须研究炮弹在弹膛中运动状况,而这一运动过程是在 1ms 的时间内发生的,对于火炮试验,亚毫秒的时间精度就够了。但是,这些试验更关心的是试验期间试验场内保持一定精度的时间同步,以保证试验数据的可靠性。

一、在通信中的应用

通信网络犹如一颗高大乔木,它的分枝顶端是用户的终端设备。在传统结构中,网络中心的振荡器频率稳定度在 10^{-8} 量级就够了。

但是,在音频数字化传播下情况就不同了。音频在 300Hz 到 3600Hz 中取样,有些取样以 8000 次/s 速率被提取,并被译成所需的码。混合音频将同时在相同音频上传送几十路信息,这就是人们通常所说的多路传输,为了可靠地分离信息,系统中应该有精密的频率参考。

在实时数据图像系统中,要求频率稳定度为 $1×10^{-11}$,而且国际电信联盟要求这些频率应该同步在 UTC 上。对于将来的数据图像系统,可能要求实时 UTC 的精度要达到 $0.1\mu s$。

现代数字通信在采用光纤信道后码速率越来越高,它对网同步的要求也越来越高。网同步是建立在时间同步基础上的。数字网的网同步大体有 4 种方式。

(1) 主从同步。网内设基准钟,网内其他的钟为从钟。用锁相技术使从钟输出信号相位锁定在由基准钟控制的同步信号的相位上,从而实现全网的同步。

(2) 准同步。网内各站时钟独立运行,互不控制,由高精度时钟的质量维持全网的同步。

(3) 混合同步。此即上述两种方式的结合,即区域内为主从同步,区域间为准同步方式。

(4) 互同步。网内不设基准钟,各个钟通过锁相环路受各自接收的同步信号加权控制。

不管采取哪种方式,数字通信网不同级别的站点都需配置原子钟或者至少是高稳定度石英钟。目前洲际网间的时间同步提出了优于 $1\mu s$ 的要求。

二、在电力系统中的应用

现代电力系统对于时间频率的应用主要表现在两个方面。

1. 建立电网时间同步系统

电网的运行管理、事件记录、故障判别以及跨区联网负荷控制等都要求电网有一个统一的时间标准。建立电网时间同步系统是现代电力系统普遍关注的问题。

电力生产和调度中需要对某些电力参数和设备运行状况等重要事件进行记录。这些记录一般由分布在电网各个相关部位的电力监控和数据采集系统来完成。记录事件的同时要记录事件发生的时刻。因此电网中电力监控和数据采集系统间需要实现时间同步,其精度为毫秒量级或更高。

电网输电线路故障与雷击有很强的相关性。电网中一般建有多个雷电探测站,利用雷电到达不同探测站的时差可以精确测定雷击点的位置。如果要求定位误差小于 1km,则探测站间时间同步误差应优于 $1\mu s$。

2. 电网频率的检测

我国电网的标称频率是 50Hz。电网频率是电力生产和调度的关键质量指标。它的变化间接反映电力负荷的变化。因此需要对其进行精确测定。精确测量电网频率必须要有稳定的频率参考信号。

思考与练习题

1. 简述时间频率在物理学常数测定中的应用。
2. 简述地面无线电导航定位的原理。
3. 试述时间频率在电力系统中的应用。

参 考 文 献

[1] 韩春好. 时空测量原理 [M]. 北京：科学出版社, 2017.
[2] 董鸿闻, 李国智, 陈士银, 等. 地理空间定位基准及其应用 [M]. 北京：测绘出版社, 2004.
[3] 姚宜斌, 杨元喜, 孙和平, 等. 大地测量学的发展现状与趋势 [J]. 测绘学报, 2020, 49 (10): 1243-1251.
[4] 李征航, 魏二虎, 王正涛, 等. 空间大地测量学 [M]. 武汉：武汉大学出版社, 2014.
[5] 吴海涛, 李孝辉, 卢晓春, 等. 卫星导航系统时间基础 [M]. 北京：科学出版社, 2015.
[6] 谭述森. 卫星导航定位工程 [M]. 北京：国防工业出版社, 2010.
[7] Kaplan E D, Hegarty C J. GPS 原理与应用 [M]. 寇艳红, 沈军, 等译. 3 版. 北京：电子工业出版社, 2021.
[8] 孔祥元, 郭际明, 刘宗泉. 大地测量学基础 [M]. 武汉：武汉大学出版社, 2018.
[9] 朱华统, 徐正扬, 艾贵斌, 等. 弹道导弹阵地控制测量 [M]. 北京：解放军出版社, 1993.
[10] 田桂娥, 王晓红, 杨久东. 大地测量学基础 [M]. 武汉：武汉大学出版社, 2014.
[11] 程鹏飞, 成英燕, 秘金钏, 等. 2000 国家大地坐标系建立的理论与方法 [M]. 北京：测绘出版社, 2014.
[12] 杨国清. 控制测量学 [M]. 郑州：黄河水利出版社, 2012.
[13] 艾贵斌, 王建斌, 王丽华, 等. 导弹阵地大地测量原理与方法 [M]. 北京：解放军出版社, 2011.
[14] 马玉晓. 大地测量学基础 [M]. 成都：西南交通大学出版社, 2018.
[15] 赵铭. 天体测量学导论 [M]. 北京：中国科学技术出版社, 2012.
[16] 时春霖, 张超, 袁晓波, 等. 天文大地测量的发展现状和展望 [J]. 测绘工程, 2019, 28 (2): 33-40.
[17] 王若璞, 张超, 李崇辉, 等. 大地天文测量原理与方法 [M]. 北京：测绘出版社, 2018.
[18] 周忠谟, 易杰军, 周琪. GPS 卫星测量原理与应用 [M]. 北京：测绘出版社, 2004.
[19] 杨东凯, 樊江滨, 张波, 等. GNSS 应用与方法 [M]. 北京：电子工业出版社, 2011.
[20] 徐绍铨, 张华海, 杨志强, 等. GPS 测量原理及应用 [M]. 武汉：武汉大学出版社, 2019.
[21] 漆贯荣. 时间科学基础 [M]. 北京：高等教育出版社, 2006.
[22] 唐向宏, 李齐良, 等. 时频分析与小波变换 [M]. 北京：科学出版社, 2020.
[23] 郑加柱, 王永弟, 石杏喜, 等. GPS 测量原理及应用 [M]. 北京：科学出版社, 2017.
[24] Xu G X, Xu Y. GPS 理论、算法与应用 [M]. 许何昌, 许艳, 译. 北京：科学出版社, 2018.
[25] Turner D A. U. S. Update on GNSS Plans, and International Activevies [C]. Shanghai, China：The 3rd China Satellite Navigation Conference, 2012.
[26] Ran C Q. BeiDou Navigation Satellite System [C]. Turin, Italy：The 5th Meeting of International Committee on GNSS, 2010.
[27] Ai G X, Shi H L, Wu H T, et al. A positioning system based on communication satellites and the Chinese area positioning system (CAPS) [J]. Research in Astronomy and Astrophysics, 2008, 8 (6), 611-630.

[28] 国防科工委科技与质量司. 时间频率计量 [M]. 西安：西安交通大学出版社，2002.

[29] 李孝辉，杨旭海，刘娅，等. 时间频率信号的精密测量 [M]. 北京：科学出版社，2010.

[30] 科恩. 时–频分析：理论与应用 [M]. 白居宪，译. 西安：西安交通大学出版社，1998.

[31] 杨俊，单庆晓. 卫星授时原理与应用 [M]. 北京：国防工业出版社，2013.

[32] 吴海涛，李变，武建锋，等. 北斗授时技术及其应用 [M]. 北京：电子工业出版社，2018.

[33] 李孝辉，窦忠，赵晓辉，等. 北京时间–长短波授时系统 [M]. 杭州：浙江教育出版社，2018.

[34] 陈益樑. 软件定义的网络授时技术研究 [D]. 北京：北京邮电大学，2020.

[35] 梁文海. 时频测量技术及应用 [M]. 北京：科学出版社，2018.

[36] 姚攀. 北斗/GNSS多系统精密授时服务实时产品的播发与测试 [D]. 西安：中国科学院大学（中国科学院国家授时中心），2020.